한국산업인력공단 새 출제기준에 따른 최신판!!

2021
YO!
요리달인
시리즈

요리달인의 양식 마스터!

필기
실기

양식 조리기능사

1. NCS 기반 20년 출제기준 완벽 반영!
2. 단원별 적중예상문제 및 실전 모의고사 5회 수록!
3. 30가지 실기과제 및 각 과제별 핵심 Tip, 합격비법 수록!
4. 시험 직전 리뷰용 핸드북(초스피트 합격노트) 수록!

대한민국 국가대표 브랜드
국가자격 시험문제 전문출판
에듀크라운
국가자격시험문제 전문출판
최고의 적중률!! 최고의 합격률!!
크라운출판사
조리·제과제빵·서비스 서적 사업부
http://www.crownbook.com

약 력

저자

박지영

(현)외식창업, 식문화 연구소 & 쿠킹 스튜디오「The 부엌」대표
(현)헝가리 대사관 총괄셰프
(전)네덜란드 대사관 총괄셰프
대한민국 조리기능장
대한민국 조리명인
세종대학교 조리외식경영 박사수료

이세희

(현)서원대학교 호텔조리과 교수
(전)우송대학교 호텔조리과 교수
(전)쉐라톤 그랜드 워커힐 호텔 조리장
대한민국 조리기능장
세종대학교 조리외식경영 박사졸업

강경윤

(현)대한항공
대한민국 조리기능장
대한민국 조리명인
항공대학교 관광경영학 석사졸업

Photo : 박상아

머리말

본 교재는 양식조리기능사 자격을 취득하고자 하는 수험생들을 위해 양식조리기능사 "합격"을 위한 필기, 실기 통합본입니다. 조리기능사 시험은 내용이 방대하고 암기할 것도 많기 때문에 효율적으로 공부하는 것이 중요합니다. 조리기능사 시험은 조리사가 반드시 알아야 할 필수지식이 반복적으로 출제되므로 선택과 집중이 중요합니다. 이 책은 짧은 시간에 최적의 학습효과를 얻을 수 있도록 구성되어 있습니다.

본 교재의 특징은 다음과 같습니다.

〈필기〉

첫째, 한국산업인력공단의 2020년 출제기준에 부합되도록 완벽하게 구성하였습니다. 특히 2020년에 새롭게 추가된 내용을 한 눈에 보기 좋게 정리하였습니다.

둘째, 각 이론에 자주 출제되는 부분과 중요한 부분은 집중공략과 요리달인의 꿀팁으로 표시하여 수험생들이 효율적으로 공부할 수 있도록 하였습니다.

셋째, 각 단원별 적중예상문제를 넣어서 핵심포인트 이론을 다시 한 번 정리하게 하였고, 5회 분량의 실전 모의고사는 출제 가능성이 높은 문제로 구성하였습니다.

〈실기〉

첫째, 저자의 다년간 실기시험 감독을 통해 쌓은 노하우를 바탕으로 수험생들이 직접 실습하는데 있어 더 쉽고, 구체적인 조리프로세스를 설명하였습니다.

둘째, 30가지 메뉴마다 합격에 중요한 Tip을 요리달인의 합격비법으로 수록하여 수험생들이 반드시 알아야 하는 포인트를 다시 한 번 정리하였습니다.

셋째, 핸드북으로 사용 가능한 요리달인의 초스피드 합격노트를 제작하여, 시험 직전에 리뷰할 수 있도록 구성하였습니다.

이 책을 선택한 수험생들이 짧은 시간에 효율적으로 공부하여 합격하길 진심으로 기원합니다.

끝으로 이 책이 출간될 수 있게 많은 격려와 지원을 해주신 크라운 출판사 임직원 여러분의 노고에 감사를 드립니다.

저자 일동

목 차

제 1 장 이 론 편

CONTENTS

목차

1

이 론 편

PART 1 양식 위생관리

PART 2 양식 안전관리

PART 3 양식 재료관리

PART 4 양식 구매관리

PART 5 양식 기초 조리실무

PART 6 양식 조리

PART 7 양식 실전 모의고사

PART 1

양식 위생관리

Chapter 1 개인 위생관리

1. 위생관리기준

위생관리는 개인위생, 식품위생, 시설위생으로 분류

① 개인위생 - 항상 손을 청결하고 복장은 위생복, 위생모, 안전화를 착용하여 조리 시 먼지, 이물, 세균 등이 음식물을 오염시키지 않도록 해야 함
② 식품위생 - 식품의 오염원을 사전에 차단하고 항상 신선한 식재료를 사용
③ 시설위생 - HACCP에 따라 집기, 주방시설을 관리하고, 정기적인 소독을 실시

2. 식품위생에 관련된 질병

식품위생에 관련된 대표적인 질병은 식중독이며, 그에 따른 구분은 다음과 같음

구 분		내 용
세균성 식중독	감염형	살모넬라 식중독
		장염비브리오 식중독
		병원성대장균 식중독
	독소형	황색포도상상구균 식중독
		비브리오 식중독
	중간형	웰치균 식중독
	기타	알러지성 식중독
바이러스성 식중독	감염형	노로바이러스, 아스토로바이러스, 장관이데노바이러스, 로티바이러스

요리달인의 꿀팁

구체적인 내용은 식중독편에서 공부하자!

Chapter 2 식품 위생관리

1. 미생물의 종류와 특성

(1) 종류와 특성

1) 곰팡이
① 진균류로서 인간 생활에서 흔히 볼 수 있는 미생물
② 실모양의 균사체이며 색깔이 있는 포자를 형성
③ 건조 또는 습한 환경에서 번식하며 독을 생성

2) 스피로헤타(Spirochaeta)
① 단세포 식물과 다세포 식물의 중간단계의 미생물
② 나선형
③ 매독의 병원체

3) 세균(Bacteria)
① 단세포의 미생물
② 공기 중 산소의 필요성에 따라 호기성균과 혐기성균으로 나뉨
③ 2분법으로 증식
④ 구균류, 간균류, 나선균류의 3가지가 있음

4) 리케차(Rickettsia)
① 세균과 바이러스의 중간에 속하는 미생물
② 원형, 타원형 등의 형태로 존재
③ 살아있는 세포 속에서만 증식

5) 바이러스(Virus)
① 미생물 중 가장 작은 미생물
② 살아있는 세포에만 증식
③ 경구감염병의 원인이 되기도 함

6) 원충류(Protozoa)
① 원생동물류라고도 하며 단세포로 생활할 수 있는 동물

7) 효모(Yeast)
① 산소의 존재와 상관없이 증식하는 미생물
② 구형, 달걀형, 타원형, 소시지형 등이 존재
③ 25~30℃가 발육의 최적온도이며 40℃ 이상이 되면 죽음

요리달인의 꿀팁

◈ 미생물의 크기

곰팡이 〉 효모 〉 스피로헤타 〉 세균 〉 리케차 〉 바이러스

(2) 미생물 생육에 필요한 조건 집중공략

1) **영양소** : 탄소원(당질), 질소원(아미노산, 무기질소), 무기질, 발육소, 비타민 등이 필요

2) **수분**

① 미생물의 발육·증식
- 미생물이 발육, 증식하는 데 필요한 수분량은 일반적으로 40% 이상
- 수분량을 40% 미만으로 유지하면 미생물 증식 억제 가능
- 생육에 필요한 수분량은 세균(0.95) 〉 효모(0.88) 〉 곰팡이(0.80)

② 미생물 발육의 억제
- 수분이 13% 이하일 경우 미생물의 발육이 억제
- 소금물과 당액에서는 수분함량의 부족으로 미생물의 발육이 억제

요리달인의 꿀팁

◈ 수분활성도(Aw)

식품의 성분에 포함되어 있는 수분의 강도를 표시한 것, 수분활성도가 높을수록 미생물의 발육이 쉬움

3) **온도**

일반적으로 0℃ 이하나 80℃ 이상에서는 잘 발육하지 못함

구 분	특 징	종 류
저온균	증식의 최적 온도가 15~20℃인 균	부패균
중온균	증식의 최적 온도가 25~37℃인 균	병원성 세균
고온균	증식의 최적 온도가 50~60℃인 균	온천균

4) **산소**

미생물은 산소의 필요도에 따라 호기성균, 혐기성균으로 나누어짐

① 호기성균 : 산소가 있어야 생육이 가능한 균
- 곰팡이, 효모, 바실러스 등

② 혐기성균 : 산소가 없이도 생육이 가능한 균

㉠ 통성 혐기성균: 산소의 유무와 관계없이 생육이 가능한 세균
- 효모, 대부분의 세균

㉡ 편성 혐기성균 : 산소를 절대적으로 기피하는 세균
- 보툴리누스균, 웰치균 등

5) 수소이온농도(pH)
① 곰팡이와 효모 : pH 4.0~6.0으로 산성에서 잘 자람
② 세균 및 미생물 : pH 6.5~8.0으로 보통 중성 내지 약알칼리성에서 잘 자람

(3) 위생지표 세균

수많은 병원성 세균을 검사한다는 것은 불가능함으로, 식품의 안정성을 측정하기 위해 간접적으로 지표가 되는 세균을 지정한 것

1) 대장균(Escherichia coli)
식품이나 수질의 분변오염지표이며, 그람음성의 무포자 간균

2) 대장균군의 특징
① 그람 음성의 무포자 간균
② 유당을 분해하여 산과 가스를 생산
③ 병원성을 띠기도 함

(4) 미생물에 의한 식품의 변질

종 류	특 징
부 패	단백질 식품이 혐기성 미생물에 의해 분해되어 악취와 유해한 물질이 생성되는 현상
변 패	탄수화물과 지방이 미생물의 작용에 의해 변질되는 현상
산 패	지방이 공기 중의 산소, 일광, 금속(Fe, Cu)에 의해 산화되어 불쾌한 냄새를 형성하여 변질되는 현상
발 효	탄수화물(당질)식품이 미생물에 의해 분해되어 알코올과 유기산 등의 유용한 물질을 만드는 현상

2. 식품과 기생충병 집중공략

(1) 채소류에 의한 기생충

종 류	특 징
회충	– 분변으로 오염된 채소, 불결한 손, 파리의 매개에 의한 음식물의 오염으로 인해 경구감염됨 – 분변관리, 파리구제 및 환경개선, 정기적인 구충실시, 청정채소 장려, 위생적인 식생활
구충 (십이지장충)	– 유충이 있는 채소 취급, 맨발 또는 흙 묻은 손에 의한 경피감염 또는 경구감염 됨 – 오염된 환경에서의 손이나 발 등의 피부노출을 피하고 분뇨를 비료화하지 않음
요충	– 성숙한 충란이 손이나 음식물을 통하여 경구감염 됨 – 항문 주위에 산란하며 집단감염이 잘됨 – 구충 실시, 침구 및 내의 등을 정기적으로 세탁, 청결한 몸 유지
편충	– 생 채소 섭취로 인해 경구감염 됨 – 분변관리, 정기적인 구충실시, 청정채소 장려, 위생적인 식생활
동양모양 선충	– 구충과의 기생충으로 경구감염 또는 경피감염됨 – 분뇨를 비료화하지 않고 오염된 환경에서의 피부노출을 피함

(2) 어패류에 의한 기생충

종 류	제1중간숙주	제2중간숙주
간디스토마(간흡충)	왜우렁이	잉어, 붕어 등 민물고기
폐디스토마(폐흡충)	다슬기	민물 게, 가재
요꼬가와흡충(횡천흡충)	다슬기류	송어, 은어, 민물고기
유극악구충	물벼룩	민물고기
광절열두조충(긴촌충)	물벼룩	민물고기
아니사키스	크릴새우, 바다 갑각류	조기, 오징어, 바닷고기

(3) 육류에 의한 기생충

종 류	감염 경로	예방 방법
무구조충(민촌충)	소 → 사람	원인 육류의 생식을 피하고 위생적인 환경 조성
유구조충(갈고리촌충)	돼지 → 사람	
선모충	돼지, 개 → 사람	

3. 살균 및 소독의 종류와 방법

(1) 소독의 종류

1) 멸균

강한 살균력을 작용시켜 병원균, 비병원균, 아포까지 모든 미생물의 영양세포와 포자를 사멸시키는 것

2) 살균

세균, 효모, 곰팡이 등을 포함한 미생물의 영양세포를 사멸시키는 것

3) 소독

병원미생물을 죽이거나 약화시켜 감염력과 증식력을 없애는 것

4) 방부

미생물의 증식을 억제하여 부패와 발효를 방지하는 것

요리달인의 꿀팁

◈ 소독력 크기

멸균 〉 살균 〉 소독 〉 방부

(2) 소독의 방법

1) 물리적 방법

구 분	종 류	특 징
가열 처리법	건열 멸균법	– 화염멸균법 · 불꽃 속에 20초 이상 가열하는 방법 · 금속류, 백금, 도자기류 등을 소독 – 건열멸균법 · 건열멸균기를 이용하여 150℃~160℃에서 30분 이상 가열하는 방법. · 유리기구, 사기그릇, 금속제품 등을 소독
	습열 멸균법	– 자비소독법(열탕소독) · 끓는 물에서 15~20분간 가열하는 방법 · 식기류, 행주 등의 소독에 사용하며 아포형성균은 완전히 사멸되지 않음 – 고압증기멸균법 · 고압증기멸균기를 사용하여 121℃에서 20분간 살균하는 방법 · 통조림, 거즈 등을 소독하며 아포형성균의 멸균에 가장 적합 – 유통증기멸균법 · 100℃의 유통증기를 30~60분 동안 가열하는 방법 · 아포는 사멸시키지 못함

		- 간헐멸균법 · 1일 1회 100℃의 증기를 20~30분 동안 통과시켜서 3회 살균하는 방법 · 아포형성균을 사멸 - 저온장시간살균법 우유를 61~65℃의 온도에서 30분 동안 가열처리 하는 방법 - 고온단시간살균법 우유를 70~75℃의 온도에서 15~30초 동안 가열 처리하는 방법 - 초고온순간살균법 우유를 120~135℃의 온도에서 2~3초 동안 가열 처리하는 방법
무가열 처리법	자외선 멸균법	살균력이 높은 2,500~2,800 Å(250~280nm)의 자외선을 이용하여 공기, 물, 식품, 기구, 용기를 소독하는 방법
	방사선 멸균법	^{60}Co (코발트60)에서 발생하는 방사선을 이용하여 물질을 조사하여 소독하는 방법
	세균 여과법	세균 여과기로 걸러서 균을 제거하는 방법

2) 화학적 방법

① 소독약의 구비조건

- 살균력이 강할 것
- 가격이 저렴하고 사용법이 간단할 것
- 부식성과 표백성이 없을 것
- 불쾌한 냄새가 없을 것
- 용해성이 높고 침투력이 강할 것

② 종류 및 특징

종 류	특 징
염소	- 채소, 식기, 과일, 음료수, 식수 등의 소독에 사용 - 수돗물 소독 시 잔류염소 : 0.2ppm - 채소, 식기, 과일 등 소독 시 잔류염소 : 50~100ppm
석탄산(페놀)	- 분뇨, 하수도, 진개 등의 오물 소독에 사용 - 3~5% 수용액을 사용하며, 살균력이 안전 - 냄새와 독성이 강하고 피부점막에 자극을 줌 - 석탄산계수: 소독약의 소독력을 나타내는 기준 - 석탄산계수가 높을수록 소독력이 좋음 - 석탄산계수=소독약이 희석계수 ÷ 석탄산의 희석계수
크레졸(3%)	- 분뇨, 하수도, 진개 등 오물 소독과 손 소독에 사용 - 3~5%수용액을 사용 - 피부자극은 비교적 약하고 소독력은 석탄산의 2배 강함
역성비누 (양성비누)	- 과일, 채소, 식기, 손 소독에 사용 - 0.01~0.1%로 희석하여 사용 - 무색·무취·무미하고 침투력이 강함

승홍(0.1%)	- 자극성, 금속부식성이 강한 맹독성 - 피부소독에는 0.1% 수용액 사용 - 주로 비금속기구 소독에 사용
과산화수소	- 자극성이 적어서 피부, 상처 소독에 사용 - 3% 수용액 사용
알코올(70%)	- 금속기구, 손 소독에 사용 - 70% 에탄올(에틸알코올) 사용
생석회	하수도, 진개 등의 오물 소독에 가장 우선적으로 사용
포르말린	- 분뇨, 하수도, 진개 등의 오물 소독 - 포름알데히드를 물에 녹여 30~40%의 수용액으로 만들어 사용
포름알데히드(기체)	병원, 도서관, 거실, 영안실 등의 소독에 사용

4. 식품의 위생적 취급기준

① 판매를 목적으로 식품 또는 식품첨가물을 채취, 제조, 가공, 사용, 조리, 저장, 소분, 운반 또는 진열을 할 때에는 깨끗하고 위생적으로 하여야 함
② 영업에 사용하는 기구 및 용기, 포장은 깨끗하고 위생적으로 다루어야 함
③ ①, ②에 따른 식품, 식품첨가물, 기구 또는 용기 포장의 위생적인 취급에 관한 기준은 총리령으로 함

5. 식품첨가물과 유해물질

(1) 식품첨가물의 정의 및 사용목적

1) 식품첨가물의 정의

식품을 제조·가공 또는 보존하는 과정에서 식품에 첨가, 혼합, 침윤 등의 방법으로 사용되는 물질을 말함. 식품의약품안전처장이 지정한 식품첨가물의 종류, 기준, 규격 등이 수록된 식품첨가물 공전에 있는 규격과 기준에 준함

2) 식품첨가물의 사용목적 집중공략

① 식품의 변질과 부패 방지
② 식품의 관능적 기호성 향상
③ 식품의 영양 강화와 상품가치 향상
④ 식품의 제조와 품질 향상

3) 식품첨가물의 구비조건

① 인체에 유해한 영향이 없을 것
② 소량으로 사용목적에 따른 큰 효과가 있을 것

③ 가격이 저렴하고 사용방법이 간단할 것
④ 식품 고유의 영양성분을 유지할 것
⑤ 식품의 유해한 이화학적 변화가 없을 것
⑥ 식품 외관 및 관능적 효과가 있을 것

(2) 식품첨가물의 종류

1) 기호성과 관능을 만족시키는 식품첨가물 집중공략

종 류	특 징
착색료	– 식품에 색을 부여하거나 외관을 보기 좋게 하기 위하여 착색하는데 사용 – 타르계 : 식용색소황색 제4호(단무지, 식빵) – 비 타르계 : 베타카로틴(치즈, 버터)
발색제	– 식품 내에 있는 색소 단백질과 반응하여 색을 보다 선명하게 하거나 안정화 시키는데 사용 – 동물성 발색제 : 질산칼륨, 질산나트륨, 아질산나트륨 – 식물성 발색제 : 황산 제1철(과일, 채소 등에 사용)
표백제	– 식품 본래의 색을 제거하거나 퇴색 또는 변색을 방지하는데 사용 – 산화제 : 과산화수소 – 환원제 : 아황산나트륨, 산성아황산나트륨, 차아황산나트륨
착향료	– 식품 특유의 향을 첨가하거나 본래의 향을 유지 및 개선하는데 사용 – 천연 : 레몬류, 에스테르류, 알코올유, 아민계, 지방산 – 합성 : 순수합성향료, 인공향료 – 기타 : 맨톨, 계피알데히드, 바닐린
감미료	– 식품에 감미(단맛)을 주기 위해 사용 – 사카린나트륨, 아스파탐, D–소르비톨, 자일리톨, 글리시리진산나트륨, 만니톨, 스테비오사이드 등
조미료	– 식품 본래의 맛을 돋우거나 풍미를 향상시키는데 사용 – 아미노산계 : 글루타민산나트륨, 글리신, 알라닌 – 핵산계 : 구아닐산나트륨, 이노신산나트륨 – 유기산계 : 구연산나트륨, 사과산나트륨, 주석산나트륨, 호박산, 젖산나트륨
산미료	– 식품에 산미(신맛)를 부여하여 청량감과 상쾌한 맛을 강화하는데 사용 – 주석산, 사과산, 구연산, 젖산

요리달인의 꿀팁

아질산칼륨은 유해발색제이며, 식품첨가물로 지정되어 있지 않음

2) 품질 유지 및 개량을 높이는 식품첨가물 집중공략

종 류	특 징
유화제 (계면활성제)	– 서로 혼합이 잘 되지 않는 2가지 물질을 균일한 혼합물로 만들거나 이를 유지시키기 위해 사용 – 글리세린, 지방산에스테르, 대두인지질(레시틴), 난황(레시틴)
피막제	– 과일, 채소 등의 표면에 피막을 형성시켜서 호흡작용을 억제하고 수분 증발을 막아 저장 중에 신선도를 유지하고 외관을 향상시키는데 사용 – 초산비닐수지, 몰포린지방산염
증점제 (호료, 정제)	– 식품의 점착성, 유화안정성을 좋게 하여 형체보존과 신선도 유지하는데 사용 – 알긴산나트륨, 젤라틴, 카제인, 카제인나트륨, 한천
밀가루 개량제	– 밀가루의 표백과 숙성기간을 단축시키고, 제빵효과 저해물질을 파괴하여 품질을 개량하는데 사용 – 과산화벤조일, 과산화암모늄, 이산화염소, 브롬산칼륨
품질 개량제	– 햄, 소시지 등의 연제품 제조 시 결착력을 향상시키고, 팽창성과 보수성을 향상시키는데 사용 – 인산염류
이형제	– 빵 제조 시 형태를 손상시키지 않고, 쉽게 분리되도록 하는데 사용 – 유동 파라핀만 허용

3) 변질을 방지하는 식품첨가물 집중공략

종 류	특 징
보존제 (방부제)	– 미생물 발육을 억제하여 식품의 변질·부패를 방지하고 영양가와 신선도를 보존하는데 사용 – 데히드로초산 : 치즈, 버터, 마가린 – 안식향산, 안식향산나트륨 : 간장, 청량음료, 과일주, 약주, 탁주 – 소르빈산, 소르빈산칼륨 : 식육·어육 연제품, 된장, 케찹 – 프로피온산 : 빵, 과자, 케이크류
살균제 (소독제)	– 식품의 부패 원인균이나 병원균을 사멸시키기 위해 사용 – 차아염소나트륨, 과산화수소, 고도표백분
산화방지제 (항산화제)	– 유지의 산패 또는 산화로 인한 품질 저하를 방지하는데 사용 – 천연 항산화제 : 비타민 C(아스코르빈산), 비타민 E(토코페놀), 세사몰, 토코페롤 – 인공 항산화제 : BHT(디부틸히드록시톨루엔), BHA(디부틸히드록시아니졸), L–아스코르브산나트륨, 몰식자산프로필

4) 식품제조에 필요한 식품첨가물

종 류	특 징
팽창제	– 빵, 과자 제조 시 가스를 방생시켜 부풀게 함으로써 조직은 연하게 하고, 기호성을 높이는데 사용 – 탄산수소나트륨, 효모, 명반

소포제	- 식품 제조 시 거품 형성을 억제하거나 방지하는데 사용 - 규소수지
추출제	- 식품의 유지를 쉽게 추출하는데 사용 - n–핵산
껌 기초제	- 껌에 적당한 점성과 탄력성을 주기 위해 사용 - 에스테르껌, 초산 비닐수지

(3) 유해물질 (중금속) 집중공략

종 류	특 징
카드뮴 (Cd)	- 중금속에 오염된 어패류 섭취, 식기나 도자기의 도금에 사용된 카드뮴에 의해 중독 - 신장기능장애, 골연화증, 골다공증 - 이타이이타이병 : 칼슘과 인의 대사이상으로 골연화증을 유발
수은 (Hg)	- 유기수은이 함유한 어패류나 농약, 보존료 등이 함유된 식품을 섭취하였을 때 중독 - 미나마타병 : 지각이상, 언어장애, 보행곤란
납 (Pb)	- 통조림, 수도관, 도료, 인쇄 등의 작업에 많이 사용되며 유약을 바른 도자기나 용기에서 중독 - 호흡과 경구침입에 의해 발생 - 피부창백, 빈혈, 구역질, 복통, 사지마비, 피로, 지각상실, 시력장애 등
주석 (Sn)	- 통조림에서 주석이 용출되어 중독 - 구토, 설사, 복통
구리 (Cu)	- 용기에 녹청에 생겨서 중독 - 청동, 놋쇠, 양은 등의 구리합금에 의해 산성에서 쉽게 용출 - 오심, 구토, 현기증, 복통, 호흡곤란
비소 (As)	- 살충제나 방부제에 있는 농약에 의해 중독 - 위장장애, 구토, 설사, 위통, 신경장애, 운동마비

Chapter 3 주방 위생관리

1. 주방위생 위해요소

(1) 식중독을 일으키는 미생물과 화학물질

이질균, 포도상구균, 기생충, 중금속

(2) 조리 · 서비스 종사원들의 불청결

머리카락, 손톱, 분리된 피부, 혈액, 감염된 종사원들의 비말감염 등

(3) 불합리한 주방설계

화장실과의 거리, 주방 내의 온도 및 습도, 환기상태, 조명, 배수시설

(4) 오염된 식재료의 구입

식품위생관리가 저조한 국가의 식재료 수입, 1차 오염된 식재료의 구입

(5) 테이크아웃(Take-Out), 가정 대체 식품의 구입 증가

햄버거, 닭튀김, 각종 패스트푸드, 가정식의 배달과정 중 2차 오염 및 부패

(6) 병원성 미생물 성장을 촉진시키는 기후

이상기온, 습도의 증가, 열대야로 인한 음식의 부패

(7) 빈약한 식품위생관리 시스템

HACCP의 부재 및 식품위생관리부재, 음식점에 동물사육

2. 식품안전관리인증기준(HACCP)

(1) HACCP의 정의 집중공략

식품의 원재료 생산에서부터 제조, 가공, 보존, 유통 단계를 거쳐 소비자가 섭취하기 전까지의 각 단계에서 발생할 우려가 있는 위해요소를 규명하고, 이를 중점적으로 관리하기 위한 중요관리점을 결정하여 자주적이고 체계적이며 효율적인 관리로 식품의 안전성을 확보하기 위한 과학적 위생관리 체계

(2) HACCP의 대상 식품 집중공략

① 어육가공품 중 어묵, 어육소시지
② 냉동수산식품 중 어류, 연체류, 조미가공품
③ 냉동식품 중 피자류, 만두류, 면류
④ 과자류 중 과자, 캔디류, 빙과류
⑤ 음료류
⑥ 레토르트식품(Retort Food)
⑦ 김치류 중 배추김치
⑧ 빵 또는 떡류 중 빵류, 떡류
⑨ 코코아가공품 또는 초콜릿류 중 초콜릿류
⑩ 면류 중 국수, 유탕면류
⑪ 특수용도식품
⑫ 즉석섭취, 편의식품류 중 즉석섭취식품
⑬ 순대

(3) HACCP 적용 단계 집중공략

구 분		절차
HACCP 12절차	준비단계	① HACCP 팀 구성 ② 최종 제품의 기술 및 유통방법 (제품설명서작성) ③ 용도확인(제품의 소비자) ④ 공정흐름도 작성 ⑤ 공정흐름도 현장 검증
	적용단계 (HACCP 7원칙)	① 위해분석(hazard analysis : HA)(원칙 1) – 원료, 제조공정 등에 대하여 생물학적·화학적·물리적 위해요소를 분석 ② 중요관리점(critical control points : CCP) 결정(원칙 2) – HACCP를 적용하여 식품의 위해를 방지・제거하거나 안정성을 확보할 수 있는 결정 ③ CCP에 대한 목표기준, 한계기준 설정(원칙 3) – 모든 위해요소의 관리가 기준치 설정대로 충분히 이루어지고 있는지 여부를 판단할 수 있는 관리한계를 설정 ④ 각 CCP에 대한 모니터링 방법 설정(원칙 4) – CCP관리가 정해진 관리기준에 따라 이루어지고 있는지 여부를 판단하기 위해 정기적으로 측정 또는 관찰 ⑤ 개선조치방법 설정(원칙 5) – 모니터링 결과 CCP에 대한 관리기준에서 벗어날 경우에 개선 및 조치방법을 강구 ⑥ HACCP시스템의 검증방법 설정(원칙 6) – HACCP시스템이 적정하게 실행되고 있음을 검증하기 위한 절차를 설정 ⑦ 서류기록 유지 및 문서화(원칙 7) – 모든 단계에서 절차에 관한 문서를 빠짐없이 정리하여 이를 매뉴얼로 규정하여 보관하고, CCP 모니터링 결과, 관리기준이탈 및 그에 따른 개선조치 등에 관한 기록을 유지

3. 작업장 교차오염발생요소

(1) 교차오염 정의

식재료, 기구, 용수 등에 오염되어 있던 미생물이 오염되지 않은 식재료, 기구, 조리종사원과의 접촉 또는 작업과정에 혼입됨으로 인해 오염되지 않아야 할 식품을 오염시키는 것을 말함. 교차오염은 물건(식재료, 운반차량 등), 사람(조리종사원, 관리자, 견학자 등), 환경(공기, 물, 배수, 시설, 바닥) 등에 의해 발생

(2) 교차오염의 방지 집중공략

① 칼, 도마 등의 조리 기구나 용기, 앞치마, 고무장갑 등은 원료나 조리과정에서의 교차오염을 방지하기 위하여 식재료 특성 또는 구역별로 구분하여 사용하여야 함. 작업장 내에서 작업 중인 종업원 등은 위생복, 위생모, 위생화 등을 항시 착용하여야 하며, 개인용 장신구 등을 착용하여서는 안됨
② 식품 취급 등의 작업은 바닥으로부터 60㎝ 이상의 높이에서 실시하여 바닥으로부터의 오염을 방지
③ 해동은 냉장해동(10℃ 이하), 전자레인지 해동 또는 흐르는 물에서 실시
④ 해동된 식품은 즉시 사용하고 즉시 사용하지 못할 경우 조리 시까지 냉장 보관하여야 하며, 사용 후 남은 부분을 재동결해서는 안됨
⑤ 가열 조리 후 냉각이 필요한 식품은 냉각 중 오염이 일어나지 않도록 신속히 냉각하여야 하며, 냉각온도 및 시간기준을 설정, 관리
⑥ 냉장 식품을 절단, 소분 등의 처리를 할 때에는 식품의 온도가 가능한 한 15℃를 넘지 않도록 한번에 소량씩 취급하고, 처리 후 냉장고에 보관하는 등의 온도 관리가 필요
⑦ 칼, 도마, 각종 조리기구, 장갑 등을 미생물 오염 수준(구역별)이나 식재료 특성에 따라 구분 사용하는 것은 물론 소독고 등에 보관할 때에도 분리 보관
⑧ 식품을 해동할 때 찬물을 이용함. 흐르는 찬물에서는 물과 식품이 직접 닿지 않도록 포장하여 해동. 해동된 식품을 재동결하였다가 다시 해동하여 조리하는 것은 식중독 발생 가능성을 높이는 행위로 금지

요리달인의 꿀팁

◈ 상기의 선행요건 항목 이외에도 올바른 조리를 위한 준수사항

① 조리용 용기와 기구를 구분하여 사용해 교차오염을 방지
② 조리된 식품은 전용도구를 사용하여 취급하고 절대로 맨손으로 다루지 않음
③ 각 조리법 별로 중심온도를 확인하되 식품의 크기와 두께를 고려하여 측정
④ 동일 작업을 반복하는 경우 각 작업별로 중심온도를 확인
⑤ 맛보기는 위생적 방법으로 덜어서 실시

Chapter 4 식중독 관리

▣ 식중독 개요

(1) 식중독의 정의

식품을 섭취할 때 인체에 유해한 물질이 인체에 섭취되어 구토, 발열, 설사 등의 이상현상을 일으키는 것. 원인물질은 곰팡이, 세균, 식물, 동물 등

(2) 식중독의 분류

구 분	특 징	
세균성 식중독	감염형	살모넬라균, 장염 비브리오균, 병원성 대장균, 웰치균 등
	독소형	황색포도상구균(엔테로톡신), 클로스트리디움 보툴리눔(뉴로톡신) 등
자연독 식중독	동물성	복어(테트로도톡신), 섭조개(삭시톡신), 모시조개, 굴(베네루핀) 등
	식물성	버섯독(무스카린), 감자(솔라닌, 셉신) 등
	기타	알레르기성 식중독(히스타민)
곰팡이 식중독	아플라톡신(간장독), 맥각독, 황변미중독 등	
화학적 식중독	유해성금속	수은, 카드뮴, 납, 구리, 비소, 아연 등
	농약	유기인제, 유기염소제, 비소화합물
	유해착색료	아우라민, 로다민 B 등
	유해표백제	롱가릿, 형광표백제 등
	유해감미료	사이클라메이트, 둘신, 니트로아닐린 등
	유해보존료	포름알데히드, 승홍수, 붕산 등

요리달인의 꿀팁

◈ 식중독 발생 시

① 보고체계
: 의심환자 발생 → 의사, 한의사 → 보건소장 → 시장, 군수 → 시·도지사 → 보건복지부장관 → 역학조사 실시

② 식중독 담당기관
: 중앙정부(식약처, 질병관리본부), 지방청(식중독 지원반, 원인식품 조사반), 시·도(식중독 대책반, 역학조사반), 시·군·구(식중독 상황처리반), 보건소(시·군·구 역학조사반)

1. 세균성 식중독 집중공략

(1) 감염형 식중독 집중공략

1) 살모넬라 식중독

원인균	살모넬라균
특징	그람음성간균, 호기성 또는 통성 혐기성균
잠복기	12~24시간(평균 20시간)
증상	구토, 복통, 설사 등의 급성 위장증세와 발열, 오한, 전신권태
원인식품	어패류, 육류, 달걀, 우유 및 유제품, 채소샐러드 등
예방대책	– 65℃에서 30분 가열처리 – 냉장, 냉동보관(10℃ 이하에는 발육하지 않음)

2) 장염비브리오 식중독

원인균	비브리오균
특징	그람음성간균, 호염성 세균(3~4% 식염농도 생존)
잠복기	10~18시간(평균 12시간)
증상	복통, 구토, 설사 등의 급성위장염
원인식품	어패류, 오염된 도마 등을 통한 2차 감염
예방대책	어패류 저온 보관, 가열 섭취, 2차 오염 예방을 위한 조리도구 소독, 살균

3) 병원성 대장균 식중독

원인균	병원성 대장균(O–157:H7 등)
특징	그람음성간균
잠복기	10~30시간(평균 13시간)
증상	발열, 복통, 설사, 구토, 급성위장염
원인식품	우유, 치즈, 소시지, 햄 등
예방대책	분변오염에 주의, 청결한 위생상태 유지

4) 웰치균(Clostridium perfringens) 식중독

원인균	A, B, C, D, E, F형 식중독 원인균은 A형
특징	내열성균
잠복기	8~20시간(평균 12시간)
증상	설사, 복통, 구토
원인식품	육류 및 가공품, 튀김식품
예방대책	분변의 오염방지, 조리식품은 냉동보관(재가열 섭취금지)

(2) 독소형 식중독 집중공략

1) 포도상구균(Staphylococcus) 식중독

원인균	황색포도상구균
특징	장독소 엔테로톡신을 생성. 내열성이 강해 120℃에서 30분 가열해도 파괴되지 않음
잠복기	1~6시간(평균 3시간 정도로 잠복기가 가장 짧음)
증상	복통, 구토, 설사, 급성위장염
원인식품	김밥, 떡, 우유 및 유제품
예방대책	화농성질환자의 식품 취급 금지

2) 클로스트리디움 보툴리늄균(Clostridium botulinum) 식중독

원인균	보툴리누스균
특징	– 신경독소 뉴로톡신(Neurotoxin) 생성 – 독소인 뉴로톡신은 열에 약하나, 형성된 포자(아포)는 열에 강함 – 치명률이 매우 높음
잠복기	12~36시간(잠복기가 가장 길음)
증상	사시, 동공확대, 언어장애 등의 신경마비 증상
원인식품	햄, 소시지, 통조림, 병조림 등 식품
예방대책	음식물의 가열처리 및 살균처리, 위생적 보관

요리달인의 꿀팁

◈ **장독소** : 엔테로톡신 생성. 내열성이 강함. 120℃에서 30분 가열해도 파괴되지 않음

◈ **신경독소** : 독소인 뉴로톡신은 열에 약함. 형성된 포자(아포)는 열에 강함. 치명률이 매우 높음

요리달인의 꿀팁

◈ 세균성 식중독

- 증상 : 두통, 구역질, 구토, 복통(급성 위장염), 설사 등
- 종류
  ① 감염형 식중독 : 살모넬라 식중독, 장염 비브리오 식중독, 병원성 대장균, 웰치균 등
  ② 독소형 식중독 : 포도상구균 식중독, 보툴리누스균 식중독 등
- 예방법
  ① 조리한 식품은 빠른 시간 내에 섭취
  ② 냉장·냉동 보관하여 오염균의 발육·증식을 방지
  ③ 식기, 도마 등은 세척과 소독을 철저히 함
  ④ 화농성 질환자의 식품 취급을 금지

2. 자연독 식중독

(1) 동물성 집중공략

독 소	특 징
테트로도톡신 (Tetrodotoxine)	– 복어의 난소 〉간 〉 내장 〉 피부 순으로 함유 – 잠복기 : 30분~5시간 – 치사률이 60% 정도로 가장 높음(치사량 : 2mg) – 끓여도 파괴되지 않음 – 지각이상, 신경마비, 호흡장애 등 – 전문조리사만이 요리, 산란 직전(5~6월)에는 섭취를 주의
삭시톡신 (Saxitoxin)	– 섭조개, 대합 등 – 치사율 10% 정도 – 신경마비 등 신경계통의 마비 – 유독시기 : 2~4월
베네루핀 (Venerupin)	– 모시조개, 굴, 바지락 등 – 내열성이 강하여 100℃에서 1시간 이상 가열해도 파괴되지 않음 – 혈변, 출혈, 혼수증상 – 유독시기 : 5~9월

(2) 식물성 집중공략

식 물	독 소
독버섯	무스카린(Muscarine), 무스카리딘(Muscaridine), 아마니타톡신(Amanitatoxin), 뉴린, 콜린, 팔린 등
감자	– 솔라닌(Solanine) : 감자의 싹과 녹색 부위 – 셉신(Sepsine) : 부패 감자
독미나리	시큐톡신(Cicutoxin)
피마자	리신(Ricin)
청매실, 살구씨	아미그달린(Amygdalin)
목화씨	고시폴(Gossypol)
독보리	테물린(Temuline)

요리달인의 꿀팁

◈ 독버섯의 감별법

- 색이 선명하고 화려함
- 쓴맛, 신맛이 남
- 겉 표면에 점액질이 있음
- 줄기 표면이 거침
- 악취가 남
- 은수저의 색이 검게 변함
- 줄기가 세로로 쪼개지지 않음

3. 화학적 식중독

종 류	오염경로	특 징
카드뮴(Ca)	카드뮴이 함유된 폐수	골연화증, 신장장애, 단백뇨
수은(Hg)	오염된 해산물	언어장애, 지각이상
비소(As)	비소농약 잔류	구토, 설사
메틸알콜	증류주, 과실주	두통, 현기증, 실명
납(P)	도자기, 법랑, 유리기루	피로, 체중감소
구리(Cu)	식기	구토, 설사, 복통
아연(Zn)	용기, 식기	구토, 설사, 복통
PCB(미강유)	PCB	식욕부진, 흑피증

요리달인의 꿀팁

종 류	원 인	증 세
미나마타병	일본 미나마타 지역에서 '수은'에 오염된 어패류를 섭취한 사람에게 발생	언어장애, 지각이상
이타이이타이병	일본의 금속공장에서 유출된 '카드뮴'이 상수와 농지를 오염시켜 발생	골연화증과 통증을 유발

4. 곰팡이 독소

① 곰팡이가 생산하는 유독대사산물
② 곡류, 견과류 등과 같이 곰팡이가 번식하기 쉬운 식품에서 주로 발생
③ 곰팡이의 생육억제 수분량은 13% 이하

원인곰팡이	독소 및 증상	원인식품
아플라톡신중독 (아스퍼질러스 플라버스)	아플라톡신 (간암 유발)	쌀, 보리, 옥수수, 된장, 곶감
황변미중독 (페니실리움 속 푸른곰팡이)	시트리닌 (신장독, 신경독, 간장독)	저장미 (쌀에 곰팡이가 번식 누렇게 됨)
맥각중독 (맥각균)	에르고톡신 (간장독, 구토, 복통, 설사, 유산, 조산 위험)	호밀, 보리, 밀

요리달인의 꿀팁

◈ 노로바이러스

오염식수, 물로 재배된 채소, 과일 식품 등의 섭취로 감염되고 24시간~28시간 내에 구토, 설사, 복통 발생. 예방대책으로는 손 씻기, 식품을 충분히 가열하여 섭취(백신 및 치료법 없음)

Chapter 5 식품위생 관계법규

1. 식품위생법 및 관계법규

(1) 식품위생법의 목적 집중공략

① 식품으로 인한 위생상 위해 방지
② 식품영양의 질적 향상 도모
③ 식품에 관한 올바른 정보 제공
④ 국민보건의 증진에 이바지

(2) 식품위생법 용어 집중공략

종 류	특 징
식품	모든 음식물을 말한다.(단, 의약으로 섭취하는 것은 제외)
식품 첨가물	식품을 제조·가공·조리 또는 보존하는 과정에서 감미, 착색, 표백 또는 산화방지 등을 목적으로 식품에 사용되는 물질을 말한다. 이 경우 기구·용기·포장을 살균·소독하는 데에 사용되어 간접적으로 식품으로 옮아갈 수 있는 물질을 포함한다.
화학적 합성품	화학적 수단으로 원소 또는 화합물에 분해 반응 외의 화학 반응을 일으켜서 얻은 물질을 말한다.
기구	식품 또는 식품첨가물에 직접 닿는 기계·기구나 그 밖의 물건을 말한다.(단, 농업과 수산업에서 식품을 채취하는 데에 쓰는 기계, 기구는 제외)
용기·포장	식품 또는 식품첨가물을 넣거나 싸는 것으로 식품 또는 식품첨가물을 주고받을 때 함께 건네는 물품을 말한다.
위해	식품, 식품첨가물, 기구 또는 용기·포장에 존재하는 위험요소로서 인체의 건강을 해치거나 해칠 우려가 있는 것을 말한다.
영업	식품 또는 식품첨가물을 채취·제조·가공·조리·저장·소분·운반 또는 판매하거나 기구 또는 용기·포장을 제조·운반·판매하는 업을 말한다.(농업과 수산업에 속하는 식품 채취업은 제외)
식품위생	식품, 식품첨가물, 기구 또는 용기·포장을 대상으로 하는 음식에 관한 위생을 말한다.
집단급식소	영리를 목적으로 하지 아니하면서 특정 다수인에게 계속하여 음식물을 공급하는 다음 각 목의 어느 하나에 해당하는 곳의 급식시설로서 대통령령으로 정하는 시설을 말한다. 가. 기숙사 나. 학교 다. 병원 라. 「사회복지사업법」 제2조제4호의 사회복지시설 마. 산업체 바. 국가, 지방자치단체 및 「공공기관의 운영에 관한 법률」 제4조제1항에 따른 공공기관 사. 그 밖의 후생기관 등

식품이력추적 관리	식품을 제조·가공단계부터 판매단계까지 각 단계별로 정보를 기록·관리하여 그 식품의 안전성 등에 문제가 발생할 경우, 그 식품을 추적하여 원인을 규명하고 필요한 조치를 할 수 있도록 관리하는 것을 말한다.
식중독	식품 섭취로 인하여 인체에 유해한 미생물 또는 유독물질에 의하여 발생하였거나 발생한 것으로 판단되는 감염성 질환 또는 독소형 질환을 말한다.
집단급식소의 식단	급식대상 집단의 영양섭취기준에 따라 음식명, 식재료, 영양성분, 조리방법, 조리인력 등을 고려하여 작성한 급식계획서를 말한다.

(3) 식품의 취급

① 누구든지 판매를 목적으로 식품 및 식품첨가물을 채취, 제조, 가공, 사용, 조리, 저장, 소분, 운반 및 진열을 할 때에는 위생적으로 처리해야 한다.
② 영업에 사용하는 기구, 용기 및 포장은 깨끗하고 위생적으로 다루어야 한다.
③ 위와 관련된 식품, 첨가물, 기구, 용기, 포장 등의 위생적인 취급은 '총리령'으로 정한다.

(4) 식품과 식품첨가 집중공략

1) 위해식품 등의 판매 등 금지

① 식품이 썩었거나 상했거나 설익어서 인체에 유해한 것
② 유독·유해물질이 첨가되었거나 묻어있거나 그럴 염려가 우려되는 것(단, 식품의약품안전처장이 건강에 이상이 없다고 인정하는 것은 제외)
③ 병을 일으키는 미생물에 오염되어 있는 것
④ 불결하거나 다른 물질이 섞이거나 또는 그 밖의 사유로 건강을 해칠 우려가 있는 것
⑤ 농·축·수산물 가운데 안전성에 대한 평가를 받지 않았거나 평가를 받았다 하더라도 식용으로 부적합하다고 인정된 것
⑥ 수입이 금지된 것이나 수입신고를 하지 아니하고 수입한 것
⑦ 영업자 이외의 자가 제조, 가공 및 소분한 것

2) 병든 동물 고기 등의 판매 등 금지

누구든지 도축이 금지되는 가축 감염병에 걸렸거나 걸릴 염려가 있는 동물 또는 이런 동물의 살, 뼈, 장기, 젖, 혈액을 식품으로 사용하거나 채취, 수입, 제조, 판매, 진열, 소분, 운반 등을 해서는 안 된다.

3) 기구, 용기, 포장 등에 관한 기준 및 규칙 집중공략

식품의약품안전처장은 국민 건강의 위해 필요한 경우에는 식품과 첨가물에 관한 사항을 고시한다.
(단, 식품첨가물 중에 간접적으로 식품에 접촉될 수 있는 물질은 성분만을 고시한다)

(5) 식품 등의 표시사항

제품명, 식품의 유형, 업소명 및 소재지, 제조연월일, 유통기한 또는 품질유지기한, 내용량, 원재료명 및 함량, 성분명 및 함량, 영양성분 및 기타 식품 등의 세부표시기준에서 정하는 사항을 표기해야 한다.

(6) 원산지 표시

종 류	표시 방법
쌀	– 국내산인 경우에는 "국내산"으로 표시하고 수입산인 경우에는 수입국가명을 표시한다. – 쌀(국내산), 쌀(호주산)
배추김치	– 국내에서 배추김치를 조리, 판매 및 제공하는 경우에는 "배추김치"로 표시하고, 그 옆에 괄호로 배추김치의 원료인 배추(절인 배추 포함)의 원산지를 표시한다. 이 경우 고춧가루를 사용한 배추김치의 경우에는 고춧가루의 원산지를 함께 표시해야 한다. – 배추김치(배추 국내산, 고춧가루 중국산)
쇠고기	– 국내산인 경우에는 "국내산"으로 표시하고, 식육의 종류를 한우, 육우, 젖소 등으로 구분하여 표시하고 수입산인 경우에는 수입국가명을 표시한다. – 소갈비(국내산 육우), 꽃등심(국내산 한우), 소갈비(호주산)
돼지고기, 닭고기, 오리고기	– 국내산인 경우에는 "국내산"으로 표시하고 수입산인 경우에는 수입국가명을 표시한다. – 삼겹살(칠레산), 닭고기(국내산), 돼지갈비(덴마크산)

(7) 검사

1) 무상 및 유상 수거 대상 집중공략

구 분	수거 대상
무상 수거대상	– 검사에 필요한 식품 등을 수거할 경우 – 유통 중인 부정·불량식품 등을 수거할 경우 – 부정·불량식품 등을 압류 또는 수거·폐기할 경우 – 수입 식품 등을 검사할 목적으로 수거할 경우
유상 수거대상	– 도·소매업소에서 판매하는 식품 등을 시험검사용으로 수거할 경우 – 식품 등의 기준 및 규격 제정·개정을 위한 참고용으로 수거할 경우 – 기타 무상수거대상이 아닌 식품 등을 수거할 경우 (단, 긴급을 요하는 경우에는 무상으로 수거할 수도 있음)

2) 식품위생감시원의 직무 집중공략

① 식품이 위생적 취급에 관한 기준의 이행지도
② 수입, 판매 또는 사용 등이 금지된 식품의 취급여부 단속
③ 표시기준, 과대광고 금지의 위반 단속
④ 시설 기준의 적합 여부 확인·검사
⑤ 조리사 및 영양사의 법령 준수사항 이행 여부 확인·지도
⑥ 영업자, 종업원의 건강진단 및 위생교육 이행지도
⑦ 행정처분 이행 여부 확인
⑧ 식품의 압류 및 폐기
⑨ 영업소의 폐쇄 목적으로 간판 제거
⑩ 부정·불량식품 등을 수거

(8) 영업

1) 시설기준

① 다음의 영업을 하려는 자는 총리령으로 정하는 시설 기준에 맞는 시설을 갖추어야 한다.
㉠ 식품 또는 식품첨가물의 제조업, 가공업, 운반업, 판매업 및 보존업
㉡ 기구 또는 용기·포장의 제조업
㉢ 식품접객업

② ①에 따른 영업의 세부 종류와 그 범위는 대통령으로 정한다.

요리달인의 꿀팁

◈ 영업의 종류(영 21조)

1. 식품제조·가공업
2. 즉석판매제조·가공업
3. 식품첨가물제조업
4. 식품운반업
5. 식품소분·판매업
6. 식품보존업
7. 용기·포장류제조업
8. 식품접객업
   가. 휴게음식점영업
   나. 일반음식점영업
   다. 단란주점영업
   라. 유흥주점영업
   마. 위탁급식영업
   바. 제과점영업

2) 영업의 허가 등에 대한 제한(2019.4.30. 일부개정, 2019.11.1. 시행)

다음의 경우는 영업의 허가를 해서는 아니 된다

① 해당 영업 시설이 시설기준에 맞지 아니한 경우

② 영업허가가 취소되거나 영업허가가 취소되고 6개월이 지나기 전에 같은 장소에서 같은 종류의 영업을 하려는 경우. 다만, 영업시설 전부를 철거하여 영업허가가 취소된 경우에는 그러하지 아니하다.

③ 영업허가가 취소되거나 따라 영업허가가 취소되고 2년이 지나기 전에 같은 장소에서 식품접객업을 하려는 경우

④ 영업허가가 취소되거나 영업허가가 취소되고 2년이 지나기 전에 같은 자가 취소된 영업과 같은 종류의 영업을 하려는 경우

⑤ 영업허가가 취소되거나 영업허가가 취소된 후 3년이 지나기 전에 같은 자가 식품접객업을 하려는 경우

⑥ 영업허가가 취소되고 5년이 지나기 전에 같은 자가 취소된 영업과 같은 종류의 영업을 하려는 경우

⑦ 식품접객업 중 국민의 보건위생을 위하여 허가를 제한할 필요가 뚜렷하다고 인정되어 시·도지사가 지정하여 고시하는 영업에 해당하는 경우

⑧ 영업허가를 받으려는 자가 피성년후견인이거나 파산선고를 받고 복권되지 아니한 자인 경우

요리달인의 꿀팁

◈ 2019 개정내용의 point

법 38조의 개정내용은 제75조제1항제18호(「성매매알선 등 행위의 처벌에 관한 법률」 제4조에 따른 금지행위를 한 경우) → 제75조제1항제19호(「성매매알선 등 행위의 처벌에 관한 법률」 제4조에 따른 금지행위를 한 경우, 개정)로 바뀌었을 뿐 내용은 똑같음

3) 영업허가를 받아야 하는 업종 집중공략

① 식품의약품안전처장의 허가 : 식품조사처리업

② 특별자치도지사(이하 특도) 또는 시장, 군수 또는 구청장(이하 시군구)의 허가 : 단란주점영업, 유흥주점영업

4) 영업의 신고 집중공략

특별자치도지사 또는 시장, 군수 또는 구청장에게 신고

① 식품운반업

② 즉석판매제조 · 가공업

③ 식품소분 · 판매업

④ 식품냉동 · 냉장업

⑤ 용기 · 포장류 제조업(단, 자신의 제품을 포장하기 위해 용기 · 포장류를 제조하는 경우는 제외함)

⑥ 휴게음식점업, 일반음식점업, 위탁급식영업, 제과점영업

요리달인의 꿀팁

◈ 유흥에 관련된 것과 조사처리는 허가로 외우고 아닌 것은 신고로 기억하자!

허 가	신 고
식품식품조사처리업 → 안전처장의 허가 단란주점영업, 유흥주점영업 → 시구군 및 특도의 허가	식품운반업 즉석판매제조 · 가공업 식품소분 · 판매업 식품냉동 · 냉장업

5) 영업등록을 해야 하는 업종

① 식품제조 · 가공업, 식품첨가물제조업

② 특별자치도지사 또는 시장, 군수 또는 구청장에게 등록해야 함

6) 식품접객업의 종류

종 류	특 징
휴게음식점 영업	주로 다류, 아이스크림류 등을 조리 · 판매하거나 패스트푸드점, 분식점 형태의 영업 등 음식류를 조리 · 판매하는 영업으로 음주행위가 허용되지 아니하는 영업 (다만, 편의점, 수퍼마켓, 휴게소 그 밖에 음식류를 판매하는 장소에서 컵라면, 1회용 다류 그 밖에 음식류에 뜨거운 물을 부어주는 경우는 제외)

일반음식점 영업	음식류를 조리·판매하는 영업으로 식사와 함께 부수적으로 음주행위가 허용되는 영업
단란주점 영업	주로 주류를 조리·판매하는 영업으로서 손님이 노래를 부르는 행위가 허용되는 영업
유흥주점 영업	주로 주류를 조리·판매하는 영업으로서 유흥종사자를 두거나 유흥시설을 설치할 수 있고 손님이 노래를 부르거나 춤을 추는 행위가 허용되는 영업
위탁급식 영업	집단 급식소를 설치·운영하는 자와의 계약에 따라 그 집단급식소 내에서 음식류를 조리하여 제공하는 영업
제과점 영업	주로 빵, 떡, 과자 등을 제조·판매하는 영업으로서 음주행위가 허용되지 아니하는 영업

(9) 조리사와 영양사

1) 조리사를 두어야 할 영업 집중공략

식품접객업 중 복어를 조리·판매하는 영업과 다음의 자가 설립·운영하는 집단급식소의 경우에는 조리사를 두어야 한다.

① 국가·지방자치단체
② 학교·병원·사회복지시설
③ 공공기관의 운영에 관한 법률에 따른 공기업 중 식품의약품안전처장이 지정·고시하는 기관
④ 지방 공기업법에 따른 지방공사 및 지방공단
⑤ 특별법에 따라 설립된 법인

복어를 조리·판매하는 영업자 또는 영양사를 두어야 하는 집단급식소 설치·운영하는 자나 영양사가 조리사의 면허를 받은 자인 경우에는 조리사를 따로 두지 아니할 수 있다.

2) 영양사를 두어야 할 집단급식소 등

영양사를 두어야 하는 집단급식소는 다음 각 호의 자가 설립·운영하는 상시 1회 50인 이상에서 식사를 제공하는 집단급식소로 한다.

① 국가·지방자치단체
② 학교·병원·사회복지시설
③ 공공기관의 운영에 관한 법률에 따른 공기업 중 식품의약품안전처장이 지정·고시하는 기관
④ 지방 공기업법에 따른 지방공사 및 지방공단
⑤ 특별법에 따라 설립된 법인

집단급식소에 조리사가 영양사의 면허를 받은 자인 경우에는 영양사를 따로 두지 아니할 수 있다.

3) 결격사유

아래 어느 하나에 해당하는 자는 조리사 또는 영양사 면허를 받을 수 없다.

① 정신보건법 규정에 따른 정신질환자(단, 전문의가 조리사 또는 영양사로서 적합하다고 인정하는 자는 제외)
② 감염병 예방법 규정에 따른 감염병 환자(단, B형 간염환자는 제외)

③ 마약류관리에 관한 법률 규정에 따른 마약이나 그 밖의 약물 중독자
④ 조리사 또는 영양사 면허의 취소처분을 받고 그 취소된 날부터 1년이 지나지 아니한 자

4) 조리사의 행정처분 집중공략

위반 사항	행정처분 기준		
	1차 위반	2차 위반	3차 위반
조리사의 결격사유 중 하나에 해당되는 경우	면허취소		
법 규정에 따른 교육을 받지 아니한 경우	시정명령	업무정지 15일	업무정지 1개월
식중독이나 기타 위생상의 중대한 사고 발생에 직무상 책임이 있는 경우	업무정지 1개월	업무정지 2개월	면허취소
면허를 타인에게 대여하여 이를 사용하게 한 경우	업무정지 2개월	업무정지 3개월	면허취소
업무정지 기간 중에 조리사의 업무를 한 경우	면허취소		

2. 제조물 책임법

제조물의 결함으로 발생한 손해에 대한 피해자 보호를 위해 제정된 법률로, 제조물의 결함으로 인한 생명, 신체 또는 재산상의 손해에 대하여 제조업자 등이 무과실책임의 원칙에 따라 손해배상책임을 지도록 하는 규정이다.

(1) 목적

제조물의 결함으로 발생한 손해에 대한 제조업자 등의 손해배상책임을 규정함으로써 피해자 보호를 도모하고 국민생활의 안전 향상과 국민경제의 건전한 발전에 이바지함을 목적으로 한다.

(2) 제조물 책임법상 용어

1) **제조물** : 제조되거나 가공된 동산(다른 동산이나 부동산의 일부를 구성하는 경우를 포함한다)

2) **결함** : 해당 제조물에 다음 중 어느 하나에 해당하는 제조상, 설계상 또는 표시상의 결함이 있거나 그 밖에 통상적으로 기대할 수 있는 안전성이 결여되어 있는 것
① 제조상의 결함 : 제조업자가 제조물에 대하여 제조상·가공상의 주의 의무를 이행하였는지에 관계없이 제조물이 원래 의도한 설계와 다르게 제조·가공됨으로써 안전하지 못하게 된 경우
② 설계상의 결함 : 제조업자가 합리적인 대체설계를 채용했더라면 피해나 위험을 줄이거나 피할 수 있었음에도 대체설계를 채용하지 아니하여 해당 제조물이 안전하지 못하게 된 경우
③ 표시상의 결함 : 제조업자가 합리적인 설명, 지시, 경고 또는 그 밖의 표시를 하였더라면 해당 제조물에 의하여 발생할 수 있는 피해나 위험을 줄이거나 피할 수 있었음에도 이를 하지 아니한 경우

3) **제조업자**
① 제조물의 제조·가공 또는 수입을 업으로 하는 자
② 제조물에 성명·상표 또는 그 밖에 식별 가능한 기호들을 사용하는 자신을 위 내용의 자로 표시한 자 또는 위 내용의 자로 오인하게 할 수 있는 표시를 한 자

Chapter 6 공중보건(Public Health)

1. 공중보건의 개념

(1) 공중보건의 개요

1) WHO(세계보건기구)에서 말하는 건강의 정의 집중공략

WHO에서는 건강이란 "단순한 질병이나 허약의 부재상태만이 아니라 육체적, 정신적, 사회적 안녕의 완전한 상태이다."라고 말함

2) 윈슬로우(C.E.A Winslow)가 말하는 공중보건의 정의 집중공략

조직적인 지역사회의 노력을 통하여 질병을 예방하고 생명을 연장시키며 신체적, 정신적 효율을 증진하는 기술이며 과학

3) 공중보건의 목적 집중공략

질병예방, 건강증진, 수명연장

4) 공중보건의 대상 및 범위 집중공략

① 대상 : 개인이 아닌 지역사회의 인간집단

② 범위 : 환경관리, 질병관리, 보건관리, 의료보장제도 등

5) WHO(세계보건기구) 집중공략

창 설	1948년 4월 7일 유엔의 경제사회 산하 보건전문 기관으로 창설
본 부	스위스 제네바
우리나라 가입	1949년 6월 65번째 회원국으로 가입
주요기능	- 국제적인 보건사업의 조정 및 지휘 - 전문가 파견에 의한 기술 자문활동 - 회원국에 대한 기술지원 및 자료 제공

(2) 공중보건의 평가지표

한 나라의 보건 수준을 나타내는 종합 건강지표는 평균수명, 조사망률, 비례사망지수 그 외 영아사망율, 모성사망률, 사인별 사망률 등을 지표로 삼음

1) 국가보건수준지표 집중공략

① 영아사망률

㉠ 생후 1년 미만인 영아의 사망률, 한 국가의 보건수준을 나타내는 대표적인 지표

㉡ 사망원인 : 폐렴 및 기관지염, 장염 및 설사, 신생아 고유질환 및 사고

㉢ 영아사망률 = 연간 영아사망수 ÷ 연간출생아수 × 1,000

㉣ 신생아 : 생후 28일 미만, 영아 : 생후 12개월 미만

② 조사망률(보통사망률) = 연간 사망자수 ÷ 그 해 인구수 × 1,000
③ 질병이환율

2) 건강지표
① 평균수명
② 조사망률(보통사망률) = 연간 사망자수 ÷ 그 해 인구수 × 1,000
③ 비례사망지수 = 50세 이상의 사망자수 ÷ 총 사망자수 × 1,000

3) 그 외
① 모성사망률 : 임신, 분만, 산욕과 연관된 질병 또는 이로 인한 합병증으로 일어나는 사망률 (원인 : 임신중독증, 출혈, 산욕열, 자궁 외 임신과 유산 등)
② 사인별 사망률 : 사망 원인에 따른 사망률

2. 환경위생 및 환경오염 관리

(1) 일광

1) 일광 집중공략

종 류	특 징
자외선	– 파장이 가장 짧음(2,600~3,800Å) – 살균력이 가장 강함(강한 살균력 2,500~2,800Å) – 신진대사촉진, 적혈구 생성 촉진, 혈압강하 효과 – 비타민 D를 형성하여 구루병 예방, 피부결핵, 관절염 치료효과 – 과다 노출 시 피부색소 침착을 일으키며 피부암 유발
가시광선	– 망막을 자극하여 명암과 색채를 구분 파장(3,900~7,800Å) – 불충분한 조명일 경우 시력저하, 눈의 피로를 일으킴
적외선	– 파장이 가장 길며(7,800Å 이상), 복사열을 운반하여 열선 – 과다 노출 시 열경련, 일사병, 두통, 백내장, 홍반 등을 유발
도르노 선 (Dorno ray, 건강선, 생명선)	2,800~3,200Å의 범위를 말하며 살균력이 매우 강해서 소독에 이용

※ 옴스트롱(Å) : 빛, 전자기 방사선의 파장을 표시하는 길이의 단위이며 국제규격 단위는 아니고 현재는 nm(나노미터)를 더 많이 사용(1nm=10Å)

요리달인의 꿀팁

◈ 파장길이 : 자외선 → 가시광선 → 적외선

2) 온열과 건강

① 온열의 요인

종 류	특 징
기온	– 지상 1.5m 에서의 건구온도를 측정 100m – 쾌적 온도는 18±2℃
기습(습도)	– 일정온도에서 공기 중의 수증기량 – 쾌적 습도 40~70%
기류	– 대기중의 공기의 흐름 – 쾌적기류: 1m/sec 이동 – 불감기류: 0.2~0.5m/sec 이동
복사열	– 태양 적외선에 의해 열의 공급, 온도차이, 물체의 발열에 의해 발생 – 거리의 제곱에 비례하여 온도가 감소

요리달인의 꿀팁

◈ **감각(체감)온도의 3요소** : 기온, 기습(습도), 기류

◈ **온열의 4요소** : 기온, 기습(습도), 기류, 복사열

◈ **기온역전 현상** : 대기오염이 원인이며, 상부기온이 하부기온보다 높은 경우를 말하며 런던스모그, LA스모그 등이 있음

② 불쾌지수(Discomfort Index)

㉠ 날씨에 따라 사람이 불쾌감을 느끼는 정도를 기온과 습도를 이용하여 나타낸 지수

㉡ 불쾌지수가(DI) 70이면 10%, 75이면 50%, 80이면 거의 모든 사람이 불쾌감을 느낌

(2) 공기 및 대기오염

1) 공기의 조성 집중공략

종 류	특 징
질소(N_2)	– 공기 중의 약 78% 존재 – 고압환경에서 감압 시 잠함병 유발, 저압환경 고산병 유발
산소(O_2)	– 공기 중의 약 21% 존재 – 산소양이 10% 이하 : 호흡곤란, 7% 이하 : 질식사
이산화탄소(CO_2)	– 공기 중의 약 0.03% 존재 – 실내 공기오염 판단 기준 – 위생학적 허용한계는 0.1%(=1,000ppm)
일산화탄소(CO)	– 무색, 무미, 무취, 무자극성이며 물체의 불완전 연소 시 발생 – 허용한계는 0.01%(=100ppm) 8시간 기준
아황산가스(SO_2)	– 실외 공기오염(대기오염)의 지표 – 경유의 연소 과정에서 많이 발생(자동차 배기가스) – 호흡곤란, 금속부식성, 식물의 고사, 호흡기계 점막의 염증

요리달인의 꿀팁

◈ ppm : 1/1,000,000 (100만분의 1)

◈ 1% = 10,000 ppm, 0.0001% = 1ppm

요리달인의 꿀팁

◈ 군집독

실내에 다수인이 밀집해 있는 경우에 발생하며 공기의 물리적·화학적 조성의 변화로 일어나는 현상. 현기증, 불쾌감, 권태, 식욕 저하 등의 증상

◈ 공기의 자정작용

자외선에 의한 살균작용, 공기자체의 희석작용, 강우·강설에 의한 세정작용, 산소와 오존에 의한 산화작용, 식물에 의한 탄소작용 등이 있음

(3) 물

1) 물의 구성과 기능

① 물의 구성

㉠ 인체의 약 60~70%가 물로 이루어져 있으며, 사람의 하루 필요량은 2~3 ℓ

㉡ 10% 상실 시 신체기능에 이상 신호가 발생하고 20% 상실 시 생명에 위험

② 기능

㉠ 신체의 체온을 조절

㉡ 체내 대사작용에 도움

㉢ 음식물 소화작용에 도움

㉣ 음식물과 산소 운반 역할

㉤ 체외로 노폐물 배출

㉥ 신체조직의 세포구조 유지

2) 수인성 감염병

① 물이나 음식물을 통해서 전염되는 질병

② 장티푸스, 파라티푸스, 콜레라, 세균성 이질, 아메바성 이질, 노로바이러스 등

③ 특징

㉠ 환자 발생이 폭발적

㉡ 계절에 관계없이 발생

㉢ 잠복기가 짧음

㉣ 유행지역과 음료수 사용지역이 일치

㉤ 성별, 나이, 직업, 생활수준에 따른 발생빈도 차이는 없음

㉥ 치명률이 낮고 2차 감염이 없음

3) 먹는 물의 수질기준 집중공략

① 미생물에 관한 기준

㉠ 일반세균은 1ml 중 미생물이 100CFU(Colony Forming Unit)를 넘지 아니할 것

㉡ 총 대장균군은 100ml에서 검출되지 아니할 것

② 심미적 영향물질에 관한 기준

㉠ 물의 경도는 300mg/L를 넘지 아니할 것

㉡ 색도는 5도를 넘지 아니할 것

㉢ 잔류염소는 4.0mg/L를 넘지 아니할 것

㉣ 세제(음이온 계면활성제)는 0.5mg/L를 넘지 아니할 것

요리달인의 꿀팁

◈ 불소에 의한 치아 영향

- 불소가 과다한 물 : 반상치
- 불소가 부족한 물 : 우치, 충치
- 불소의 적당 함량 : 0.8~1ppm

(4) 상하수도, 오물처리 및 수질오염

1) 상수도 집중공략

① 상수 처리 과정

취수 → 침사 → 정수(침전 → 여과 → 소독) → 송수 → 배수 → 급수

② 침전

유속을 정지시키거나 느리게 하여 부유물을 침전시키는 것을 말하며 보통침전과 약품침전이 있음

③ 여과

모래, 자갈, 숯 및 약품을 이용하여 세균, 부유물, 불순물 등을 걸러 냄으로써 깨끗하게 하는 방법으로 완숙여과법과 급속 여과법이 있음

구 분	완숙 여과법	급속 여과법
침전법	보통 침전법	약품 침전법
생물막 제거법	사면 대치	역류 세척
여과 속도	3(6~7)m / day	120m / day
필요한 면적	넓은 면적이 필요함	좁은 면적이 필요함
비용	건설비가 높고 운영비는 낮음	건설비가 낮고 운영비가 높음

④ 염소 소독법 집중공략

㉠ 종류 : 치아염소산나트륨, 이산화염소, 표백분

㉡ 잔류 염소량은 0.2ppm을 유지하고 수영장, 수인성 전염병 발생 시 0.4ppm을 유지

㉢ 장점 : 강한 살균력, 높은 잔류효과, 조작의 간편성, 저렴한 비용
㉣ 단점 : 독한 냄새, 트라이할로메테인(THM)이라는 염소독성

2) 하수도

① 하수도의 종류

㉠ 합류식 : 생활용수(가정하수, 공장폐수)와 천수(비, 눈)를 모두 함께 처리하는 방법으로 수리가 편리하고 시설비가 저렴
㉡ 분류식 : 천수(눈, 비)를 별도로 운반하는 방법
㉢ 혼합식천수와 사용수의 일부를 함께 운반하는 방법

② 하수처리 과정 집중공략

예비 처리		하수 유입구에 제진망을 설치하여 부유물과 토사 등을 침전시키는 과정이며 보통침전과 약품침전이 있음
본 처리	호기성 처리(산소)	활성오니법, 살수여과법, 산화지법, 회전원판법
	혐기성 처리(무산소)	부패조처리법, 임호프탱크법
오니 처리		소각법, 퇴비법, 소화법, 사상건조법

③ 하수의 위생 검사 집중공략

종 류	특 징
생물학적 산소요구량 (BOD)	- 세균이 호기성 상태에서 유기물을 20℃에서 5일간 안정화시키는데 필요한 산소량 - 수치가 높을수록 오염 정도가 큼 - 20ppm 이하
화학적 산소요구량 (COD)	- 물속에 함유된 유기물질을 산화제로 산화시킬 때 소모되는 산화제의 양 - 과망간산칼륨(KMnO4)을 사용 - 수치가 높을수록 오염 정도가 큼 - 5ppm 이하
용존산소량(DO)	- 물에 녹아 있는 산소의 농도 - 수치가 낮으면 하수 오염도가 높다는 의미 - 4~5ppm 이상

요리달인의 꿀팁

- 오염된 물(수질이 낮은 물)은 BOD와 COD가 높고, DO는 낮음
- **부영양화** : 호수, 하천, 연안해역 등의 정체된 수역에 오염된 유기물질이 과도하게 유입되어 발생하는 수질오염을 말하며 용존산소 결핍현상이 일어남

3) 오물처리

① 분뇨처리

완전 부숙 기간은 여름 1개월, 겨울 3개월이 필요

② 진개(쓰레기)처리 집중공략

종 류	특 징
소각법	가장 위생적인 방법이나 비용이 높고 대기오염의 원인
매립법	땅속에 묻는 방법으로 매립 두께는 2m를 넘지 않아야 하고, 복토 두께는 0.6~1m가 적당
비료화법 (퇴비화법)	음식물 처리에 효과적이며 발효시켜 비료로 사용

③ 생활 쓰레기의 분류
㉠ 주개 : 주방에서 배출되는 식품 쓰레기(양돈 사료로 사용)
㉡ 가연성 진개 : 종이, 나무, 고무, 피혁류 등(소각하여 열 에너지로 이용)
㉢ 불연성 진개 : 금속, 도기, 토사류 등(대부분 땅에 매립)
㉣ 재활용성 진개 : 종이류, 플라스틱류, 병류, 초지류(자원 재활용품)

4) 소음 및 진동

① 소음
㉠ 사람이 듣기 불편하거나 불쾌감을 주는 음으로 공장, 교통, 건설현장, 상가 등에서 발생하는 소음
㉡ 피해 : 수면방해, 두통, 작업방해, 식욕감퇴, 정신적 불안감, 불쾌감 등
㉢ 측정 단위 : dB(데시벨)

② 진동 집중공략
공장, 교통, 건설현장 등의 기계나 기구로 인하여 사람이 느끼기 불편하거나 심리적으로 불쾌감을 주는 흔들림을 말하며 지속적으로 노출되었을 경우에는 자율신경, 순환기계, 혈압 상승 등의 증상

5) 구충·구서

① 구충·구서의 일반적인 원칙
㉠ 발생 초기에 발생원인과 서식처를 제거(가장 근본적인 대책)
㉡ 구제 대상 동물의 생태 및 습성에 맞추어 실시
㉢ 구충·구서는 광범위하게 동시에 실시하면 효과적

② 위생해충과 특징

종 류	특 징
파리	- 서식처 제거(가장 근본적 대책), 방충망 설치, 살충제, 끈끈이 설치 - 소화기계 전염병 : 장티푸스, 파라티푸스, 이질, 콜레라 - 호흡기계 전염병 : 결핵, 디프테리아
모기	- 서식처 제거, 살충제 - 일본뇌염, 말라리아, 사상충증, 황열, 뎅기열
이, 벼룩	- 의복, 침실 등의 일광소독, 청결한 신체 - 페스트, 발진티푸스

바퀴벌레	– 서식처 제거, 청결한 환경 – 콜레라, 이질, 장티푸스, 살모넬라, 소아마비
쥐	– 방충·방서 설치, 위생적인 환경 조성 – 세균성 질병 : 페스트, 서교증, 살모넬라, 와일씨병 – 라케차성 질병 : 발진열, 양충별(쯔쯔가무시병) – 바이러스 질병 : 유행성 출혈열

3. 역학 및 감염병 관리

(1) 산업보건의 개념과 직업병 관리

1) 산업보건의 개념

① 모든 근로자의 신체적, 정신적으로 안녕한 상태를 유지·증진

② 작업환경으로 인한 질병 예방

③ 쾌적한 작업환경 조성하여 근로자 보호

④ 심리적이고 생리적으로 적합한 작업환경에 배치

2) 산업재해 지표 집중공략

산업재해 : 산업활동에 수반하여 발생하는 사고로 인적·물리적인 손해를 일으키는 재해

강도율	– 노동시간에 대한 재해로 인해 상실된 근로 손실 일수 – 산업재해 경중 정도를 나타내는 지표 – 근로손실일수연간 ÷ 근로 시간 수 × 100
건수율	– 노동자 수에 대한 재해 발생 빈도를 나타내는 지표 – 재해건수 ÷ 평균 실 근로자 수 × 100
도수율	– 노동시간에 대한 재해 발생 빈도를 나타내는 지표 – 재해건수 ÷ 연간 근로 시간 수 × 1,000,000

3) 직업병 종류 집중공략

어떤 특정 직업에 종사하는 동안 근로조건이 원인이 되어 발생하는 질환이며, 그 직업에 종사하고 있으면 누구든지 이환될 가능성이 있음

원인 환경	질 병
고열 환경	일사병, 열경련, 열쇠약
저온 환경	참호족염, 동상, 동창
고압 환경	잠함병, 감압병
저압 환경	고산병, 항공병
불량 조명	안구진탕증, 안정피로, 근시, 백내장
분진	진폐증, 규폐증(유리규산), 석면폐증(석면)
진동	레이노드병

중금속	수은(Hg) 중독 (미나마타병)	언어장애, 지각장애, 보행 곤란
	카드뮴(Cd) 중독 (이타이이타이병)	폐기종, 골연화, 신장기능장애, 단백뇨
	납(Pb) 중독	식욕감소, 권태, 체중감소, 무기력
	크롬(Cr) 중독	기관지염, 비염, 인두염

(2) 역학 일반

1) 역학의 목적과 기능

① 목적 : 인간 및 동물을 대상으로 질병의 발생원인을 규명하여 건강상의 증진과 질병의 예방하는데 있음

② 기능 : 인간 및 동물의 질병양상을 파악하고 예방대책을 수립

③ 기본 3가지 요인 : 숙주, 병인, 환경

2) 역학의 4대 특징

지역적	– 지방적 : 특정한 지역에서 계속적으로 발생 – 범발생적 : 여러 지역과 국가간에 전파되어 발생 – 산발적 : 여기저기 개별적으로 발생
시간적	– 계절적 : 1년을 주기로 계절적으로 변화 – 추세적 : 장기간 주기적으로 반복 유행 – 순환적 : 추세 변화 사이에 단기간에 반복 유행하는 변화 – 불규칙적 : 돌발적으로 유행
사회적	– 인구가 많은 도시에는 호흡기계 감염병 발생이 높음 – 위생상태가 미흡한 농어촌지역에는 소화기계 감염병 발생이 높음 – 부유한 사람은 당뇨병이 많고 가난한 사람들에게는 결핵이 많음
생물학적	인종, 성, 연령에 따라 발생

(3) 감염병관리

1) 감염병의 정의

① 감염병 : 세균, 스피로헤타, 리케차, 바이러스, 진균, 기생충 등과 같은 여러 병원체에 감염되어 발병하는 질병

② 감염 경로 : 음식의 섭취, 호흡에 의한 병원체 흡입, 다른 사람과의 접촉 등으로 발생하며 특히, 사람에게 전파되는 감염병을 전염병이라고 함

2) 감염병 발생의 3대 요인 집중공략

감염원 (병원체, 병원소)	– 병원체가 생활과 증식하면서 다른 숙주에 전파될 수 있는 상태로 저장되는 장소 – 환자, 보균자, 매개동물이나 곤충, 오염토양, 오염식품, 생활용구 등 – 질병을 일으키는 원인

감염경로(환경)	– 감염원으로부터 병원체가 전파되는 과정 – 직접적인 영향보다 간접적인 영향 미치는 경우가 더 많음 – 직・간접 감염, 공기감염, 동물 감염 등
숙주의 감수성	– 한 생물체가 다른 생물체에 침범을 받아 영양물질 탈취 및 조직손상 등을 당하는 생물체를 '숙주'라 함 – 숙주에 침입한 병원체에 대항하여 감염이나 발병을 저지할 수 없는 상태를 '감수성'이라 함 – 감수성이 높으면 면역성이 낮으므로 질병이 발생하기 쉬움 – 개인마다 병원체에 대한 저항력과 면역성이 다르므로 개개인의 감염에는 차이가 있음

요리달인의 꿀팁

◈ **감수성지수(접촉감염지수)**

홍역, 두창(95%) 〉 백일해(60~80%) 〉 성홍열(40%) 〉 디프테리아(10%) 〉 폴리오(0.1%)

3) 면역과 백신

① 면역의 종류 집중공략

분류	종류		특징
선천성면역(자연면역)	종속면역, 인종면역, 개인면역		개인의 유전적 요인이나 생리적 결과에 의해 자연적으로 발생하는 면역
후천성면역(획득면역)	능동면역	자연능동면역	질병감염 후에 얻는 면역(홍역, 두창, 백일해, 장티푸스 등)
		인공능동면역	예방접종으로 얻는 면역(B형간염, 일본뇌염, 결핵 등)
	수동면역	자연수동면역	모체로부터 얻어지는 면역
		인공수동면역	치료목적의 항체를 접종 후 얻어지는 면역

② 백신의 종류

㉠ 생균백신 : 결핵, 홍역, 폴리오, 황달, 탄저병, 회백수염 등

㉡ 사균백신 : 콜레라, 백일해, 장티푸스, 파라티푸스, 일본뇌염, 폴리오 등

㉢ 순화독소 : 파상풍, 디프테리아 등

요리달인의 꿀팁

◈ **일시면역** : 인플루엔자, 폐렴, 디프테리아, 세균성이질, 매독 등

◈ **영구면역** : 콜레라, 홍역, 백일해, 폴리오, 장티푸스, 발진티푸스, 페스트 등

4) 감염병의 분류 집중공략

① 병원체에 따른 분류

분 류	종 류
바이러스(Virus)	일본뇌염, 인플루엔자, 홍역, 천연두, 소아마비, 폴리오, 광견병, 풍진, 유행성 이하선염 등
리케차(Rickettsia)	발진티푸스, 발진열, 양충병 등
세균(Bacteria)	디프테리아, 콜레라, 장티푸스, 파라티푸스, 세균성이질, 백일해, 결핵, 한센병, 파상풍, 페스트 등
스피로헤타(Spirochaeta)	매독, 와일씨병, 재귀열, 서교증 등
원충(Protozoa)	말라리아, 아메바성 이질 등

② 침입 경로에 따른 분류

분 류	종 류
호흡기계 침입	– 기침, 재채기 등에 의해 전파되어 호흡기를 통해 감염 – 결핵, 백일해, 인플루엔자, 홍역, 디프테리아, 풍진, 성홍열 등
소화기계 침입	– 물이나 음식 섭취로 감염 – 장티푸스, 파라티푸스, 세균성이질, 콜레라, 폴리오, 소아마비, 아메바성 이질 등
경피 침입	– 토양에 접촉하거나 신체 접촉으로 감염 – 매독, 파상풍, 탄저병, 한센병, 페스트 등

③ 해충에 의한 감염 집중공략

분 류	종 류
모기	일본뇌염, 말라리아, 황열, 뎅기열, 사상충증 등
벼룩	페스트, 발진열, 재귀열 등
바퀴벌레	콜레라, 장티푸스, 소아마비, 이질 등
파리	장티푸스, 파라티푸스, 이질, 콜레라, 결핵, 양충병, 디프테리아 등
쥐	재귀열, 발진열, 유행성출혈열, 페스트, 서교증, 쯔쯔가무시병, 와일씨병 등
이	발진티푸스, 재귀열 등

④ 잠복기에 따른 분류 집중공략

㉠ 잠복기가 1주일 미만 : 콜레라(잠복기가 가장 짧음), 뇌염, 인플루엔자, 파라티푸스, 디프테리아, 이질, 성홍열 등

㉡ 잠복기가 1~2주일 미만 : 발진티푸스, 장티푸스, 백일해, 홍역, 두창, 수두, 급성회백수염, 유행성 이하선염, 풍진 등

㉢ 잠복기가 긴 것 : 한센병(나병), 결핵(잠복기가 가장 길며 일정하지 않음)

5) 우리나라 법정 감염병의 종류

분 류	특징 및 종류
제1급 감염병	- 치명률이 높거나 집단발생 우려가 커서 발생 또는 유행즉시 신고하고 음압격리가 필요한 감염병 - 에볼라바이러스병, 마버그열, 남아메리카출혈열, 리프트밸리열, 두창, 페스트, 탄저, 보툴리눔독소증, 야토병, 신종감염병증후군, 중증급성호흡기증후군(SARS), 중동호흡기증후군(MERS), 동물인플루엔자 인체감염증, 신종인플루엔자, 디프테리아 등
제2급 감염병	- 전파가능성을 고려하여 발생 또는 유행 시 24시간 이내에 신고하고, 격리가 필요한 감염병 - 결핵, 수두, 홍역, 콜레라, 장티푸스, 파라티푸스, 세균성이질, A형감염, 백일해, 풍진, 폴리오, 한센병, 성홍열, 성황색포도알균(VRSA)감염증, 카바페넴내성장내세균속균종(CRE)감염증 등
제3급 감염병	- 발생 또는 유행 시 24시간 이내에 신고하고 발생을 계속 감시할 필요가 있는 감염병 - 파상풍, B형감염, 일본뇌염, C형감염, 말라리아, 레지오넬라증, 비브리오패혈증, 발진티푸스, 발진열, 쯔쯔가무시증, 렙토스피라증, 브루셀라증, 공수병, 후천성면역결핍증(AIDS), 황열, 뎅기열, 큐열, 지카바이러스 감염증 등
제4급 감염병	- 제1급~3급 감염병 외에 유행여부를 조사하기 위해 표본감시 활동이 필요한 감염병 - 인플루엔자, 매독, 회충증, 편충증, 요충증, 간흡충증, 폐흡충증, 수족구병, 임질, 성기단순포진, 엔테로바이러스감염증, 반코마이신내성장알균(VRE)감염증, 메티실린내성황색포도알균 감염증 (MRSA)감염증 등
보건복지부장관 고시 감염병	보건복지부장관이 필요에 따라 지정하는 감염병으로, 기생충 감염병, 세계보건기구 감시대상 감염병, 생물테러 감염병, 성매개 감염병, 인수 공통감염병, 의료관련 감염병 등

6) 감염병 예방방법

① 감염원의 예방 방법

㉠ 환자의 조기발견, 격리 및 치료와 보균자에 대한 조사를 철저히 함

㉡ 주변 환경을 소독, 살균과 해충을 구제함으로서 감염경로를 차단

㉢ 평소 체력저하를 방지하고, 체력을 증진시켜서 저항력과 면역력을 향상시킴

보균자	현재 병원체를 보유하고 있는 사람
건강 보균자	병원균을 가지고 있으나, 발병하지 않고 건강한 사람이며 감염병 관리가 가장 어려움
잠복기 보균자	잠복기간 중에 병원체를 배출하여 전염성을 가지고 있는 사람
회복기 보균자	감염되었다가 회복기에 있는 사람이며, 병원체를 가지고 있는 사람

② 예방접종(인공 면역)

분류	연령 시기	종 류
기본 접종	4주 이내	BCG(결핵)
	2, 4, 6 개월	경구용 소아마비, DPT
	15개월	홍역, 볼거리, 풍진
추가 접종	18개월, 4~6세, 11~13세	경구용 소아마비, DPT
	매년	일본 뇌염

요리달인의 꿀팁

◈ BCG : 아기가 태어나서 제일 먼저 받는 예방접종

◈ DPT : 디프테리아(Diphtheria), 백일해(Pertussis), 파상풍(Tetanus)

(3) 인수공통감염병 집중공략

동물과 사람 간에 서로 전파되는 병원체에 의하여 발생하는 감염병

소	결핵
개	광견병
쥐	페스트
소, 양, 말, 돼지	탄저
원숭이	황열
고양이, 쥐, 돼지	살모넬라
돼지	돈단독, 선모충, 유구조충
쥐	페스트, 양충병, 발진열, 와일씨병, 서교증
토끼	야토병

4. 보건관리

(1) 보건행정

1) 보건행정 목적과 종류

① 목적

지역 주민의 건강을 유지·증진시키고 사회적 효율과 정신적 안녕을 도모하기 위한 일련의 행정활동

② 종류

구 분	주관	특 징
일반보건행정	보건복지부	- 대상 : 일반 주민 - 기생충 질환, 각종 전염병 예방, 모자보건행정, 위생행정
산업보건행정	고용노동부	- 대상 : 산업체 근로자 - 작업환경개선, 산업재해예방, 근로자의 건강유지 및 증진, 근로자 복지시설 관리, 안전교육
학교보건행정	교육부	- 대상 : 학생 및 교직원 - 학교보건사업, 학교급식, 건강교육, 학교체육

2) 보건 지표 집중공략

건강지표	- 다른 나라와 비교할 수 있는 건강지표를 나타낼 수 있는 지수 - 비례사망자수 = 50세 이상 사망자수 ÷ 총 사망률 × 100 - 조사망률 = 연간 사망자수 ÷ 인구 × 100 - 평균수명
보건의료 서비스지표	의료 인력과 시설, 보건정책지표 등
사회・경제 지표	인구증가율, 주거상태, 국민소득 등

3) 인구 구성 분류 집중공략

구 분	특 징
피라미드형(인구 증가형)	개발도상국형. 출생률은 높고 사망률은 낮음
종형(인구 정체형)	가장 이상적인 형태. 출생률과 사망률이 모두 낮음
항아리형(방추형)	인구 감소형. 평균 수명이 높고 사망률이 낮음
별형(인구 유입형)	도시형태. 생산연령인 청・장년층 비율이 높음
표주박형(농촌형)	노년층 비율이 높고 생산연령인 청・장년층 비율이 낮음

• 생산층 인구가 감소되는 유형

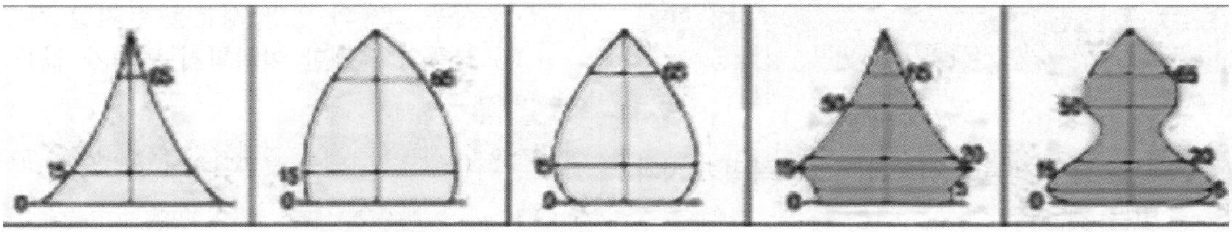

피라미드형 (후진국형) | 종형 (이상형) | 항아리형 (선진국형) | 별형 (도시형) | 표주박형 (도시형)

<인구 연령별 구성 형태>

PART 1

요리달인의 적중 예상문제

01 다음 중 미생물이 잘 번식하는 식품에 해당되지 않는 것은?

① 영양소(영양분)이 많은 식품
② 수분이 많은 식품
③ 0℃ 이하의 건조식품
④ 온도가 적당한 식품

해설
◈ 미생물 생육조건
영양소, 수분, 온도, pH

02 미생물의 크기 중에서 가장 작은 것으로 세균여과기를 통과할 정도의 미생물은 어떤 것인가?

① 바이러스 ② 곰팡이
③ 리케차 ④ 세균

해설
◈ 미생물 크기
곰팡이 〉 효모 〉 스피로헤타 〉 세균 〉 리케차 〉 바이러스

03 다음 중 채소류의 감염경로가 아닌 기생충은 무엇인가?

① 구충 ② 요충
③ 편충 ④ 요꼬가와 흡충

해설
요꼬가와 흡충은 다슬기가 1중간숙주, 송어, 은어, 민물고기가 2중간숙주인 어패류기생충이다.

04 다음 중 미생물에 작용하는 소독력의 크기가 맞는 것은?

① 소독 〉 방부 〉 멸균 〉 살균
② 멸균 〉 살균 〉 소독 〉 방부
③ 살균 〉 소독 〉 방부 〉 멸균
④ 방부 〉 소독 〉 살균 〉 멸균

해설
소독력의 크기순서는 멸균 〉 살균〉 소독 〉 방부이다.

05 소독제의 소독력을 나타내는 기준이 되는 것은?

① 알코올 ② 표백분
③ 생석회 ④ 석탄산

해설
석탄산계수는 소독약의 소독력을 나타내는 기준으로 석탄산계수가 높을수록 소독력이 좋다.

06 분변소독에 가장 적합한 소독제는?

① 생석회 ② 석탄산
③ 과산화수소 ④ 역성비누

해설
② 석탄산 – 분뇨, 하수도, 진개 등 오물 소독
③ 과산화수소 – 피부, 상처소독
④ 역성비누 – 과일, 채소, 식기, 손 소독

07 다음 중 식품첨가물의 구비조건에 해당되지 않는 것은?

① 인체에 유해한 영향이 없을 것
② 대량으로 사용 목적에 따른 효과가 있을 것
③ 식품 고유의 영양 성분을 유지할 것
④ 식품의 유해한 이화학적 변화가 없을 것

해설
소량으로 사용목적에 큰 효과가 있는 것이다.

08 식품 제조 시 거품형성을 억제하거나 방지하는 데 사용하는 식품첨가물은?

① 규소수지 ② n핵산
③ 탄산수소 나트륨 ④ 안식향산

해설

② n핵산 – 추출제
③ 탄산수소 나트륨 – 팽창제
④ 안식향산 – 보존제(방부제)

09 다음 세균성 식중독에서 감염형에 속하지 않는 것은?

① 장염비브리오 ② 포도상구균
③ 살모넬라 ④ 웰치균

해설

- 독소형 식중독 : 포도상구균(엔테로톡신), 보툴리눔(뉴로톡신)
- 감염형 식중독 : 살모넬라균, 장염비브리오균, 병원성 대장균, 웰치균

10 식품과 자연독 성분이 잘못 연결된 것은?

① 섭조개, 대합 – 삭시톡신
② 청매실 – 고시폴
③ 독미나리 – 시큐톡신
④ 복어 – 테트로도톡신

해설

청매실의 독은 아미그달린이다.

11 화학적 식중독으로 도자기, 법랑, 유리가루 등이 오염경로이며 피로, 체중감소 등의 증상이 나타나는 것은?

① 구리(Cu) ② 수은(Hg)
③ 메틸알콜 ④ 납

해설

① 구리(Cu) – 식기 – 구토, 설사, 복통
② 수은(Hg) – 오염된 해산물 – 언어장애, 지각이상
③ 메틸알콜 – 증류주, 과실주 – 두통, 현기증, 실명

12 다음 중 식품위생법에 명시된 목적이 아닌 것은?

① 식품으로 인한 위생상의 위해 방지
② 식품에 관한 올바른 정보제공
③ 기호식품에 관한 질적 향상 도모
④ 국민보건의 증진에 이바지

해설

◈ 식품위생법의 목적
- 식품으로 인한 위생상의 위해 방지
- 식품영양의 질적 향상 도모
- 식품에 관한 올바른 정보 제공
- 국민보건의 증진에 이바지

13 식품위생법상 위해 식품 등의 판매 등 금지 내용이 아닌 것은?

① 식품이 썩었거나 상했거나 설익어서 인체에 유해한 것
② 유독·유해물질이 첨가되어 있으나 식품의약품안전처장이 건강에 이상이 없다고 인정하는 것
③ 병(炳)을 일으키는 미생물에 오염되어 있는 것
④ 불결하거나 다른 물질이 섞이거나 또는 그 밖의 사유로 건강을 해칠 우려가 있는 것

해설

유독·유해물질이 첨가되었거나 묻어있거나 그럴 염려가 우려되는 것(단, 식품의약품안전처장이 건강에 이상이 없다고 인정하는 것은 판매금지대상에서 제외이다.)

14 식품위생법상 무상수거 대상 식품은?

① 도·소매업소에서 판매하는 식품 등을 시험검사용으로 수거할 경우
② 식품 등의 기준 및 규격 제정·개정을 위한 참고용으로 수거할 경우
③ 기타 무상수거 대상이 아닌 식품 등을 수거할 경우(단, 긴급을 요하는 경우에는 무상으로 수거할 수도 있음)
④ 수입 식품 등을 검사할 목적으로 수거할 경우

해설

◈ 무상수거 대상
- 검사에 필요한 식품 등을 수거할 경우
- 유통 중인 부정·불량식품 등을 수거할 경우
- 부정·불량식품 등을 압류 또는 수거·폐기할 경우
- 수입 식품 등을 검사할 목적으로 수거할 경우

15 다음 중 식품위생법상 영업신고 사항이 아닌 것은?

① 식품운반업
② 즉석판매제조 · 가공업
③ 식품소분 · 판매업
④ 단란주점영업

해설

허가	신고
식품조사처리업 단란주점영업 유흥주점영업	식품운반업 즉석판매제조 · 가공업 식품소분 · 판매업 식품냉동 · 냉장업

16 국가의 보건수준, 생활수준을 나타내는 데 가장 많이 이용되는 지표는 무엇인가?

① 조사망률 ② 모성사망률
③ 비례사망률 ④ 영아사망률

해설

생후 1년 미만인 영아의 사망률은 국가의 보건수준을 나타내는 대표적인 지표이다.

17 자외선의 작용에 해당되지 않는 것은?

① 살균작용
② 관절염 치료 효과
③ 비타민 D 형성
④ 두통, 현기증

해설

◈ 자외선의 작용
신진대사 촉진, 적혈구 생성 촉진, 혈압 강하 효과, 비타민 D 형성 구루병 예방, 관절염 치료 효과, 과다 노출 시 피부 색소 침착, 피부암 유발

18 다음 중 온열요소가 아닌 것은?

① 기온 ② 기습
③ 기류 ④ 기압

해설

◈ 온열의 4요소 : 기온, 기습, 기류, 복사열

19 실내공기의 오염판단기준인 이산화탄소(CO2) 위생학적 허용단계는?

① 1% ② 0.1%
③ 0.01% ④ 0.001%

해설

이산화탄소(CO_2) : 공기 중의 0.03% 존재하며 실내공기 오염지표이다.
위생학적 허용한계는 0.1%(=1,000ppm)이다.

20 다음 중 수인성 감염병의 특징을 설명한 것 중 맞지 않는 것은?

① 계절에 관계없이 발생한다.
② 잠복기가 짧다.
③ 치명률이 높고 2차감염이 있다.
④ 환자 발생이 폭발적이다.

해설

치명률이 낮고 2차 감염이 없다.

21 하수오염도 측정 시 생화학적 산소요구량(BOD)을 결정하는 가장 중요한 것은?

① 수중의 유기물량
② 하수량
③ 물의 경도
④ 수중의 광물질량

해설

- 생화학적 산소요구량(BOD) : 하수의 오염도를 나타내는 방법. 수치가 높을수록 오염정도가 크다.
- 용존산소량(DO) : 수치가 낮을수록 오염정도가 크다.

22 사람과 동물이 같은 병원체에 의해 발생하는 인수공통감염병이 아닌 것은?

① 광견병, 페스트
② 야토병, 결핵
③ 돈단독, 탄저
④ 아프리카돼지열병, 일본뇌염

해설

- 인수공통감염병으로 광견병, 결핵, 탄저, 황열, 돈단독, 야토병 등이 있다.
- 아프리카 돼지열병
  ① 전염이 빠르고 치사율이 높은 돼지전염병. 사람을 포함해 멧돼지과 이외의 동물은 감염되지 않으며 백신이나 치료제가 없다.
  ② 우리나라에서는 2019년 9월 17일 처음 발생하였고, 제1종 법정전염병으로 지정해 관리하고 있다.

23 공중 보건상 감염병 관리 측면에서 가장 관리가 어려운 것은?

① 환자 ② 토양과 물
③ 잠복기 보균자 ④ 건강보균자

해설

증상이 나타나지 않으면서 병원체를 배출하는 자로 감염병 관리가 가장 어렵다.

24 인구 정지형으로 출생률과 사망률이 모두 낮은 인구형은?

① 종형 ② 피라미드형
③ 항아리형 ④ 별형

해설

② 피라미드형 : 인구 증가형(출생률은 높고 사망률은 낮음)
③ 항아리형 : 선진국형(평균 수명이 높고 사망률이 낮음)
④ 별형 : 도시형(청장년층 비율이 높음)

정답

1	2	3	4	5
③	①	④	②	④
6	7	8	9	10
①	②	①	②	②
11	12	13	14	15
④	③	②	④	④
16	17	18	19	20
④	④	④	②	③
21	22	23	24	
①	④	④	①	

PART 2 양식 안전관리

Chapter 1 개인 안전관리

1.개인 안전사고 예방 및 사후조치

(1) 개인 안전사고 예방

① 안전교육을 수시로 실시하여 안전사고를 사전에 예방
② 각종 기계는 작동방법과 안전수칙을 숙지한 후에만 사용
③ 슬라이서, 반죽기, 믹서 등과 같은 장비는 기기 작동이 완전히 멈춘 상태에서 식재료를 꺼냄
④ 미끄러짐을 피할 수 있도록 바닥의 물기나 위험요소를 제거

(2) 사후 조치(응급처치)

① 출혈 확인 시 지혈법에 의한 응급처치를 실시
② 호흡 정지 시 인공호흡에 의한 응급처치를 실시
③ 환자가 의식이 있으면 가장 편안한 자세로 만들어 줌
④ 환자가 의식이 없으면 손상 부위를 고려하여 적절하게 조치
⑤ 안색이 창백하면 머리를 낮게 다리를 높게 하고, 안색이 홍색이면 머리를 높게 하고, 자색이면 인공호흡이나 기도에 이물질을 제거

2 작업 안전관리

① 행주를 칼 위에 올려놓지 않음
② 선반의 높은 곳에 액체가 담긴 그릇을 놓아두지 않음
③ 젖은 행주로 뜨거운 것을 들지 않음
④ 칼날을 앞으로 내밀어 들고 다니지 않음
⑤ 음식찌꺼기, 쓰레기를 바닥에 버려서는 안 됨

Chapter 2 장비 · 도구 안전관리

1. 조리장비 · 도구 안전관리 지침

(1) 일반적 지침

① 기계작동 전 안전장치를 확인하고, 기계 이상 유무를 먼저 확인
② 세척 혹은 분해 시에 전원을 끄고 기계가 안전하게 정지한 것을 확인한 후에 실시
③ 장기간 장비사용은 금함
④ 전기를 사용하는 장비나 도구의 경우 전기 사용량과 일치 여부를 확인 한 다음 사용
⑤ 사용 도중에 전기기관에 물이나 이물질이 들어가지 않도록 주의
⑥ 용도에 맞지 않는 도구의 사용을 금함

(2) 장비 · 도구별 안전관리 지침

1) 회전식 국솥

① 국솥 하부에는 솥의 내용물을 붓거나 세척 시 배수가 용이하도록 바닥에 배수로를 설치
② 국솥 상부에는 응결수가 발생하지 않도록 적정 용량의 후드를 설치
③ 식품은 소량씩 넣어 조리하고 폐식용유는 안전온도 이하일 때 처리
④ 스팀식 국솥은 압력계의 지침이 '0'을 가리키더라도 내부에 증기가 남아있으므로 반드시 증기가 배출되었는지 확인하고 솥을 개방

2) 튀김기

① 설정온도, 가열시간, 수위 조절 등이 정상적으로 작동하는지를 확인한 후 가동
② 튀김기 내의 식용유가 과열되는 것을 쉽게 알아보도록 온도계를 설치
③ 식용유로 인한 화재 발생 시 진화를 위하여 전용 소화기(K급)를 튀김기 옆에 비치
④ 감전 예방을 위하여 접지 또는 접지극이 있는 전원 플러그와 콘센트를 사용하고, 전원은 누전 차단기에서 인출하여 사용

3) 가스 그리들

① 점화봉을 사용하지 않고 바로 버너에 불을 붙일 경우 가스 손실과 화상 및 폭발의 우려가 있으므로 반드시 점화봉을 사용
② 철판은 세척 후 기름을 얇게 발라 둠(녹 방지)
③ 가스누출 감지경보기의 가스차단기 작동상태를 수시로 확인

Chapter 3 작업환경 안전관리

1. 작업장 환경관리

(1) 조리장의 기본 요건

위생성, 능률성 및 경제성을 고려해야 하며, 특히 위생을 최우선으로 고려

(2) 주방 시설

1) 작업대
① 작업대의 높이는 85~90cm, 너비는 55~60cm가 적당
② 작업대와 뒤쪽 선반과의 거리는 최소한 150cm 이상이 적당

2) 바닥
① 1m까지의 내벽은 내수성 자재를 사용
② 기름이나 오염물질이 스며들지 않아야 하며 유지비가 경제적이어야 함
③ 미끄럽지 않고 산·염·유기용액에 강한 재질

3) 창문과 벽
① 창문은 직사광선을 막을 수 있게 하고, 방충망을 설치
② 창의 면적은 바닥 면적의 20%가 적당
③ 벽의 마감재로는 모자이크타일, 자기타일, 금속판, 내수합판 등이 적당

4) 환기시설
① 후드(hood)는 조리공간의 냄새, 열, 증기 등을 외부로 방출하는 역할
② 후드(hood)의 경사각은 30도이고 형태는 4방 개방형이 가장 효율적

5) 조명시설
① 작업하기 충분하고 균등한 조명도를 유지
② 조도는 50룩스(lux) 이상 유지하는 것이 매우 중요

(2) 조리장과 식당 면적

1) 조리장의 면적
① 조리장의 면적은 식당 넓이의 1/3이 기준
② 일반급식의 경우 1인당 $0.1m^2$이며 사업체 급식의 경우 1인당 $0.2m^2$

2) 식당의 면적
① 취식인원 1인당 $1m^2$가 기준

② (1인당 필요면적 + 식기회수공간) × 취식자수 = 식당의 면적

작업대 배치순서	준비대 → 개수대 → 조리대 → 가열대 → 배선대
작업의 흐름 순서	식재료 구매 및 검수 → 식재료 전처리 → 식재료 조리 → 음식 담기와 장식 → 서빙 → 식기 세척 및 수납

2. 작업장 안전관리

(1) 안전사고의 유형에 따른 유의사항

1) 주방의 안전관리

① 행주를 칼 위에 올려놓지 않음
② 선반의 높은 곳에 액체가 담긴 그릇을 놓아두지 않음
③ 젖은 행주로 뜨거운 것을 들지 않음

2) 주방의 안전사고 원인과 방지

① 불안전하게 칼을 쓰는 것을 피해야 함
② 항상 도마를 사용

3) 화상사고

① 뜨거운 음식 등을 옮길 때에는 행주나 앞치마대신 마른 행주나 헝겊 장갑을 사용
② 튀김을 할 때에는 주변을 깨끗이 정리정돈을 한 후 조리

4) 낙상사고

① 몸에 맞는 청결한 조리복과 작업 활동에 알맞은 안전화를 착용
② 바닥에 식용유와 버터, 동물성 지방, 핏물 등 이물질이 있을 때에는 즉시 제거

요리달인의 꿀팁

대형 냉동고에 작업을 할 때에는 안전수칙을 꼭 지켜야 하고, −20°C 이하의 냉장고에서 작업을 할 때는 10분 이상 초과하지 말아야 함

3. 화재예방 및 조치방법

(1) 화재예방

① 화재 위험성이 있는 곳을 근본적으로 파악하고 정기적인 점검
② 소화기는 누구나 알 수 있는 지정된 위치에 둠
③ 정기적인 화재예방교육 실시

(2) 화재의 종류 및 소화기의 적응 표시

화재의 종류			소화기의 적응표시
A급 화재 가연성 물질이 발행하는 화재. 연소 후 재로 남음	일반화재	→	○ 백색
B급 화재 가연성 액체나 기체에 발행하는 화재. 연소 후 재가 남지 않는다.	유류화재	→	○ 황색
C급 화재 전선, 전기기구 등에 발생하는 전기화재	전기화재	→	○ 청색

(3) 소화기의 종류

구분	사용방법 및 주의 사항
포말 소화기	– 소화기의 노즐을 잡고 거꾸로 뒤집어 흔든 뒤 노즐구멍을 막고 있던 손을 떼고 불꽃방향으로 향하도록 함 – 약품이 얼어붙거나 넘어지지 않게 보관. 반드시 1년에 1회 약제를 교환
분말 소화기	– 손잡이 옆의 안전핀을 빼고 왼손으로 노즐을 잡고 오른손으로 손잡이 레버를 움켜잡아 방출함. 바람을 등지고 사용 – 직사관선과 습기가 없는 곳에 비치 – 한 번 사용한 소화기는 재충전

요리달인의 적중 예상문제

01 다음 중 개인 안전 사고 사후조치로 적당하지 않은 것은?

① 출혈확인 시 지혈법에 의한 응급처치를 실시
② 호흡 정지 시 인공호흡에 의한 응급처치를 실시
③ 의식이 없으면 머리를 높게 하고 인공호흡을 실시
④ 환자가 의식이 있으면 가장 편안한 자세로 만들어줌

해설
환자가 의식이 없으면 손상 부위를 고려하여 적절하게 조치한다.

02 다음 장비 도구 안전관리에 바르게 연결되지 않은 것은?

① 가스자동밥솥 : 사용 중에는 환기를 절대 시키지 않아야 한다.
② 튀김기 : 설정온도, 가열시간, 수위조적 등이 정상적으로 작동하는지를 확인한다.
③ 가스그리들 : 점화봉을 사용하지 않고 바로 버너에 불을 붙일 경우 가스 손실과 화상 및 폭발의 우려가 있으므로 반드시 점화봉을 사용
④ 채소 절단기 : 칼날 및 날카로운 부품에 손이 상하는 일이 없도록 항상 주의한다.

해설
가스 자동 밥솥 사용 중에는 후드를 작동시키거나 창문을 열어 환기시켜준다.

03 주방의 안전사고 유형에 따른 유의 사항에 해당되지 않는 것은?

① 주방의 안전사고 원인을 알고 방지한다.
② 뜨거운 음식 등을 옮길 때에는 행주나 앞치마 대신 마른 행주나 헝겊 장갑을 사용한다.
③ 몸에 맞는 청결한 조리복과 작업활동에 알맞은 안전화를 착용한다.
④ 뜨거운 것을 들 때는 반드시 젖은 행주를 사용한다.

해설
뜨거운 것을 들 때는 젖은 행주를 사용하지 않는다.

04 분말 소화기 사용법 및 유의사항에 해당되지 않는 것은?

① 손잡이 옆의 안전핀을 빼고 왼손으로 노즐을 잡고 오른손으로 손잡이 레버를 움켜잡아 방출한다.(왼손잡이는 반대로)
② 직사광선과 습기가 있는 곳에 비치해야 한다.
③ 바람을 등지고 사용해야 한다.
④ 한 번 사용한 소화기는 재충전해야 한다.

해설
분말소화기는 직사광선과 습기가 없는 곳에 비치하여야 한다.

정답

1	2	3	4
③	①	④	②

PART 3 양식 재료관리

Chapter 1 식품재료의 성분

▣ 식품의 구성성분

(1) 식품의 성분

<table>
<tr><td rowspan="7">식품성분</td><td rowspan="6">일반성분</td><td colspan="3">수분</td></tr>
<tr><td rowspan="5">고형물</td><td rowspan="4">유기질</td><td>당질(탄수화물)</td></tr>
<tr><td>지질(지방)</td></tr>
<tr><td>단백질</td></tr>
<tr><td>비타민</td></tr>
<tr><td>무기질</td><td>칼슘, 철, 칼륨, 인, 나트륨 등</td></tr>
<tr><td>특수성분</td><td colspan="3">색성분, 향성분, 맛성분, 효소, 유독성분</td></tr>
</table>

(2) 영양소 역할에 따른 분류 집중공략

1) 열량소
① 인체활동에 필요한 열량(에너지)을 공급
② 당질(1g당 4kcal), 단백질(1g당 4kcal), 지질(1g당 9kcal)

2) 구성소
① 몸의 발육과 조직을 구성하는 성분을 공급
② 단백질, 무기질(칼슘)

3) 조절소
① 인체의 각 기관이 순조롭게 활동하게 하고, 생리작용을 조절
② 비타민, 무기질, 물

1. 물(수분)

(1) 물(수분)의 기능

① 인체 내에서 음식물의 소화, 운반 및 체온 조절
① 운동과 열을 운반
② 노폐물을 제거

(2) 유리수와 결합수 집중공략

유리수(자유수)	결합수
- 유리(자유) 상태로 존재 - 수용성 물질을 녹이는 용매재 역할 - 미생물의 생육이 가능 - 0℃ 이하에서 동결 - 4℃에서 비중이 제일 큼 - 건조로 쉽게 제거 가능	- 고분자 물질과 결합해서 존재 - 수용성 물질을 녹이지 못함 - 미생물의 생육이 불가능 - -20℃에서도 잘 얼지 않음 - 유리수보다 밀도가 큼 - 제거 불가능

(3)수분활성도 집중공략

1) 수분활성도의 의미

어떤 임의의 온도에서 그 식품이 나타내는 수증기압(P)을 그 온도에서의 순수한 물의 최대 수증기압(P0)으로 나눈 것

$$\text{수분 활성도(Aw)} = \frac{\text{식품의 수증기압(P)}}{\text{순수한 물의 최대 수증기압}(P_0)}$$

2) 수분활성도의 특징

① 물의 활성도는 1(Aw=1)

② 일반식품의 수분활성도는 항상 1보다 작음(Aw 〈 1)

③ 수분활성도가 낮으면 미생물의 생육이 억제

④ 곡류나 건조식품 등은 육류, 과일, 채소류 보다 수분 활성도가 낮음

⑤ 미생물 증식에 필요한 수분활성도

세균(0.90~0.95), 효모(0.88), 곰팡이(0.65~0.80) 등

2. 탄수화물(당질)

(1) 탄수화물의 특성 집중공략

① 탄소(C), 수소(H), 산소(O)등으로 구성

② 많이 섭취하면 근육이나 간에 글리코겐으로 저장

③ 1g당 4kcal의 열량을 제공하는 에너지원이며 소화율은 98%

④ 기능 : 지방의 완전연소, 혈당유지, 간 보호 및 해독작용, 식이섬유로 변비 예방

⑤ 탄수화물의 감미도 집중공략

과당(120~180) 〉 전화당(85~130) 〉 설탕(100) 〉 포도당(70~74) 〉 맥아당(60) 〉 갈락토오스(33) 〉 유당(16~28)

(2) 탄수화물의 분류

단당류는 당류 중에서 가장 간단한 구성 단위, 더 이상 가수분해되지 않는 당이며 이당류는 단당류 2개, 다당류는 3개 이상의 결합된 당

① 당류의 분류 집중공략

구 분	종 류	특 징
단당류	포도당 (glucose)	- 포유동물이 혈액 중에 0.1% 정도 함유 - 전분이 소화되어 가장 작은 형태로 된 것 - 혈액에 있는 당은 주로 포도당이며 혈당이라고도 함
	과당 (fructose)	- 과일과 꿀에 들어있음 - 당류 중에서 감미도가 가장 높고 물에 쉽게 녹음
	갈락토오스 (galactose)	- 젖당의 구성성분 - 모유와 우유 등의 포유동물의 유즙에 존재
	만노오스 (Mannose)	- 다당류의 구성성분 - 곤약, 감자, 백합뿌리 등에 존재
이당류	자당 (설탕, sucrose)	- 포도당+과당 - 사탕수수나 사탕무에 함유 - 감미도의 측정기준
	젖당 (유당, lactose)	- 포도당+갈락토오스 - 동물의 유즙에 함유되어 있으며, 감미가 거의 없음
	맥아당 (maltose)	- 포도당+포도당 - 엿기름에 많고 물엿의 주성분
다당류	전분 (starch)	- 아밀로오스와 아밀로펙틴 - 곡류, 서류(감자, 고구마 등)에 존재
	글리코겐 (glycogen)	- 동물의 에너지 저장 형태 - 간, 근육에 저장되어 필요할 때 포도당으로 분해되어 에너지로 사용
	섬유소 (cellulose)	- 식물 세포벽의 구성성분 - 영양적 가치는 없으나 변비 예방에 도움
	펙틴 (pectin)	- 세포벽이나 세포 사이의 중층에 존재 - 과실류와 감귤류의 껍질에 다량 함유
	키틴 (chitin)	게, 새우 등의 갑각류에 다량 함유
	이눌린	- 과당의 결합체 - 우엉, 돼지감자에 다량 함유
	한천 (Agar)	- 우뭇가사리 등 홍조류에 존재하며 동결건조한 제품 - 배변을 촉진시켜 변비예방에 좋음. - 겔화력이 강해 잼, 양갱, 과자 등의 겔화제로 이용
	올리고당	- 라피노스 : 포도당+과당+갈락토오스 (삼당류) - 스타키오스 : 라피노스+갈락토오스(사당류)
	알긴산	미역과 같은 갈조류의 세포막 성분

요리달인의 꿀팁

◈ 단당류

- 오탄당 : 리보스(ribose), 아라비노즈(arabinoe), 자일로오스(xylose)
- 육탄당 : 포도당(glucose), 과당(fructose), 갈락토오스(galactose), 만노오스(mannose)

3. 지질(지방)

(1) 지질의 특성

1) 지질의 특성

① 탄소(C), 수소(H), 산소(O)등으로 이루어진 유기화합물
② 3분자의 지방산과 1분자의 글리세롤(glycerol)이 에스테르(ester) 결합을 이룸
③ 1g당 9kcal의 열량
④ 기능 : 뇌와 신경조직의 구성성분, 체온조절, 주요 장기보호, 지용성 비타민의 흡수와 운반 등

(2) 지질의 종류

화학적 구조에 따라 단순지질(중성지질), 복합지질, 유도지질로 구분

단순지질 (중성지질)	- 지방산과 글리세롤의 에스테르 결합 - 중성지방(포화지방산과 불포화지방산), 글리세롤, 왁스
복합지질	- 지방산과 알코올의 에스테르에 질소, 인, 황 등이 결합된 지질 - 인지질, 당지질, 지단백질
유도지질	- 단순지질과 복합지질의 가수분해로 얻어지는 물질 - 콜레스테롤, 에르고스테롤

(3) 포화지방산과 불포화지방산

식품과 인체 내의 지방은 대부분 중성지방이며 분자내의 이중결합 여부에 따라 포화지방산과 불포화지방산으로 구분

포화지방산	- 이중결합이 없는 지방산 - 동물성 지방에 많이 함유되어 있고 상온에서 고체 - 팔미트산(palmitic acid), 스테아르산(stearic acid) 등
불포화지방산	- 이중결합이 있는 지방산(이중결합이 많을수록 불포화도가 높아짐) - 식물성 지방에 많이 함유되어 있고 상온에서 액체 - 올레산(oleic acid), 리놀레산(linoleic acid), 리놀렌산(linolenic acid), 아라키돈산(arachidonic acid), DHA, EPA 등

요리달인의 꿀팁

DHA, EPA : 생선지방에 주로 함유되어 있으며, 두뇌에 도움이 되고 혈중콜레스테롤을 낮춰줌

(4) 필수지방산 집중공략

① 신체의 정상적인 성장발달을 위해 동물의 체내에서 소량 합성되고 있으나, 필요량에 미치지 못하므로 반드시 음식으로 섭취해야 하는 불포화지방산

② 리놀레산(linoleic acid), 리놀렌산(linolenic acid), 아라키돈산(arachidonic acid) 등

(5) 유지의 기능적 성질 집중공략

1) 유화(에멀전화 : Emulsification) : 유지와 다른 물질이 잘 섞이게 하는 현상

① 수중유적형(O/W) : 물 중에 기름이 분산되어 있는 현상(우유, 생크림, 아이스크림, 마요네즈, 크림스프 등)

② 유중수적형(W/O) : 기름 중에 물이 분산되어 있는 현상(버터, 마가린 등)

2) 수소화(경화유 : Hydrogenation)

액체 상태의 기름에 수소를 첨가하고 니켈과 백금을 넣고 고체의 기름으로 만든 것(마가린, 쇼트닝)

3) 가소성

외부조건에 유지의 상태가 변했다가 원상태로 조건을 바꾸어도 유지의 변형상태로 유지되는 성질

4) 연화작용

밀가루 반죽에 유지를 첨가하면 반죽 내 지방을 형성, 전분과 글루텐의 결합을 방해하는 것

(6) 지질의 화학적 성질

1) 검화가(saponification value)

① 유지를 알칼리용액으로 가수분해하면 글리세롤과 지방산염이 형성되는 것

② 유지 1g을 검화하는데 소요되는 KOH(수산화칼슘)의 mg수

③ 보통 유지의 검화가는 180~200

2) 산가(acid value)

① 유지 1g 중에 함유한 유리지방산을 중화하는데 소요되는 KOH(수산화칼슘)의 mg수

② 유지의 산패도를 알아보는 방법

③ 신선한 식용유지의 산값은 0.05~0.07 (산값이 낮을수록 신선한 유지)

3) 요오드가(iodine value)

① 유지 100g 에 첨가되는 요오드의 g수

② 요오드가가 높은 기름은 융점이 낮고, 이중결합이 많으며 산화되기 쉬움

【 요오드가에 따른 분류 】 집중공략

종 류	요오드가	유 지 류
건성유	130이상	– 공기 중에서 쉽게 굳어지는 유지 – 들기름, 아마인유, 호두유 등
반건성유	100~130	콩기름, 참기름, 옥수수유, 면실유 등
불건성유	100이하	– 공기 중에서 굳지 않는 유지 – 올리브유, 땅콩기름, 야자유, 피마자유 등

4) 과산화물가(POV:peroxide value)

① 유지 1kg에 생성된 과산화물의 mg당량으로 표시

② 과산화물가가 10 이하이면 신선한 유지

(7) 지질의 산패에 미치는 요인

① 물, 산, 알칼리, 지방분해요소 등에 의해 산패가 촉진

② 공기 중의 산소나 광선에 의해 산패가 촉진

③ 금속 또는 금속이온은 산패를 촉진

④ 불포화도가 높을수록 산패가 활발히 일어남

4. 단백질

(1) 단백질의 특성과 기능

1) 단백질의 특성 집중공략

① 탄소(C), 수소(H), 산소(O), 질소(N)등으로 구성. 황(S), 인(P)함유되어 있으며 질소는 평균 16% 이상 함유

② 1g당 4kcal의 열량을 제공하는 에너지원

③ 열・산・알칼리 등에 의해 응고하는 성질

④ 아미노산들이 펩티드(peptide) 결합으로 연결되어 있는 고분자 유기화합물

⑤ 급원식품으로 동물성식품(육류, 가금류, 생선류, 달걀, 우유 등)과 식물성식품(두류, 곡류, 견과류 등)

⑥ 기능 : 신체조직 구성성분, 효소・호르몬・항체 합성, 체액의 pH유지, 삼투압 조절, 나이아신(B3 : niacin) 합성 등

⑦ 결핍 시 부종, 성장장애, 빈혈, 피로감

(2) 단백질의 분류

1) 구성 성분에 따라

단순단백질	- 아미노산만으로 구성된 단백질 - 알부민, 글로불린, 글루테닌, 프롤라민 등
복합단백질	- 단백질 이외의 물질과 단백질이 결합된 단백질 - 인단백질, 당단백질, 지단백질 등
유도단백질	- 단백질이 물리적 또는 화학적 방법에 의해 변성·분해하여 생성된 단백질 - 1차유도 단백질 : 젤라틴, 2차유도 단백질 : 펩톤, 펩티드

2) 영양학적 성분에 따라

완전단백질	- 동물의 생명유지와 성장에 필요한 모든 필수아미노산이 충분한 단백질 - 달걀(알부민), 우유(카세인), 콩(글리시닌) 등
부분적 불완전단백질	- 동물의 생명유지와 성장에 필요한 필수아미노산을 모두 함유하고 있으나 1개 또는 그 이상의 아미노산 함량이 부족한 단백질 - 밀(글리아딘), 곡류(리신)
불완전단백질	- 필수아미노산이 충분하지 않은 단백질 - 옥수수(제인)

(3) 아미노산의 종류

1) 필수아미노산

① 체내에서 필요한 만큼 충분히 생성할 수 없으므로 반드시 외부 음식으로부터 섭취
② 성인(8가지) :리신, 류신, 이소류신, 메티오닌, 페닐알라닌, 트레오닌, 트립토판, 발린 등
③ 어린이(10가지) : 성인 8가지+알기닌, 히스티딘 등

2) 불필수아미노산

① 체내에서 합성할 수 있는 아미노산
② 티로신, 글리신, 시스테인 등

5. 비타민

(1) 비타민의 특성

① 대부분 체내에서 합성되지 않으므로 음식을 통해 섭취
② 인체 내에서는 필수 물질이지만 적은 양만 필요
③ 대사작용 조절물질로서 보조효소의 역할
④ 에너지나 신체 구성물질로 사용되지 않음

(2) 비타민의 종류 집중공략

지용성 비타민	수용성 비타민
비타민 A, D, E, K	비타민 B군, C
기름에 용해	물에 용해
기름과 함께 섭취 시 흡수율 증가	필요한 양만큼만 체내에 남고 나머지는 체외로 배출
과잉 섭취 시 체내에 저장	배설되므로 저장되지 않음
결핍증이 천천히 나타남	결핍증이 빠르게 나타남
매일 조금씩 섭취	매일 충분히 섭취
조리 시 손실 적음	열, 알칼리성에서 쉽게 파괴

(3) 지용성 비타민 집중공략

종 류	급원식품	결핍증	특 징
비타민 A (레티놀)	간, 우유, 난황, 당근, 시금치	야맹증, 결막염, 안구 건조증	- 상피세포를 보호하고 눈의 망막세포를 구성 - 전구물질 : 카로틴
비타민 D (칼시페놀)	버섯류, 말린 생선	구루병, 골다공증	- 칼슘과 인이 흡수를 도와 뼈를 튼튼하게 함 - 자외선에 의해 인체 내에서 합성 - 전구물질 : 에르고스테롤
비타민 E (토코페놀)	견과류, 배아, 식물성기름, 달걀	불임증, 노화촉진	- 항산화제 및 노화 방지 - 활성이 큰 것은 α-토코페놀
비타민 K (필로퀴논)	녹색채소, 콩, 토마토, 당근	혈액응고지연	- 혈액응고에 관여하고 지혈작용 - 장내세균에 의해 인체 내에서 합성

(4)수용성 비타민 집중공략

종 류	급원식품	결핍증	특 징
비타민 B_1 (티아민)	돼지고기, 배아	각기병	- 당질 대사활동에 필수적인 보조효소 - 알리신(마늘)이 비타민 B_1 흡수 도와줌
비타민 B_2 (리보플라빈)	우유, 생선, 달걀, 시금치	구각염, 설염	- 발육 촉진 - 피부점막 보호작용
비타민 B_6 (피리톡신)	간, 배아, 대두, 땅콩	피부염	- 단백질 대사작용과 지방합성에 관여 - 항피부염 인자
비타민 B_{12} (시아노코발라민)	고기, 선지	악성빈혈	- 성장 촉진과 조혈작용에 관여 - 코발트(Co)를 함유한 비타민
비타민 C (아스코르브산)	과일, 채소	괴혈병	- 체내의 산화·환원 작용에 관여하고 세포질 성장 촉진 - 가열 조리 시 가장 많이 손실되므로 신선한 상태로 섭취하는 것이 좋음 - 콜라겐 합성과 철분 흡수 작용

나이아신 B_3 (니코틴산)	닭고기, 생선, 땅콩	펠라그라	- 당질 대사활동 증진 - 트립토판 60mg으로 나이아신 1mg 만듦 - 제인(옥수수 단백질)에는 트립토판이 없으므로 옥수수를 주식으로 하는 민족에게 '펠라그라'가 많이 나타남(집중공략)

6. 무기질(회분) 집중공략

▶ 당질, 단백질, 지방 등의 유기화합물이 연소되어 공기 중에 제거되고, 재로 남은 것

▶ 연소시켰을 때 남은 무기질에 따라 식품의 산성과 알칼리성이 결정

산성식품	- P(인), S(황), Cl(염소)등을 함유하고 있고 체액을 산성화 시키는 식품 - 곡류, 육류, 어류, 두류(대두 제외) 등
알칼리식품	- K(칼륨), Ca(칼슘), Na(나트륨), Fe(철)등을 함유하고 있는 식품 - 우유는 동물성 식품이지만, Ca(칼슘)이 다량 함유되어 있어서 알칼리성 식품으로 분류 - 해조류, 과일, 채소, 대두 등

(1) 무기질의 특징 집중공략

① 신경의 자극전달에 필수요소

② 수분의 평형유지에 관여

③ 생리적 반응을 위한 촉매제로 이용

④ 산과 염기의 평형을 유지하는데 관여

⑤ pH조절과 삼투압 조절

⑥ 인체조직의 구성성분

(2) 무기질의 종류 집중공략

종 류	급원식품	결핍증	특 징
칼슘(Ca)	우유, 유제품, 멸치	골다공증, 치아와 골격 발육 불량	- 골격과 치아를 구성하고 비타민 K와 함께 혈액응고에 관여 - 비타민 D는 칼슘 흡수 촉진 - 수산은 칼슘 흡수 방해
인(P)	우유, 유제품, 난황, 육류, 곡류	치아와 골격 발육 불량	- 골격과 치아의 구성성분 - 인지질과 핵단백질의 구성성분 - 칼슘과 인의 섭취비율은 성인은 1:1, 어린이는 2:1이 좋음
나트륨(Na)	소금, 피클, 김치	근육경련, 식욕감퇴	- 삼투압 조절과 수분균형 유지 - 신경전달 - 과잉 섭취 시 고혈압과 심장병 유발

칼륨(K)	채소, 과일, 바나나	식욕부진, 근육경련	– 삼투압 조절, 신경전달, 근육 수축 – NaCl과 같은 작용을 하며 세포내액에 존재
철분(Fe)	달걀, 생선, 간, 녹색채소	빈혈	– 헤모글로빈의 주성분 – 혈액 생성 시 필수적인 영양성분
불소(F)	완두콩, 시금치	우치(충치), 과잉치(반상치)	– 골격과 치아를 튼튼하게 함 – 충치예방
요오드(I)	미역, 다시마, 해조류	갑상선종, 발육저지	– 갑상선호르몬(티록신)의 구성성분 – 유즙분비를 촉진

7. 식품의 색

(1) 식물성 색소 집중공략

성 분		특 징
클로로필 (Chlorophyll, 엽록소)		– 녹색채소로 마그네슘(Mg)을 함유 – 시금치, 오이, 브로콜리 등 – 산에 의해 갈색(페오피틴), 알칼리에 의해 선명한 녹색(클로로필린), 금속에 의해 선명한 녹색
카로티노이드 (Carotinoid)		– 당근, 토마토, 고추, 고구마, 옥수수 등의 황색, 주황색, 적색의 색소 – 비타민 A의 전구물질 – 열, 산, 알칼리에서 안정적 – 광선, 산화효소에는 민감
플라보노이드 (Flavonoid)	안토잔틴 (Anthoxanthine)	– 백색이나 담황색을 띠는 색소 – 식물의 뿌리, 줄기, 잎 등에 분포 – 산에서 선명한 흰색 – 알칼리에서 짙은 갈색 – 철(Fe)과 결합하면 암갈색 – 열에 의해 노란색이 더욱 진해짐
	안토시아닌 (Anthocyanin)	– 홍당무, 비트, 자색 양배추, 가지, 자색 감자 등 – 청색, 적색, 자색의 색소 – pH에 따라 산성(적색), 중성(자색, 보라색), 알칼리성(청색)

(2) 동물성 색소 집중공략

성 분	특 징
미오글로빈 (Myoglobin)	– 동물의 근육조직에 있는 근육색소 – 미오글로빈(적자색) + 산소 → 옥시미오글로빈(선홍색) – 옥시미오글로빈(선홍색) + 산화 → 매트미오글로빈 – 매트미오글로빈(적갈색) + 가열 → 헤미크롬(회갈색)

헤모글로빈 (Hemoglobin)	- 동물의 혈액에 존재하는 혈색소 - 철(Fe)함유
헤모시아닌 (Hemocyanin)	- 문어, 오징어, 낙지 등의 연채류에 존재하는 색소 - 가열에 의해 적자색으로 변함
아스타잔틴 (Astaxanthin)	- 새우, 게, 가재 등의 갑각류에 존재하는 색소 - 가열하면 색소단백질이 분해되어 아스타신(Astacin))의 붉은색으로 변함

8. 식품의 갈변 집중공략

식품을 저장, 가공 및 조리하는 과정에서 갈색 또는 변색되는 현상

구 분	종 류	특 징
효소적 갈변	폴리페놀 옥시다아제	사과, 배, 고구마 등의 갈변 효소
	티로시나아제	껍질을 벗긴 감자의 갈변 효소
	갈변 억제방법	- 열처리 : 데쳐서 효소 불활성화 - pH조절 : pH3 이하로 낮춰 효소작용 억제 - 당 또는 염류 첨가 : 설탕이나 소금물에 담금 - 산소 차단 : 산소를 제거하거나 이산화탄소나 질소가스 주입 - 냉동저장 : 냉동저장으로 효소작용 억제 - 적절한 용기 사용 : 구리나 철로 된 기구 사용을 피함
비효소적 갈변	캐러멜화 반응	- 당류를 180~200℃의 고온에서 가열하였을 때 산화, 분해에 의해 중합·축합에 의해 갈색으로 변함 - 빵, 과자, 약식, 비스킷, 캔디 등에 이용
	마이얄 반응	- 단백질과 당의 결합으로 인해 자연적으로 일어나며 열에 의해 촉진 - 간장, 된장, 누룽지 등
	아스코르브산 반응	- 항산화제 및 항갈변제로서 가공식품에 널리 사용 - 감귤류, 오렌지 주스 등

9. 식품의 맛과 냄새

(1) 기본적인 4원미

단맛, 짠맛, 신맛, 쓴맛

1) 단맛(sweetness)

당류	포도당(과실, 꿀, 엿), 과당(과실, 꿀), 맥아당(물엿, 엿기름), 유당(=젖당, 모유, 우유)
당알코올	자일리톨(75), 솔비톨(50~70), 이노시톨(45), 만니톨(45) 등
인공감미료	- 사카린(200,000~700,000) - 둘신(70,000~350,000) - 아스파탐(150,000~200,000)

※ ( )안의 숫자는 설탕의 감미도 100을 기준으로 감미도를 보여줌

요리달인의 꿀팁

> 감미도를 측정하는 기준은 설탕(100)이며, 과당(170) 〉 전화당(120) 〉 설탕(100) 〉 포도장(75) 〉 맥아당(60) 〉 갈락토오스(35) 등의 순서대로 감미가 강함

2) 짠맛(saltness)

① 주성분은 무기 및 유기 알카리염이고 음이온에서 짠맛을 느끼고, 양이온에서 쓴맛을 냄

② 신맛이 더해지면, 짠맛이 더 강해지고, 단맛이 더해지면 더 약해짐

3) 신맛(sournes)

① 산이 해리되어 수소이온에 의한 맛으로, pH가 같을 경우 무기산보다 유기산의 신맛이 더 강함

② 유기산은 특유의 감칠맛과 상쾌한 맛을 주어 식욕을 증진시켜 줌

초산	식초, 김치류	주석산	포도
구연산	감귤류, 딸기	아스코르빈산	과일류, 채소류
사과산	사과, 배	젖산	요구르트류, 김치류
호박산	조개, 청주, 김치류		

4) 쓴맛(bitterness)

알카로이드계	– 카페인(Caffeine) : 녹차, 커피, 코코아, 홍차 – 테오브로마인(Theobromine) : 코코아, 초콜릿
배당체	– 퀘세틴(Quercetin) : 양파 껍질 – 쿠퀘비타신(Cucurbitacin) : 오이 꼭지 부분 – 나린진(Naringin) : 감률이나 자몽 껍질
케톤류	후물론(Humulone) : 맥주

5) 기타 맛

① 감칠맛(umami, savory taste)

1908년 다시마의 감칠맛을 내는 물질인 글루탐산나트륨인 것이 발견. 이노신산은 가다랭이포, 구아닐산은 버섯의 맛을 내는 물질

글루탐산(Glutamate)	MSG, 다시마, 김, 된장
호박산(Succinic acid)	조개류
이노신산(Inosinic acid)	육류, 생선류, 가다랭이포
크레아티닌(Creatinine)	어류, 육류
베타인(Betaine)	오징어, 문어, 새우
타우린(Taurine)	조개, 오징어

② 매운맛 집중공략

미각신경을 강하게 자극하여 형성되는 맛으로 미각이라기보다는 통각에 가까움

60℃에서 가장 강하게 느껴지며 식욕을 촉진시키고 살균·살충작용

캡사이신(Capsaicin)	고추
차비신 (Chavicine)	후추
알리신(Allicin)	마늘
쇼가올(Shogaols), 진저론(Zingerone)	생강
시니그린(Sinigrin)	겨자
이소시아네이트(Isothiocyanic)	무

③ 떫은 맛 집중공략

혀를 수렴시켜 마비시키는 맛. 보통 덜 익은 감, 차 등에 있는 타닌성분이 내는 맛

④ 아린맛

쓴맛과 떫은맛의 혼합된 맛. 토란, 고사리, 우엉 등에 들어있는 아린맛은 수용성이므로 물에 담궈서 제거 가능

6) 맛의 다양한 현상 집중공략

① 맛의 상승

같은 종류의 맛을 혼합하여 섭취하면 각각 가지고 있는 맛보다 더 강한 맛을 느껴지는 현상
(예 설탕과 포도당을 혼합하면 단맛이 더 강하게 느껴짐)

② 맛의 대비 현상(강화현상)

서로 다른 2가지 맛이 혼합·작용하여 주된 맛 성분이 더 강하게 느껴지는 현상
(예 설탕물에 소금을 첨가하면 단맛이 상승)

③ 맛의 변조 현상

한 가지 맛성분을 섭취한 직후 다른 맛을 보면 원래의 맛이 다르게 느껴지는 현상
(예 쓴 한약을 먹은 후 물을 마시면 물맛이 달게 느껴짐)

④ 맛의 억제 현상

2가지 맛 성분을 혼합하였을 때 각각의 맛이 약하게 느껴지는 현상
(예 커피에 설탕을 넣으면 커피의 쓴맛이 약해짐)

(2) 식품의 냄새 집중공략

구 분	성분과 특징
식물성 식품의 냄새	– 알코올 및 알데히드류 : 주류, 양파, 감자, 계피 등 – 에스테르류 : 사과, 파인애플 등 – 황화합물류 : 파, 양파, 마늘, 무, 고추, 냉이 등 – 테르펜류 : 녹차, 차류, 레몬, 오렌지 등

동물성 식품의 향	- 암모니아류 : 신선도가 떨어진 육류, 생선류 - 트리메틸아민 : 신선도가 떨어진 해수어(고등어)의 비린내 - 피페리딘 : 신선도가 떨어진 담수어의 비린내 - 카르보닐 화합물 : 신선한 우유 냄새 - 아미노아세토페논 : 신선도가 떨어진 우유 냄새 - 디아세틸 : 버터 냄새

(3) 식품의 특수 성분

구 분	특수 성분
마늘	알리신(Allicin)
생강	진저론(Zingerone)
겨자	시니그린(Sinigrine)
참기름	세사몰(Sesamol)
고추	캡사이신(Capsaicine)
후추	캐비신(Chavicine)
고추냉이	아릴이소티오시아네이트(Alylisothiocyanate)

10. 식품의 물성 집중공략

1) **유변성** : 식품의 고체적 특성인 변형과 액체적 특성인 흐름에 관한 학문 분야로 식품의 유변성은 탄성과 가소성, 점성과 점탄성과 같은 물성으로 설명 될 수 있음

2) **가소성** : 힘을 가하여 모양을 변화시킨 후에, 힘을 제거해도 원래의 상태로 돌아가지 못하는 성질

3) **점성** : 액체 식품의 흐름성에 대한 저항 정도를 의미하며, 점탄성은 물체에 힘을 가했을 때 액체와 고체의 성질이 모두 있어서 액체와 같은 점성이 있으면서도 힘을 가하면 변형이 일어나고 힘을 제거하면 원상태로 돌아가려는 탄성을 갖는 성질

4) **거품성** : 식품을 부드럽게 매끄럽게 하거나 청량감, 향기 성분의 분산·촉진 등 특유의 물성을 부여

5) **용액** : 용질과 용매가 혼합되어 있는 상태이며, 요질 입자크기에 따라 진용액, 콜로이드용액, 현탁액으로 구분
① 졸(sol) : 콜로이드 용액 중에서 액체 내에 고정 입자가 분산되어 있는 것
② 젤(gel) : 졸이 일정한 형태를 띠는 것이며, 수분을 많이 함유

6) **유화** 집중공략

섞이지 않는 액체를 교반하여 유화액을 형성하는 과정
① 수중유적 형(oil in water, O/W) : 물에 기름이 분산되는 유화
② 유중유적 형(water in oil, W/O) : 기름에 물이 분산되는 유화

11. 식품의 유독성분 집중공략

(1) 식물

종 류	원인독
독미나리	시큐톡신(Cicutoxin)
청매실, 복숭아씨, 살구씨	아미그달린(Amygdalin)
목화씨	고시풀(Gossypol)
피마자	리신(Ricin)
독보리	테무린(Temuline)
미치광이풀	아트로핀(Atropine)
감자(감자의 싹과 녹색부위)	솔라닌(Solanine)
감자(부패 감자)	셉신(Sepsine)
독버섯	무스카린(Muscarine), 무스카리딘(Muscaridine), 아마니타톡신(Amanitatoxin), 뉴린, 콜린, 팔린 등

(2) 동물

종 류	원인독
복어	테트로도톡신(Tettodotoxin)
모시조개,바지락, 굴	베네루핀(Venerupin)
섭조개(홍합), 대합	삭시톡신(Saxitoxin)

Chapter 2 효 소

1. 식품과 효소

(1) 효소

1) 역할

생체 내에서 화학반응을 효율적으로 일어나게 하는 촉매제

2) 반응에 영향을 미치는 인자

온도, pH, 효소농도, 기질농도, 저해제(중금속이온, 금속이온 등)

3) 효소의 이용

치즈, 된장

① 식품에 함유되어 있는 효소 이용

㉠ 효소작용 억제 : 신선도를 위해 효소작용을 억제

㉡ 효소 첨가 : 육류 연화작용을 위해, 과즙이나 포도즙 혼탁예방을 위해서 첨가

(2) 소화와 흡수

1) 소화 : 소화기관을 통하여 체내로 흡수되도록 잘게 부수는 과정

구 분	소화 효소	작 용
입에서의 소화작용	프티알린	전분 → 맥아당
위에서의 소화작용	리파아제	지방 → 지방산과 글리세롤
	펩신	단백질 → 펩톤
	레닌	카세인(우유 단백질) → 응고
췌장에서의 소화작용	트립신	단백질 → 아미노산
	스테압신	지방 → 지방산과 글리세롤
장에서의 소화작용	슈크라제	서당 → 포도당+과당
	말타아제	엿당 → 포도당+포도당
	리파아제	지방 → 지방산과 글리세롤
	락타아제	젖당 → 포도당+갈락토오스

2) 흡수 집중공략

① 위에서는 주로 알코올을 주로 흡수

② 소장에서는 영양소의 대부분을 흡수

③ 대장에서는 주로 수분과 전해질을 흡수

Chapter 3 식품과 영양

1. 영양소의 기능 및 영양소 섭취기준

(1) 영양소

인간 생명유지에 필요한 필수적인 성분

(2) 영양소의 기능

열량소	탄수화물(4kal/g), 단백질(4kal/g), 지방(9kal/g)
구성소	단백질, 무기질, 물
조절소	비타민, 무기질, 물

(3) 영양섭취기준 집중공략

평균필요량	건강한 사람들의 절반에 해당하는 사람이 일일 영양소 필요량을 충족시키는 수준
권장섭취량	대부분의 사람들(95%)의 필요량을 충족시키는 수준
충분섭취량	건강한 사람들에게 부족할 수 있는 식이섬유, 나트륨 등 영양소 섭취 수준
상한섭취량	유해 영향이 나타나지 않는 최대 영양소 섭취 수준

(4) 기초 식품군

1) 정의 및 분류

균형 잡힌 식생활을 위해 반드시 먹어야 하는 식품들

곡류 및 전분류	– 탄수화물, 몸과 뇌의 에너지 공급 – 밥, 빵, 과자, 국수, 떡 등
채소 및 과일류	– 비타민 및 무기질의 급원식품 – 몸의 기능 조절, 무기질은 인체의 구성성분 – 채소, 과일
고기, 생선, 계란, 콩류	– 단백질의 급원식품 – 근육, 피 등의 구성성분으로 호르몬, 효소기능 조절 – 식육류, 생선, 계란, 콩, 두부, 조개 등
우유 및 유제품	– 칼슘과 각종 무기질 단백질의 급원식품 – 골격과 치아의 구성 성분 – 우유, 요구르트, 요플레, 두유, 아이스크림
유지 및 당류	– 지방과 당질의 급원식품 – 에너지 공급, 체온유지, 신체 보호/과잉섭취 시 비만 유발 – 식용유, 버터, 마요네즈, 콜라, 견과류, 사탕

2) 식품구성자전거의 특징 집중공략

① 다양한 식품 섭취를 통한 식사와 수분 섭취 중요성, 적당한 운동을 통한 건강유지라는 기본 개념을 나타냄

② 면적비율

곡류 〉 채소류 〉 고기, 생선, 달걀, 콩류 〉 우유, 유제품류 〉 과일류 〉 유지, 당류

〈자료출처 : 보건복지부. 2015 한국인 영양소 섭취기준, 2015〉

PART 3 요리달인의 적중 예상문제

01 수분활성도에 대한 설명이다. 틀린 것은?

① 식품의 수분활성도란 식품의 수증기압을 그 온도에서의 순수한 물의 수증기압으로 나눈 것
② 곡류나 건조식품은 육류, 과일, 채소류보다 수분활성도가 낮다.
③ 물의 수분활성도는 1보다 작다.
④ 일반 식품의 수분활성도는 항상 1보다 작다. (Aw 〈 1)

해설
순수한 물의 수분활성도는 1이다.(Aw = 1)

02 다음 중 단맛(감미도)이 가장 높은 것은?

① 과당 ② 전화당
③ 맥아당 ④ 유당

해설
◈ 당류의 감미도
과당 〉 전화당 〉 설탕(자당) 〉 포도당 〉 맥아당 〉 갈락토오스 〉 유당

03 다음 중 다당류에 속하지 않는 것은?

① 전분 ② 글리코겐
③ 펙틴 ④ 갈락토오스

해설
다당류 종류 : 전분, 글리코겐, 섬유소, 펙틴, 키틴, 이눌린, 한천, 올리고당, 알긴산 등

04 다음 중 이중결합이 없는 지방산으로 포화지방산에 속하는 지방산은?

① 팔미트산 ② 올레산
③ 리놀레산 ④ 아라키돈산

해설
- 포화지방산(이중결합이 없는 지방산) : 팔미트산, 스테아르산 등
- 불포화지방산(이중결합이 있는 지방산) : 올레산, 리놀레산, 리놀렌산, 아라키돈산, DHA, EPA

05 다음 중 요오드가가 100~130인 반건성유에 속하는 유지류는?

① 들기름 ② 올리브유
③ 콩기름 ④ 땅콩기름

해설
◈ 요오드가 : 유지 100g에 첨가되는 요오드의 g수
- 건성유(130 이상) : 들기름, 아마인유, 호두유
- 반건성유(100~130 이상) : 콩기름, 참기름, 옥수수유, 면실유 등
- 불건성유(100 이하) : 올리브유, 땅콩기름, 야자유, 피마자유 등

06 다음 중 필수 성인이 필요로 하는 필수아미노산으로만 짝지어진 것은?

① 메티오닌, 페닐알라닌
② 글리신, 트레오닌
③ 히스티딘, 시스테인
④ 트립토판, 티로신

해설
- 필수아미노산(성인 8가지) : 리신, 류신, 이소류신, 메티오닌, 페닐알라닌, 트레오닌, 트립토판, 발린 등
- 필수아미노산(어린이) : 성인 8가지 + 알기닌, 히스티딘 등

07 다음 중 물에 녹지 않는 지용성 비타민으로 야맹증과 안구건조증에 도움이 되는 비타민은 무엇인가?

① 티아민(비타민 B_1)
② 리보플라빈(비타민 B_2)
③ 아스코르브산(비타민 C)
④ 레티놀(비타민 A)

해설

티아민, 리보플라빈, 아스코르브산 모두 물에 녹는 수용성 비타민이다.

08 다음 중 비타민에 관련된 설명 중 틀린 것은 무엇인가?

① 토코페롤이라 불리는 비타민 E는 항산화제 및 노화방지에 관여한다.
② 비타민 E가 부족하면 구루병과 골다공증에 걸린다.
③ 비타민 B_1이 부족하면 각기병에 걸린다.
④ 비타민 C가 부족하면 괴혈병에 걸리며 급원식품은 과일이나 채소에 많이 함유되어 있다.

해설

비타민 D가 부족하면 구루병과 골다공증에 걸린다.
비타민 E가 부족하면 불임증과, 노화촉진이 되기 쉽다.

09 다음 산성식품의 성분에 해당되는 것은?

① 황(S)
② 칼륨(K)
③ 칼슘(Ca)
④ 나트륨(Na)

해설

- 산성식품 : 황(S), 인(P), 염소(Cl) 등을 함유하고 있는 식품(곡류, 육류, 어류, 두류 등)
- 알칼리성식품 : 칼륨(K), 칼슘(Ca), 나트륨(Na), 철(Fe) 등을 함유하고 있는 식품(해조류, 과일, 채소, 대두 등)

10 다음 무기질의 특성에 해당되지 않는 것은?

① 수분의 평형유지에 관여
② pH조절과 삼투압조절
③ 인체조직의 구성성분
④ 열량을 제공하며, 체온조절에 관여

해설

④ 열량을 내며 체온조절에 관여하는 것은 지질이다.

11 다음 중 무기질의 종류에 따른 특징이 잘못된 것은 어느 것인가?

① 철분(Fe): 헤모글로빈의 주성분으로 부족 시 빈혈이 생긴다.
② 요오드(I) : 골격과 치아의 구성성분으로 부족 시 치아골격 발육이 불량하다.
③ 칼슘(Ca) : 골격과 치아를 구성하고, 부족하면 골다공증에 걸리기 쉽다.
④ 나트륨(Na): 삼투압 조절과 수분균형 유지에 관여한다. 부족하면 근육경련이나 식욕감퇴가 일어난다.

해설

요오드(I)는 갑상선 호르몬의 구성성분으로 부족 시 갑상선종이 일어나며 미역, 다시마, 해조류 등이 급원식품이다.

12 쓴맛의 약을 먹은 후 물을 마시면 단맛이 느껴지는 맛의 현상은 무엇인가?

① 맛의 대비현상 ② 맛의 상승현상
③ 맛의 억제현상 ④ 맛의 변조현상

해설

① 맛의 대비 – 서로 다른 2가지 맛이 혼합, 작용하여 주된 맛 성분이 더 강하게 느껴지는 현상
② 맛의 상승 – 같은 종류의 맛을 혼합해 섭취하면 각각의 맛보다 더 강한 맛이 느껴지는 현상
③ 맛의 억제 – 2가지 맛 성분을 혼합했을 때 각각의 맛이 약하게 느껴지는 현상

13 식품의 가공 저장 시 나타나는 마이얄 반응은 어떤 성분의 결합에 의해 일어나는가?

① 당류와 단백질 ② 당류와 지방
③ 단백질과 지방 ④ 당류와 수분

해설

마이얄 반응의 비효소적 갈변 식품은 간장, 된장, 누룽지 등이다.

14 식품의 향미성분으로 사과나 파인애플 등에서 나타나는 성분은?

① 디아세틸 ② 테르펜류
③ 에스테르류 ④ 황화합물류

해설

① 디아세틸 – 버터
② 테르펜류 – 녹차, 오렌지, 레몬 등
④ 황화합물류 – 파, 양파, 무, 고추냉이 등

15 식품의 특수성분이 옳게 연결되지 않은 것은?

① 생강 – 진저롤(Zingeron)
② 겨자 – 시니그린(Sinigrine)
③ 고추 – 캡사이신(Capsaicine)
④ 마늘 – 세사몰(Sesamol)

해설

④ 마늘 – 알리신(Allicin)
※ 참기름 – 세사몰(Sesamol)

16 식품의 유독성분이 옳게 연결된 것은?

① 독미나리 – 아미그달린(Amygdalin)
② 복어 – 베네루핀(Venerupin)
③ 목화씨 – 솔라닌(Solanine)
④ 부패감자 – 셉신(Sepsine)

해설

① 독미나리 – 시큐톡신(Cicutoxin)
② 복어 – 테트로도톡신(Tettodotoxin)
③ 목화씨 – 고시풀(Gossypol)
④ 감자(싹과 녹색부위) – 솔라닌(Solanine)

17 다음 중 소화효소와 작용이 바르게 나타난 것은?

① 펩신 : 지방 → 지방산과 글리세롤
② 프티알린 : 전분 → 맥아당
③ 트립신 : 젖당 → 포도당 + 갈락토오스
④ 리파아제 : 엿당 → 포도당 + 포도당

해설

① 펩신 : 단백질 → 펩톤
③ 트립신 : 단백질 → 아미노산
④ 리파아제 : 지방 → 지방산과 글리세롤

18 영양섭취기준에서 대부분의 사람들의 필요량을 충족시키는 수준은?

① 권장섭취량　② 평균필요량
③ 충분섭취량　④ 상한섭취량

해설

② 평균필요량 – 건강한 사람들의 절반에 해당하는 사람의 일일 영양소 필요량을 충족시키는 수준
③ 충분섭취량 – 건강한 사람들에게 부족할 수 있는 식이섬유, 나트륨 등 영양소 섭취수준
④ 상한섭취량 – 유해 영향이 나타나지 않는 최대 영양소 섭취수준

정답

1	2	3	4	5
③	①	④	①	③
6	7	8	9	10
①	④	②	①	④
11	12	13	14	15
②	④	①	③	④
16	17	18		
④	②	①		

PART 4 양식 구매관리

Chapter 1 시장조사 및 구매관리

1. 시장조사

식품을 구매하기 위해 필요한 시장조사는 구매목록, 구매품의 단가, 신선도, 배송기간 등을 조사하여 최적의 구매프로세스를 확립하기 위한 사전 활동

2. 식품구매관리

(1) 식품의 구입방법

① 식품구입 계획 시 식품의 가격과 출회표에 유의
② 육류는 중량과 부위에 유의하고 냉장시설이 갖추어져 있으면 1주일분을 구입
③ 과채류 및 어패류는 신선도를 확인하여 필요에 따라 수시로 구입
④ 곡류, 건어물, 조미료 등 장기보관 가능 식품은 1개월분을 한 번에 구입
⑤ 비가식부와 폐기율을 고려하여 필요량만 구입

요리달인의 꿀팁

수시로 구입	1주일분 구입	1개월분 구입
과일, 채소류, 어패류	냉장시설 구비 시 육류	곡류, 건어물, 조리료

(2) 식품 구매의 절차 집중공략

품목의 종류 및 수량 결정 → 용도에 맞는 제품 선택 → 식품명세서 작성 → 공급자 선정&가격 결정 → 발주 → 납품 → 검수 → 대금 지불 및 물품 입고 → 보관

1) 공급자의 선정

① 소량구매 : 근거리에서 구매
② 대량구매 : 전문 공급업자 선정하여 구매
③ 단일업종을 취급하는 공급업자와 계약하는 것이 가격과 품질 면에서 합리적

2) 발주

재료는 식단표에 따라 1주~10일 단위로 발주

3) 검수

납품 시에는 품질, 양, 형태 등이 발주내역서와 일치하는지 검수

(3) 발주량 산출방법 집중공략

① 총발주량 = $\frac{\text{정미중량} \times 100}{100 - \text{폐기율}} \times$ 인원수

② 필요비용 = 필요량 $\times \frac{100}{\text{가식부율}} \times$ 1kg당 단가

③ 대체식품량 = $\frac{\text{원래 식품의 양} \times \text{원래식품의 해당 성분의 수치}}{\text{대체하고자 하는 식품의 해당 성분의 수치}}$

3. 식품재고관리

(1) 재고관리의 의의

식재료 원가계산의 필수사항으로 단체급식소는 월 1회는 조사해야 하며, 물품의 수요발생 시 최적의 상태로 재고관리를 해야함

(2) 재고자산평가방법

구 분	내 용
선입선출	먼저 구입재료 먼저 사용
후입선출법	나중 구입재료 먼저 사용
개별법	구입단가별 재료를 소비가격으로 평가
단순평균법	구입단가를 구입 횟수로 나눈 값을 평균 재료소비단가로 평가
이동평균법	구입단가 다른 재료를 구입할 때마다 재고량과의 가중평균가를 산출하여 이를 소재재료의 가격으로 하는 방법
당기소비량	(전기이월량 + 당기구입량) - 기말재고량
월중소비액	(월초재고액 + 월중매입액) - 월말재고액

Chapter 2 검수관리

1. 식재료의 품질확인 및 선별 집중공략

(1) 곡류

1) 쌀

① 빛깔이 맑고 윤기가 있어야 함
② 가공한지 오래되지 않으며, 쌀알에 흰 골이 생기지 않아야 함
③ 낱알이 잘 여물고 고르며, 덜 익은 쌀이 거의 없어야 함
④ 수분이 15~16%로 적당히 마른 것

2) 밀가루

① 흰색이며 냄새가 없고 잘 건조된 것
② 손으로 문질렀을 때 부드러운 것
③ 가루가 미세하고 감촉이 좋아야 함

(2) 채소류 및 과채류

① 배추 : 잎이 두껍지 않고 연하며 굵은 섬유질이 없어야 하고, 속에 심이 없고 알차야 하며 누런 떡잎이 없는 것
② 대파 : 줄기가 시들거나 억세지 않아야 하고, 흰 대가 굵고 길어야 하며 부드러워야 함
③ 상추 : 품종에 따른 고유의 선택을 띠며 잎의 크기가 적당해야 하고, 잎이 상하거나 짓무르지 않은 것
④ 깻잎 : 짙은 녹색을 띠고 향기가 나며 흰색 반점이 없어야 하고, 잎이 마르지 않고 벌레 먹지 않은 것
⑤ 시금치 : 잎이 연녹색을 띠고 넓어야 하며, 억센 줄기나 대가 없으며 떡잎 진 부분이 없는 것
⑥ 양배추 : 심이 작고 속이 알찬 것
⑦ 오이 : 가시가 많아야 하며 탄력이 있고, 휘어지지 않으며 굵기가 일정
⑧ 호박 : 품종 고유의 색을 띠고, 윤기가 나야 함. 휘지 않고 굵기가 균일해야 하며 탄력이 있는 것

(3) 구근류

① 감자 : 잘 여물고 단단해야 하며 청색이 나지 않고 홈이나 부패한 부분이 없는 것
② 무 : 속이 꽉 차 있고 육질은 치밀하며 단단하고, 연하고 무거워야 한다. 절단 시 바람이 들지 않고 까만 심이 없는 것
③ 당근 : 둥글고 살찐 것으로 마디가 없고 잘랐을 때 단단한 심이 없는 것
④ 토란 : 토란은 흙이 묻어 있고 수분이 많으며 단단하고 점액질이 있는 것

(4) 육류

1) 쇠고기

고기의 색이 선홍색을 띠며, 윤기가 나야 하고, 결이 곱고 미세하며 탄력이 있는 것

2) 돼지고기

고기의 색이 분홍색을 띠는 붉은색, 고기의 결이 곱도 탄력이 있는 것

(5) 어패류

1) 어류

① 비늘은 윤이 나고 싱싱한 광택이 있어야 하며, 단단하고 촘촘히 붙어있는 것
② 눈은 선명하고 돌출되어 있어야 하며, 아가미는 신선한 선홍색
③ 손가락으로 누르면 탄력이 있어야 하며, 뼈에 육질이 잘 밀착

2) 패류

봄에는 산란시기로 맛이 없어지는 때이므로 겨울철에 맛이 더 좋음

(6) 기타 식품

1) 우유

한 방울 떨어뜨렸을 때 구름같이 퍼지는 것이 신선하고, 끈기, 침전물이 없는 것

2) 달걀

깨뜨렸을 때 노른자가 볼록하고 흰자가 퍼지지 않아야 함. 흔들었을 때 소리가 나지 않는 것

2. 조리기구 및 설비 특성과 품질 확인

(1) 조리기구

① 그리들(Griddle) : 두꺼운 철판 밑으로 열을 가하여 철판위에서 조리하는 것으로 전, 부침개 등을 조리할 때 사용하는 기구
② 그릴러(Griller) : 굵은 석쇠나 철판 형태의 굽는 기구
③ 살라만더(Salamander) : 구이용으로 겉표면의 색깔을 나타내는 데 주로 사용하는 기구
④ 필러(Peeler) : 당근, 감자, 무 등의 껍질을 벗기는 기구
⑤ 그라인더(Grinder) : 고기를 갈 때 사용하는 기구
⑥ 슬라이서(Slicer) : 육류, 햄 등을 얇게 써는 기구
⑦ 쵸퍼(Chopper) : 육류, 채소 등의 식품을 다지는 기구
⑧ 믹서(Mixer) : 골고루 섞거나 반죽할 때 사용(블랜더, 쥬서)
⑨ 휘퍼(Whipper) : 달걀에 거품을 내거나 반죽할 때 사용하는 기구
⑩ 스쿠퍼(Scooper) : 아이스크림이나 채소의 모양을 뜨는 사용하는 기구

(2) 식기류

제공자, 이용 고객의 측면을 모두 고려하여 선택

① 이용고객 측면 : 위생적이고, 너무 무겁지 않고, 크기가 적당하고, 쉽게 뜨거워지지 않고, 음식이 잘 식지 않고, 식욕을 돋우고 쉽게 싫증이 나지 않는 디자인

② 제공자 측면 : 가볍고 쉽게 깨지지 않아야 하며, 식기용 세제에 강한 재질이어야 하며, 가열소독할 수 있는 내열성 재질

(3) 설비

1) 조리장

① 조리장의 기본 조건 : 위생성, 능률성, 경제성을 고려하는데 특히 위생을 우선으로 함

② 조리장의 위치

㉠ 환경적인 측면 : 채광, 통풍, 자연환경이 위생적이고 공해, 소음, 악취 등의 유해환경으로부터 배제된 것이어야 함. 화장실, 오물 처리장 등에서 떨어져 있는 곳이 좋음

㉡ 건축구조 측면 : 식당과 조리장 동선이 분리되어야 하고 식재료 반출과 반입이 편리하여야 함. 비상시 출입문과 통로에 방해가 되지 않도록 해야 함

2) 조리장의 설비

검수공간, 저장공간, 전처리 및 조리공간, 배식공간이 한 방향으로 연결되도록 하며, 가능한 이동거리를 짧게 함

① 검수공간 : 검수공간의 면적은 급식시설의 규모, 식재료 배달의 횟수와 형태, 한 번에 배달하는 양에 따라 달라짐

② 저장공간 : 저장공간의 위치는 검수공간과 조리공간 사이에 위치하는 것이 좋음

③ 전처리 및 조리공간

㉠ 전처리 공간은 주조리 공간과 가까운 곳에 위치하는 것이 좋음

㉡ 조리공간은 음식을 안전하고 신속하며 효율적으로 생산할 수 있고, 작업동선이 최소가 되도록 작업대 및 기기들을 배치하는 것이 좋음.

④ 배식공간 : 배식공간은 배선공간과 식당으로 나누어짐. 배선공간은 조리된 음식을 그릇이나 식판에 담는 공간이고, 식당은 식사와 함께 휴식을 취하는 장소

⑤ 식기반납 및 세척공간 : 조리공간 및 배식공간과 분리함으로써 음식이 오염되는 것을 막음

3) 조리장과 식당의 면적

① 식당의 면적

㉠ 식당의 면적은 취식자 1인당 1㎡가 기준

㉡ 식당의 면적 = (1인당 필요면적 + 식기회수공간) × 취식자수

② 조리장의 면적

㉠ 조리장의 면적은 식당 넓이의 1/3이 기준

㉡ 일반 급식소의 경우 1인당 0.1㎡가 기준

㉢ 사업소 급식의 경우 1인당 0.2㎡가 기준

4) 작업대

① 작업대의 높이는 85~90cm, 너비는 55~60cm 정도가 적당

② 작업대와 뒤 선반의 간격은 최소한 150cm 이상이어야 함

③ 작업대의 종류 집중공략

 〈ㄷ 자형〉	동선이 짧으며 넓은 조리장에서 가장 효율적
 〈L 자형〉	조리장이 좁은 경우에 사용됨
 〈병렬형〉	180°의 회전을 해서 피로가 빨리 옴
 〈일렬형〉	작업 동선이 길고 비능률적
 〈아일랜드형〉	동선을 단축시킬 수 있고 공간 활용이 자유로움

5) 환기시설 집중공략

환기방식에는 창문을 이용한 자연환기, 송풍기를 이용한 환기, 배기용 환풍기(Hood)를 이용한 환기가 있음

6) 바닥

① 조리장 바닥 재질의 조건

㉠ 물청소를 할 수 있는 내수재를 사용

㉡ 미끄럽지 않고 산, 염, 유기용액에 강해야 함

㉢ 기름, 음식의 오물 등이 스며들지 않아야 함

㉣ 배수를 위한 물매(경사의 각도)는 1/100 이상

㉤ 영구적으로 색상을 유지할 수 있어야 함

㉥ 유지비가 저렴해야 함

7) 벽, 창문

① 내벽은 바닥면으로부터 1.5m 이상 불침투성, 내열성, 내수성, 재료로 설비
② 벽의 마감재로는 자기타일, 모자이크타일, 금속판, 내수합판 등이 좋음
③ 창문은 직사관선을 막을 수 있도록 설계하고, 밀폐할 수 있는 고정식으로 하며, 해충의 침입을 막을 수 있도록 방충망을 설치
④ 창 면적은 바닥 면적의 20% 정도가 바람직

8) 기타 설비

① 조명시설
㉠ 조리장의 조도가 낮으면 작업능률이 떨어지고 피로감이 증가하며 사고의 위험이 높아짐
㉡ 작업하기 충분한 조명도를 유지
㉢ 균등한 조명도를 유지
㉣ 조명 시 유해가스가 발생하지 않아야 함
㉤ 가급적 간접조명이 되도록 해야 함
㉥ 조도는 50룩스(Lux) 이상을 유지하는 것이 중요 집중공략
② 방충·방서시설
㉠ 조리장에는 방충과 방서를 위한 시설을 갖추어야 함
㉡ 방충망은 30메시(mesh) 이상

3. 검수를 위한 설비 및 장비 활용 방법

① 저장공간의 크기는 배식의 규모, 식품반입 횟수, 저장 식품의 양 등을 고려
② 검수공간은 식품을 감별할 수 있도록 충분한 조도를 확보
③ 계측기나 운반차 등을 이용

Chapter 3 원 가

1. 원가의 의의 및 종류

(1) 원가의 의의

제품의 제조, 판매, 서비스의 제공을 위하여 소비된 경제적 가치

요리달인의 꿀팁

원가의 개념과 비용의 개념을 구분해야 함
※ 비용 : 일정한 기간 내에 기업의 경영활동으로 발생한 경제적 가치의 소비액

(2) 원가계산의 목적 집중공략

기업의 경제적 실체를 수치적으로 파악하여 경영을 효과적으로 하기 위함

① 가격결정
② 원가관리의 기초자료 제공
③ 예산편성을 위한 기초자료 제공
④ 재무제표작성을 위한 기초자료 제공

(3) 원가의 종류

1) 원가의 3요소 집중공략

재료비	제품 제조를 위해 소비되는 물품단가(급식재료비, 재료구입비 등)
노무비	제품 제조를 위해 소비되는 노동가치(임금, 파트타임 비용, 직·간접노무비)
경비	제품 제조를 위해 소비되는 재료비, 노무비 외의 가치(수도세, 전력비, 보험료, 감가상각비)

2) 원가의 종류

① 직접비와 간접비 : 원가는 제품 생산 관련성에 따라 직접비와 간접비로 나누어짐
㉠ 직접비 : 특정 제품에 직접 부담시킬 수 있는 비용. 직접재료비, 직접노무비, 직접경비 등
㉡ 간접비 : 여러 제품에 공통적으로 또는 간접적으로 소비되는 비용. 제조간접비, 일반관리비, 판매비 등

2. 원가분석 및 계산

(1) 원가계산 프로세스 집중공략

<table>
<tr><th>구 분</th><th>직접원가</th><th>제조원가</th><th>총원가</th><th>판매원가</th></tr>
<tr><td rowspan="3">직접비</td><td>직접경비</td><td rowspan="3">직접원가</td><td rowspan="4">제조원가</td><td rowspan="5">총원가</td></tr>
<tr><td>직접노무비</td></tr>
<tr><td>직접재료비</td></tr>
<tr><td rowspan="2">간접비</td><td rowspan="2"></td><td>제조간접비</td></tr>
<tr><td></td><td>판매
관리비</td></tr>
<tr><td colspan="4"></td><td>이익</td></tr>
</table>

① 직접원가 = 직접경비 + 직접노무비 + 직접재료비
② 제조원가 = 직접원가 + 제조간접비
③ 총원가 = 제조원가 + 판매관리비
④ 판매가격 = 총원가 + 이익

(2) 원가계산의 원칙 집중공략

① 진실성의 원칙 : 실제로 발생한 원가를 사실대로 정확히 파악
② 발생기준의 원칙 : 모든 비용과 수익의 계산은 그 발생 시점을 기준으로 해야 함
③ 계산경제성(중요성)의 원칙 : 원가계산을 할 때는 경제성을 고려
④ 확실성의 원칙 : 여러 방법이 있을 경우에 가장 확실한 방법을 선택
⑤ 정상성의 원칙 : 정상적으로 발생한 원가만을 계산함
⑥ 비교성의 원칙 : 다른 일정기간이나 부문의 원가와 비교할 수 있어야 함
⑦ 상호관리의 원칙 : 원가계산, 일반회계, 각 요소별, 부문별, 제품별 계산 간에 상호관리가 가능해야 함

요리달인의 꿀팁

밑줄 친 부분이 키워드이므로 외우기보단 문장을 이해하고 넘어가자!

(3) 원가계산의 구조

1) 1단계 - 요소별 원가계산

제품의 원가는 재료비, 노무비, 경비를 계산

2) 2단계 - 부문별 원가계산

전 단계에서 파악된 원가요소를 원가 부문별로 분류 집계

3) 3단계 - 제품별 원가계산

각 부문별로 집계한 원가를 제품별로 배분하여 각 제품의 제조원가를 계산

(4) 고정비와 변동비

원가는 생산량과 비용의 관계에 따라 고정비, 변동비 등으로 나누어짐

1) 고정비

생산량 증가와 관계없이 고정적으로 발생하는 비용(임대료, 인건비 등)

2) 변동비

생산량에 따라 함께 증가하는 비용(식재료비 등)

(5) 손익분석

1) 식재료비 분석

- 식재료 비율(%) = $\frac{\text{식재료비}}{\text{매출액}} \times 100$
- 메뉴품목별 비율(%) = $\frac{\text{품목별 식재료비}}{\text{품목별 메뉴가격}} \times 100$

2) 재고회전율

① 자금이 재고자산으로 묶여 있는 정도를 평가하는 척도로, 일정기간 동안 재고가 몇 번 '0'에 도달하였다가 보충되었는가를 측정하는 것

② 재고회전율이 표준치보다 낮으면 재고 과잉상태이며, 표준치보다 높으면 재고 부족상태

3) 손익분기점

① 손익분기점 : 매출액과 총비용(고정비 + 변동비)이 일치하여 이익도 손실도 발생하지 않는 지점

② 매출이 손익분기점 이상으로 늘어나면 이익이 발생하고 이하로 줄어들면 손실이 발생

4) 감가상각

① 시간에 따른 자산의 가치감소를 회계에 반영하는 비용, 고정자산의 가치를 상각하기 전까지 매월 부담해야 하는 고정비에 속함.

② 감가상각 계산요소

㉠ 기초가격 : 취득원가(구입가격)

㉡ 내용연수 : 취득 고정자산이 유효하게 사용될 수 있는 추산기간(사용연수)

㉢ 잔존가격 : 고정자산이 내용연수에 도달, 매각하여 얻을 수 있는 추정가격, 기초가격의 10%를 잔존가격으로 계산

③ 계산법

㉠ 정액법 : 감가총액을 내용연수로 균등하게 할당하는 방법

- 매년 감가상각비 = (기초가격 - 잔존가격) ÷ 내용연수

㉡ 정률법 : 기초가격에서 감가상각비 누계를 차감한 미상각액에 대해 매년 일정율을 곱하여 산출하는 방법. 초년도의 상각액이 가장 크고 연수가 경과함에 따라 상각액이 점차 줄어듬

PART 4 요리달인의 적중 예상문제

01 다음 식품의 구입방법이 맞지 않는 것은?

① 육류는 중량과 부위에 유의하고 냉장시설이 있으면 1주일분을 구입한다.
② 과채류 및 어패류는 신선도를 확인하여 필요에 따라 수시로 구입한다.
③ 곡류, 건어물, 조미료 등 장기보관 가능 식품은 3개월분을 한번에 구입한다.
④ 비가식부와 폐기율을 고려하여 필요량만 구입한다.

해설
곡류, 건어물, 조미료 등은 1개월분을 한번에 구입한다.

02 다음 중 식재료의 신선도가 좋지 않은 것은?

① 밀가루는 손으로 문질렀을 때 부드러운 것이 좋다.
② 토란은 깨끗하고 물렁하며 점액질이 없어야 한다.
③ 어류는 눈이 선명하고 돌출되어 있어야 하며, 아가미는 신선한 선홍색을 띠어야 한다.
④ 우유는 물에 떨어뜨렸을 때 구름같이 퍼지는 것이 신선하다.

해설
토란은 흙이 묻어 있고 수분이 많으며 단단하고 점액질이 있는 것이 신선한 것이다.

03 다음 조리기구와 설명 중 옳게 연결되지 않은 것은?

① 필러 : 당근, 감자, 무 등의 껍질을 벗기는 기구
② 슬라이서 : 육류, 햄 등을 얇게 써는 기구
③ 믹서 : 골고루 섞거나 반죽을 할 때 사용하는 기구
④ 휘퍼 : 육류, 채소 등을 다질 때 사용하는 기구

해설
휘퍼는 달걀이나 크림을 거품 내거나 반죽을 할 때 사용하는 기구이다.

04 다음 중 제조원가에 해당되는 것은 무엇인가?

① 직접원가 + 제조간접비
② 직접재료비 + 판매비
③ 제조원가 + 총원가
④ 판매가격 + 이익

해설
- 직접원가 : 직접경비 + 직접노무비 + 직접재료비
- 총원가 : 제조원가 + 판매관리비
- 판매가격 : 총원가 + 이익

05 다음 자료에 의해 총원가를 산출하면?

- 직접재료비 : 300,000
- 직접경비 : 50,000
- 직접노무비 : 150,000
- 판매관리비 : 80,000
- 제조간접비 : 150,000
- 이익 : 150,000

① 600,000원 ② 730,000원
③ 580,000원 ④ 450,000원

해설
총원가 = 제조원가(직접원가 + 제조간접비) + 판매관리비
※ 300,000 + 50,000 + 150,000 + 150,000 + 80,000 = 730,000

06 1일 매출액 2,400,000원, 식재료비 1,560,000원인 경우의 식재료비 비율은 얼마인가?

① 60% ② 65%
③ 70% ④ 75%

해설
식재료비 비율 = (식재료비 ÷ 매출액) × 100
※ (1,560,000 ÷ 2,400,000) × 100 = 0.65 × 100 = 65

07 다음 중 매월 고정적으로 포함해야 하는 경비는 무엇인가?

① 수당 ② 복지후생비
③ 지급운임비 ④ 감가상각

해설

감가상각 : 시간에 따른 자산의 가치감소를 회계에 반영하는 비용. 고정자산의 가치를 상각하기 전까지 매월 부담해야 하는 고정비에 속한다.

정답

1	2	3	4	5
③	②	④	①	②

6	7
②	④

PART 5

양식 기초 조리실무

Chapter 1 조리 준비

1. 조리의 정의 및 목적

(1) 조리의 정의

① 식재료에 물리적 및 화학적 조작 과정을 가하여 섭취하기에 합리적인 음식물로 만드는 과정
② 식재료의 고유한 특성을 살려서 먹기에 알맞고 식욕이 나며 소화하기 쉽도록 위생적으로 처리하는 과정

(2) 조리 목적 집중공략

① 기호성 : 식품이 외관을 좋게 하고, 풍미를 부여하여 식욕을 돋구어줌
② 영양성 : 영양효율을 높이고 소화가 용이하도록 함
③ 안전성 : 유해성분을 제거하고 위생상 안전한 음식이 되도록 함
④ 저장성 : 식품의 저장성을 높임

2. 기본적인 조리 방법 및 대량조리기술

(1) 기계적 조리

다듬기, 씻기, 담그기, 썰기, 다지기, 갈기, 치대기, 무치기 등

(2) 가열적 조리

1) 습열 조리 : 삶기, 끓이기, 찌기, 데치기 등

2) 건열 조리 : 굽기, 볶기, 튀기기 등

3) 전자렌지에 의한 조리 : 극초단파(전자파) 이용
① 열 전달 속도가 빠르기 때문에 조리시간이 단축
② 플라스틱, 금속용기, 법랑제 등의 용기는 사용불가

(3) 조리 방법

구 분	종 류	특 징
습열조리	삶기	- 섬유조직은 연화되고 단백질은 응고 - 이물질이나 불미성분을 제거
	끓이기	- 식품의 중심부까지 골고루 익힐 수 있음 - 맛 성분 중 수용성 성분을 용출시킬 수 있음 - 다량의 식품을 한번에 조리할 수 있음 - 살균효과와 가열 온도조절이 쉬움 - 조미가 편리
	찌기	- 식재료의 모양이 유지되고 수용성 영양소의 손실이 적음 - 조리 중에 조미하기가 어렵고 시간이 오래 걸림
	데치기	- 영양소의 파괴가 적고 이 물질이나 불미성분을 제거할 수 있음 - 식품 고유의 색을 유지할 수 있음
건열조리	굽기	독특한 풍미를 내며 수용성 성분의 용출이 적음
	볶기	- 소량의 기름을 사용하여 식품을 단시간 가열하는 조리법 - 영양소 손실이 적고, 색깔이 유지되며 풍미와 맛이 좋아짐 - 식품표면에 얇은 기름막이 형성되어 간을 하기 어려우며 볶기 전에 간하기
	튀기기	- 식용유를 매개체로 하여 고온 단시간 조리하며 영양소 파괴가 적음 - 튀김용기는 기름의 비열이 작고 온도의 변화가 심하므로 두꺼운 용기가 좋음

(4) 화학적 조리

효소(분해작용), 알코올(탈취 및 방부작용), 알칼리성(표백 및 연화작용), 금속염(응고작용) 등이 있으며 된장, 빵, 술 등과 같은 식품은 위의 3가지 방법이 병용되어 만들어지는 것

(5) 서양조리방법 용어 집중공략

구 분	종 류	특 징
습열조리 (Moist Heat Cooking)	포우칭 (poaching)	계란이나 단백질 식품을 65~85℃의 온도의 물 또는 액체에서 은근히 익혀내는 방법
	심머링 (simmering)	- 86~95℃의 온도에서 대류현상을 유지하며, 재료가 흐트러지지 않게 끓이는 방법 - 콩소메수프나 스톡 조리 시 이용
	블랜칭 (blanching)	100℃의 끓는 물에 짧은 시간에 재빨리 데쳐내는 방법
	보일링 (boilling)	100℃의 끓는 물에 식재료를 익혀내는 방법
	스티밍 (steaming)	100℃ 또는 그 이하의 온도에서 수증기를 이용하여 조리하는 방법

건열조리 (Dry Heat Cooking)	브로일링 (broilling)	석쇠 위쪽에 열원이 있고, 그 열원으로 식재료를 익혀내는 방법
	그릴링 (grilling)	석쇠 밑에 열원이 있고 그 열원을 이용하여 식재료를 익혀내는 방법
	로스팅 (roasting)	큰 덩어리의 고기를 오븐에서 구워내는 방법
	베이킹 (baking)	Bread류, Tart류, Pie류나 감자를 오븐에서 굽는 방법
	소테 (sauteing)	후라이팬에 소량의 오일이나 버터를 넣고, 식재료를 살짝 볶아내는 방법
	팬 프라잉 (pan frying)	소테보다는 더 많은 오일이나 버터를 넣고, 식재료를 익혀내는 방법
	딥 팻 프라잉 (deep pan frying)	식용유를 이용하여 식재료를 튀겨내는 방법
복합조리 (Combination Heat Cooking)	브레이징 (brazing)	큰 덩어리의 고기를 소테한 다음, 소스나 와인을 첨가하여 오븐이나 Pot에서 조리하는 방법
	스튜 (stew)	작은 고기를 소테한 다음, 소스나 와인을 충분히 넣고 조리하는 방법
	쁘왈레 (poeler)	Pan 속에 식재료를 넣고 뚜껑은 덮고, 오븐에서 조리하는 방법

3. 기본 칼 기술 습득

(1) 기본 썰기

칼날은 항상 수직이어야 하고, 사용자가 내려다 보았을 때 칼날 옆면이 보이지 않는 것이 좋음

(2) 바르게 썰기 방법(오른손잡이 기준)

1) 오른손

① 칼을 손에 잘 잡아줌
② 왼손가운데 손가락에 기대여 날을 수직으로 세움(기대어 썰기 위해 누름)
③ 썰 재료는 왼손에 칼은 재료를 자르기 위해 사용
④ 잘 썰어진 재료를 보면서 썰기
⑤ 썰기의 균일성은 위해 동작을 반복하며 연습

2) 왼손

① 도마 위의 재료를 안정되게 잡아야 함
② 재료를 잡을 때 손가락을 펴지 않도록 하고 손가락을 구부려 손톱이 밖으로 보이지 않도록 함 (손가락을 펴서 썰면 칼에 손이 베이기 쉬움)

(3) 기본썰기 종류

① 줄리엔(Julienne) : 무, 감자, 당근 등의 채소를 네모막대형 모양으로 써는 방법
   ㉠ 라지 줄리엔(Large Julienne) : 0.8cm × 0.8cm × 6cm
   ㉡ 미디엄 줄리엔(Medium Julienne) : 0.3cm × 0.3cm × 6cm
   ㉢ 파인줄리엔(Fine Julienne) : 0.15cm × 0.15cm × 6cm

② 다이스(Dice) : 무, 감자, 당근 등의 채소를 주사위 모양으로 써는 방법
   ㉠ 라지 다이스(Large Dice) : 1.2cm × 1.2cm × 1.2cm
   ㉡ 미디엄 다이스(Medium Dice) : 0.8cm × 0.8cm × 0.8cm
   ㉢ 스몰다이스(Small Dice) : 0.6cm × 0.6cm × 0.6cm

③ 브뤼누아즈(Bruise) : 무, 감자, 당근 등의 채소를 0.3cm × 0.3cm의 작은 네모 썰기로 정육면체 형태로 써는 방법

④ 페이잔느(Paysanne) : 채소를 1.2cm × 1.2cm × 0.3cm의 납작한 네모 형태로 써는 방법

⑤ 슬라이스(Slice) : 무, 감자, 당근 등의 채소를 얇게 저며서 써는 방법

⑥ 샤토(Chateau) : 달걀 모양으로 가운데가 굵고 양쪽 끝을 5cm 정도의 길이로 가늘게 써는 방법

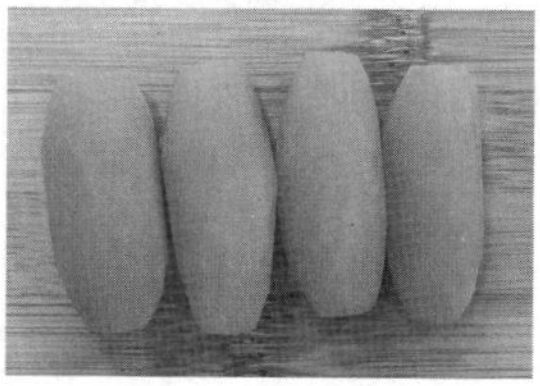

⑦ 파리지엔(parisienne) : 채소, 과일을 둥근 구슬 모양으로 파내는 방법

⑧ 콩카세(Concasse) : 토마토를 0.5cm 크기의 정사각형으로 써는 방법

⑨ 올리베트(Olivette) : 중간부분이 둥글며 위스키통이나 올리브 모양으로 써는 방법

⑩ 캐러비시(Carrot Vicchy) : 당근의 크기를 0.7cm 정도의 두께로 둥글게 썰어 가장자리를 비행접시 모양으로 둥글게 도려내어 모양내는 방법

⑪ 뤼스(Russe) : 채소의 크기를 0.5cm × 0.5cm × 3cm의 길이가 짧은 막대모양으로 써는 방법

⑫ 롱델(Rondelles) : 라운드 모양으로 간단한 썰기. 애호박, 가지 같은 채소를 원반형으로 써는 방법

⑬ 쉬포나드(Chiffonade) : 실처럼 가늘게 써는 것으로 대파나 상추잎 등 주로 허브잎 등을 가늘게 써는 방법

4. 조리기구의 종류와 용도 집중공략

① 믹서(Mixer) : 식품의 혼합, 분쇄, 교반 등에 사용
② 블렌더(Blender) : 액체를 교반하여 동일한 성질로 만듦
③ 필러(Peeler) : 껍질을 벗기는 기기
④ 슬라이서(Slicer) : 일정한 두께로 썰어주는 기기

⑤ 브로일러(Broiler) : 복사열을 직·간접적으로 이용하는 조리 기기
⑥ 그라인더(Grinder) : 고기를 다지는 기기
⑦ 스쿠퍼(Scooper) : 아이스크림이나 재료 모양을 뜨는데 사용
⑧ 와이어 휘퍼(Wire Whipper) : 달걀 거품 내는데 사용
⑨ 그리들(Griddle) : 철판 위에서 조리하는 기기 부침요리에 사용
⑩ 브로일러(Broiler) : 복사열을 직·간접적으로 이용하는 조리하는 기기
⑪ 샐러만더(Salamander) : 가스나 전기를 열원으로 하향식 구이용 기기로 생선구이나 스테이크 구이용으로 사용

5. 식재료 계량방법

(1) 계량 단위

① 1ts(tea spoon) = 1 작은술 = 5cc = 5ml
② 1TS(Table Spoon) = 1 큰술 = 15cc
③ 1C(Cup) = 1컵 = 200cc = 200ml
④ 1Pound = 1lb = 1파운드 = 453.6g = 16oz
⑤ 1Quart = 1쿼터 = 960ml = 32oz

(2) 계량 방법

① 액체 : 투명한 계량 용기나 계량컵의 눈금과 눈높이를 같게 함
② 지방 : 버터, 마가린 및 쇼트닝과 같은 고형지방은 전자저울로 계량하는 것이 바람직하나 스푼이나 컵으로 계량할 때는 실온에서 부드럽게 한 후, 스푼이나 컵에 꼭꼭 눌러 담은 후 윗면을 수평이 되도록 하여 계량
③ 백설탕 : 계량기구에 담아 윗부분을 도구 등으로 평평하게 한 후 계량
④ 흑설탕 : 계량기구에 꼭꼭 눌러 담은 후 계량(수분이 있어 덩어리져 있기 때문)
⑤ 밀가루 : 체로 쳐서 누르거나 흔들지 말고 수북하게 담아 위를 도구 등으로 평평하게 한 후 계량 (가루 식재료를 정확히 측정하려면 전자저울을 사용 하는 것이 더 과학적이고 효율적임)

(3) 폐기량과 정미량 집중공략

① 폐기량 : 식재료 손질 시 버려지는 부위로 껍질, 씨, 꼭지 등의 비가식 비율
② 정미량 : 조리 후 먹을 수 있는 부위로 가식비율
③ 폐기율(%)= (폐기량 ÷ 전체 중량) × 100
④ 발주량 = [정미중량 ÷ (100 - 폐기율)] × 인원수 × 100

6. 조리장의 시설 및 설비관리

(1) 조리장의 시설 요건 집중공략

1) 조리장의 기본 요건

위생성, 능률성 및 경제성을 고려해야 하며 특히 위생을 최우선으로 고려

2) 주방 시설

① 작업대
- ㉠ 작업대의 높이는 85~90cm, 너비는 55~60cm가 적당
- ㉡ 작업대와 뒤쪽 선반과의 거리는 최소한 150cm 이상이 적당

② 바닥
- ㉠ 1m까지의 내벽은 내수성 자재를 사용
- ㉡ 기름이나 오염물질이 스며들지 않아야 하며, 유지비가 경제적이어야 함
- ㉢ 미끄럽지 않고 산 · 염 · 유기용액에 강한 재질이여야 함

③ 창문과 벽
- ㉠ 창문은 직사광선을 막을 수 있어야 하며, 방충망을 설치
- ㉡ 창의 면적은 바닥 면적의 20%가 적당
- ㉢ 벽의 마감재로는 모자이크타일, 자기타일, 금속판, 내수합판 등이 적당

④ 환기시설
- ㉠ 후드(hood)는 조리공간의 냄새, 열, 증기 등을 외부로 방출하는 역할
- ㉡ 후드(hood)의 경사각은 30도이고 형태는 4방 개방형이 가장 효율적

⑤ 조명시설
- ㉠ 작업하기 충분하고 균등한 조명도를 유지
- ㉡ 조도는 50룩스(lux) 이상 유지

(2) 조리장과 식당 면적 집중공략

1) 조리장의 면적

① 조리장의 면적은 식당 넓이의 1/3이 기준이 됨
② 일반급식의 경우 1인당 0.1m^2이며 사업체 급식의 경우 1인당 0.2m^2

2) 식당의 면적

① 취식인원 1인당 1m^2가 기준
② (1인당 필요면적 + 식기회수공간) × 취식자수 = 식당의 면적

작업대 배치 순서	준비대 → 개수대 → 조리대 → 가열대 → 배선대
작업의 흐름 순서	식재료 구매 및 검수 → 식재료 전처리 → 식재료 조리 → 음식 담기와 장식 → 서빙 → 식기 세척 및 수납

PART 5-1 요리달인의 적중 예상문제

01 양식 기본 썰기 방법 중 하나로 무, 감자, 당근 등의 채소를 네모막대형 모양으로 써는 방법은?

① 브뤼누아즈(Bruniise)
② 콩카세(Concasse)
③ 줄리엔(Julienne)
④ 다이스(Dice)

해설
① 브뤼누아즈(Bruniise) : 무, 감자, 당근 등의 채소를 0.3cm × 0.3cm의 작은 네모 썰기로 정육면체 형대로 써는 방법
② 콩카세(Concasse) : 토마토를 0.5cm 크기의 정사각형으로 써는 방법
④ 다이스(Dice) : 무, 감자, 당근 등의 채소를 주사위 모양으로 써는 방법

02 다음 중 조리기구의 종류와 용도를 틀리게 설명한 것을 고르시오.

① 그라인더(Grinder) : 식품의 혼합, 분쇄, 교반 등에 사용함
② 블렌더(Blender) : 액체를 교반하여 동일한 성질로 만듦
③ 필러(Peeler) : 껍질을 벗기는 기기
④ 슬라이서(Slicer) : 일정한 두께로 썰어주는 기기

해설
① 그라인더(Grinder) : 고기를 다지는 기기
※ 식품의 혼합, 분쇄, 교 반등에 사용하는 기기는 믹서(Mixer)이다.

03 양식의 조리 방법 중 두 가지 이상의 복합 조리 방법은?

① 로스팅(roasting)
② 블랜칭(blanching)
③ 팬 프라잉(pan frying)
④ 브레이징(brasing)

해설
복합조리방법에는 브레이징(brasing), 스튜(stew), 쁘왈레(poeler) 등이 있다.

04 다음 중 조리장 시설 및 설비 관리의 설명으로 옳지 않은 것은?

① 작업대의 높이는 85~90cm가 적당하다.
② 창의 면적은 바닥 면적의 50%가 적당하다.
③ 후드는 4방 개방형이 가장 효율적이다.
④ 조도는 50룩스(lux) 이상 유지하는 것이 중요하다.

해설
조리장의 창의 면적은 바닥 면적의 20%가 적당하다.

정답

1	2	3	4
③	①	④	②

Chapter 2 식품의 조리원리

1. 농산물의 조리 및 가공 · 저장

(1) 농산물의 조리

1) 전분

전분은 탄수화물의 주된 성분이며, 포도당으로 구성되어 있고 아밀로오스(amylose)와 아밀로펙틴(amylopectin) 두 개의 형태로 이루어짐

곡류명	아밀로오스(%)	아밀로펙틴(%)
멥쌀	20	80
찹쌀	0	100

① 전분의 호화(α화=알파화) 집중공략

전분에 물을 가해서 가열할 때 일어나는 물리적 변화이며 α화 되어 소화가 잘되는 콜로이드 상태

요리달인의 꿀팁

> 콜로이드(colloid) : 작은 입자가 분산되어 균일하게 퍼져 있는 상태이며 우유, 사골국, 계란물이 해당

② 전분의 호화에 영향을 주는 요인
- ㉠ 가열온도가 높을수록 호화 촉진
- ㉡ 아밀로펙틴 함량이 많을수록 호화 촉진
- ㉢ 전분입자가 클수록 호화 촉진
  (예 전분입자가 큰 감자, 고구마 등의 서류가 곡류보다 빨리 호화)
- ㉣ 알칼리성에서 호화 촉진
- ㉤ 수분함량이 많을수록 호화 촉진
- ㉥ 설탕이나 지방을 첨가하면 호화가 지연

③ 전분의 노화(β화=베타화)

호화된 전분(α 전분)을 실온이나 냉장온도에 방치함으로서, 원래의 β전분으로 되돌아가는 현상
(예 밥이나 떡 등이 실온이나 냉장온도에서 마르고 딱딱하게 굳어지는 현상이며 맛과 질감이 저하됨)

㉠ 전분의 노화에 영향을 주는 요인
- 아밀로오스 함량이 많을수록 노화 촉진
- 수분이 30~60%, 온도가 0~5℃의 냉장상태에서 노화 촉진
- 산성 상태에서 노화 촉진

㉡ 전분의 노화 억제 방법
- 수분을 10~15% 이하로 건조
- 설탕이나 유화제를 첨가
- 온도 60℃ 이상이거나 -20℃ 이하에서 보관
- 알칼리성 상태로 유지

④ 전분의 당화

전분이 당화효소나 산에 의해 가수분해되어 단당류, 이당류 또는 올리고당으로 만들어지는 것 (예 식혜, 조청, 물엿, 시럽 등)

⑤ 전분의 호정화 집중공략

전분에 물을 가하지 않고 160~170℃의 고온에서 가열하면 여러 단계의 가용성 전분을 거쳐 덱스트린(dextrin, 호정)으로 분해되는데 이러한 변화를 '호정화'라 함
- 용해성이 높아져 물에 잘 녹고 소화도 용이
- 단맛도 증가하고 갈색으로 변하게 됨
  (예 뻥튀기, 미숫가루, 팝콘, 건빵 등)

2) 쌀과 보리의 조리

- 현미 : 벼에서 왕겨층만을 제거한 것으로 소화율은 90%
- 백미 : 현미에서 호분층, 종피, 과피, 배아 등을 제거한 것으로 소화율은 98%

① 쌀의 조리
- 쌀 씻기 : 쌀을 너무 세게 문지르면 비타민 B_1 등 수용성 비타민 손실이 큼
- 불리기 : 여름 30분, 겨울 60분 정도
- 물 붓기 : 밥물의 양은 쌀 중량의 1.5배, 쌀 부피의 1.2배
- 끓이기 : 강불에서 김이 올라오면 낮은 불로 맞추어 쌀을 충분히 익히고 불을 끈 후 일정 시간 뜸 들이는 시간을 주어 수분이 완전히 쌀알 내부로 스며들도록 함

구 분	중량에 따른 물의 양	용량(부피)에 따른 물의 양
백미	1.5배	1.2배
햅쌀	1.4배	1.1배
불린쌀	1.2배	1.0배
찹쌀	1.1~1.2배	0.9~1.0배

② 밥맛의 구성요소 집중공략
- 밥물은 pH7~8일 때 맛이 좋음
- 소금(0.03%)을 넣으면 밥맛이 좋음
- 묵은 쌀은 햅쌀보다 물을 조금 더 첨가
- 산성상태일수록 밥맛이 떨어짐

③ 보리
- 보리의 단백질은 호르데인(hordein)이며 철분과 비타민 B군이 다량 함유
- 조리시간을 단축하고 소화율을 높이기 위해 압맥(납작보리)과 할맥으로 가공

3) 밀가루의 조리 집중공략

① 밀가루의 종류와 용도

종 류	글루텐 양	용 도
강력분	13% 이상	빵, 마카로니, 스파게티
중력분	11~13%	국수류, 만두피
박력분	10% 이하	튀김, 과자, 쿠키, 카스테라

② 글루텐 형성에 영향을 미치는 요인

촉진 요인	억제 요인
· 수분 – 적당량(50~60%)의 수분은 글루텐 형성을 도와줌 · 달걀 – 가열에 의해 달걀 단백질이 응고되면서 글루텐 형성을 도와줌 · 소금 – 적당한 소금은 글루텐 강도를 높여줌	· 설탕 – 수분을 흡수하여 글루텐 형성을 억제하고 열을 가했을 때 캐러멜화 반응으로 표면의 갈색화에 도움 · 지방 – 글루텐 형성을 방해하고 반죽을 부드럽게 만듬

③ 팽창제

- 반죽의 적정온도는 25~30℃이며, 오븐의 적정온도는 200~250℃
- 중조를 팽창제로 사용하면 밀가루의 플라보노이드 색소가 알칼리에 반응하여 황색으로 변함
- 설탕 첨가 시 발효를 촉진시킴(이스트 먹이로 사용됨)

물리적 팽창제	공기, 수증기
화학적 팽창제	베이킹 파우다, 중조(식소다, 중탄산나트륨), 탄산수소암모늄
생물학적 팽창제	효모, 이스트

4) 서류의 조리

서류는 식물의 땅 속 줄기나 뿌리에 영양성분을 저장하며 감자, 고구마, 카사바, 토란, 돼지감자, 산마, 야콘 등

① 감자

㉠ 감자의 갈변

- 효소적 갈변반응으로 티로시나아제, 폴리페놀라아제, 효소 등에 의해 산화되어 흑갈색으로 변하는 것
- 갈변 방지 : 물에 담그기, 공기 차단, 가열처리, 항산화제(아스코르브산)첨가, 환원성 물질(아황산가스, 아황산염) 첨가 등

㉡ 감자의 종류

종 류	특 징
점질감자	– 전분함량이 낮고 잘 부서지지 않으며, 수분이 많음 – 샐러드, 수프, 찜, 조림, 볶음 등
분질감자	– 전분함량이 높고 부서지기 쉬움 – 매시드포테이토, 프렌치후라이, 오븐구이 등

② 고구마

고구마는 전분을 맥아당으로 분해하는β-아밀라아제가 많아서 가열시 고구마의 단맛이 증가

③ 토란

껍질을 벗기면 수용성 당단백질인 '갈락탄'이라는 미끈한 점질물이 있음

요리달인의 꿀팁

토란의 아린맛은 '호모겐티스산(homogentisic acid)'이며 쌀뜨물이나 소금물로 데치면 없어지고 점질물도 제거

④ 산마

- 마의 점액물질은 '뮤신(mucin)'으로 단백질과 만나 결합한 것으로 위벽을 보호하고 소화를 도와줌
- 마를 갈아 놓으면 티로신의 작용으로 갈변현상이 일어남. 식초에 담가두면 갈변을 방지

5) 두류의 조리 집중공략

① 두류의 특성

양질의 단백질 식품으로 두류의 단백질은 수용성인 '글리시닌(glycinin)'임

- 대두 : 단백질 함량이 높고 식용유지 원료로 이용되고 대두의 단백질 함량이 40% 정도로 두부 제조 시 많이 사용
- 팥, 녹두, 강낭콩, 완두 : 단백질과 당질 함량이 높고 전분을 추출하여 과자나 떡의 소·고물로 이용

② 두류의 조리원리

- 일반적으로 수온은 20℃ 내·외에서 5~7시간 불리면, 본래 콩 무게의 90~100%의 물을 흡수
- 날콩에는 안티트립신(antitrypsin)이 들어있어서 소화를 방해하지만, 가열 시 파괴
- 대두와 팥에는 사포닌(saponin)이라는 독성물질이 있으나 가열시 파괴
- 식용소다(중조)를 첨가하여 콩을 삶으면 쉽게 무르지만 비타민 B_1이 손실
- 1% 식염용액이나 연수를 사용하면 콩이 쉽게 물러짐

③ 두부

- 대두단백질인 글리시닌(glycinin)이 응고제와 열에 의해 응고되는 성질을 이용하여 만듦
- 두부응고제 : 황산칼슘($CaSO_4$), 염화마그네슘($MgCl_2$), 염화칼슘($CaCl_2$) 등

6) 채소의 조리

① 채소의 종류 집중공략

분 류	특징 및 종류
엽채류	–잎을 식용으로 하는 잎 채소류 –배추, 상추, 쑥, 시금치, 파슬리 등

경채류	- 줄기를 식용으로 하는 줄기 채소류 - 아스파라거스, 셀러리, 죽순 등
근채류	- 땅속줄기를 식용으로 하는 채소류 - 무, 당근, 감자, 고구마, 연근, 우엉 등
과채류	- 열매를 식용으로 하는 채소류 - 토마토, 가지, 오이, 고추, 호박 등
종실류	- 식물의 씨앗을 식용으로 하는 씨앗 채소류 - 콩, 옥수수, 아몬드 등
화채류	- 꽃을 식용으로 하는 꽃 채소류 - 브로콜리, 컬리플라워, 아티쵸크 등

② 조리 시 채소의 변화

- 데칠 때에는 물을 5배 정도 넣고 뚜껑을 연 채 끓는 물에 단시간 데쳐 빨리 냉수에 헹굼
- 녹황색 채소(당근, 호박, 토마토 등)는 지용성 비타민 A를 많이 함유하고 있으므로 기름을 사용하여 조리하면 영양흡수가 잘 됨
- 우엉, 죽순, 토란, 연근 등은 쌀뜨물이나 식초물에 삶으면 흰색을 유지하며 연하게 됨

③ 채소의 색소 변화 현상 집중공략

㉠ 엽록소(chlorophyll : 클로로필)

- 식초를 사용하면 녹색이 황갈색인 피오피틴(pheophytin)으로 변함
- 알칼리 성분(중탄산소다, 황산동)으로 처리하면 안정된 녹색
- 뚜껑을 열고 단시간에 데침

㉡ 안토시안(anthocyan)

- 산성에서는 적색(생강을 식초에 절이면 적색으로 변함), 중성에서는 보라색, 알칼리에서는 청색
- 가지를 삶을 때 백반을 첨가하면 안정된 청자색
- 철(Fe) 등의 금속이온과 결합하면 청색

㉢ 플라보노이드(flavonoid)

- 쌀, 밀, 콩, 감자, 연근 등의 흰색이나 노란색의 색소
- 산성용액에서는 백색으로 변하고, 물에 삶거나 알칼리용액에서는 황색
- 산에는 안정하나 알칼리와 산화에서는 불안정

㉣ 카로티노이드(carotenoid)

- 녹색, 등황색 채소에 들어있는 오렌지색이나 황색 (고구마, 당근, 호박, 브로콜리, 토마토, 고추 등)
- 산소나 산화효소에 의해 쉽게 산화되어 퇴색하지만 조리과정이나 조리온도에는 크게 영향을 받지 않음
- 기름을 이용하여 조리하면 영양흡수율이 높아짐

7) 과일의 조리

① 과일의 종류

분 류	특징 및 종류
인과류	– 꽃받침이 발달하여 식용부위가 된 과실 – 사과, 배, 모과, 돌배, 비파 등
준인과류	– 씨방이 발달하여 과육부위가 된 과실 – 오렌지, 감귤, 감, 자몽 등
핵과류	– 내과피가 단단한 핵을 이루고 그 속에 씨가 들어 있으며, 중과피가 과육을 이루는 과실 – 복숭아, 매실, 살구, 앵두, 자두 등
장과류	– 중과피와 내과피가 쌓여 식용이 되고, 즙이 많은 육질로 되어 있는 과실 – 포도, 무화과, 딸기, 망고, 바나나, 키위 등
견과류	– 외과피가 단단한 껍질에 쌓여져 있는 과실 – 밤, 호도, 땅콩, 아몬드, 잣, 피스타치오 등

② 과일 갈변억제 방법

- 레몬이나 설탕물, 소금물에 담금
- 열처리하여 효소를 불활성화 시킴
- 진공포장 등 산소와의 접촉을 피함

③ 육류의 연육작용에 사용

파인애플의 브로멜린(bromelin), 무화과의 피신(picin), 파파야의 파파인(papain), 키위의 액티니딘(actinidin), 배즙의 프로테아제(protease) 등

(2) 농산물 가공

1) 곡류

① 쌀의 가공

- 벼는 현미 80%, 왕겨 20%로 구성
- 현미는 벼에서 왕겨층을 벗겨낸 것이고 소화율은 90%
- 백미는 겨층과 배아까지 벗겨내어 배유만 남은 것이고 소화율은 98%

② 보리의 가공

맥아	– 겉보리에 싹을 띄워 건조시킨 것 – 고온조건에서 발아한 단맥아는 맥주 양조에 이용 – 저온조건에서 발아한 장맥아는 식혜, 물엿 제조에 이용
압맥	– 고열증기로 조직의 변화를 준 후 롤러사이로 통과시켜 눌려진 납작보리 – 소화율을 높임
할맥	– 보리의 중심부를 기계적으로 2등분하여 섬유소를 제거한 것 – 조리를 간편하고 하고 소화율을 높임

③ 밀의 가공
- 밀 단백질에는 '글리아딘'과 '글리테닌'이 있으며, 밀가루에 물을 넣고 반죽하면 '글루텐' 이라는 단백질을 형성
- 글리아딘 : 응집성과 신장성을 주어 잘 늘어나도록 점성을 부여
- 글루테닌 : 단단하고 강한 탄력성을 부여

2) 두류

① 두부
- 콩 단백질인 글리시닌이 무기염류(응고제)에 의해 응고되는 성질을 이용하여 제조
- 콩 씻기 → 불리기 → 갈기 → 가열(2~3배의 물 첨가) → 여과(두유와 비지로 구분) → 두유 끓이기 → 간수 첨가 → 착즙 → 두부 완성 등의 순서대로 제조

2. 축산물의 조리 및 가공 · 저장

(1) 축산물의 조리

1) 육류의 조리

① 육류의 조직
㉠ 근육조직 : 동물조직의 약 30~40%를 차지하며, 그 중 주요 식용 부분은 근육의 수축과 이완에 관여하는 골격근으로 식품으로서 영양학적 가치가 있음
㉡ 결합조직
- 교원섬유(콜라겐, collagen) : 장시간 물로 가열하면 수용성 젤라틴으로 변하고 고기가 연해짐
- 탄성섬유(엘라스틴, elastin) : 인대, 껍질, 힘줄, 근육에 안에 많이 들어 있고 질겨서 가열해도 연해지지 않으므로 제거해야 함

② 가열에 의한 육류 변화 집중공략
㉠ 단백질의 변화 : 가열온도가 높을수록, 가열시간이 길수록 근섬유는 수축하고 수분이 용출되어 고기의 보수성은 떨어지고 연한 정도가 감소
㉡ 콜라겐을 계속 가열하면 젤라틴화 되어 연해지고 소화가 쉬워짐
㉢ 단백질의 아미노산으로 인하여 구수한 풍미를 보임
㉣ 고기의 색은 미오글로빈(myoglobin, 적자색)에서 헤미크롬(hemichrome, 회갈색)으로 변함
㉤ 지방은 융해

③ 육류의 연화법 집중공략
㉠ 기계적인 방법 : 칼집을 넣거나 고기망치로 두들기기
㉡ 숙성 : 일정시간에서 숙성
㉢ 단백질 분해효소를 첨가 : 파인애플의 브로멜린(bromelin), 무화과의 피신(picin), 파파야의 파파인(papain), 키위의 액티니딘(actinidin), 배즙의 프로테아제(protease) 등

㉣ 장시간 습열조리 : 콜라겐이 가수분해되어 젤라틴화
㉤ 설탕 첨가 : 지나치게 많이 넣으면 질겨짐
㉥ pH 조절법 : 와인, 토마토, 식초, 레몬 등을 적절히 사용하면 연해짐
㉦ 소금 첨가 : 소금을 적당히 사용하면 단백질의 수화력을 증가시켜 고기가 연해짐

④ 쇠고기 부위별 조리방법
㉠ 안심 : 스테이크, 구이, 전골 등
㉡ 등심 : 구이, 스테이크, 샤브샤브용 등
㉢ 채끝 : 구이, 국거리, 샤브샤브용 등
㉣ 목심 : 구이, 스테이크, 장조림, 구이 등
㉤ 앞다리 : 불고기, 육회, 스튜, 탕, 장조림 등
㉥ 우둔 : 산적, 장조림, 육포, 불고기 등
㉦ 설도 : 육회, 산적, 장조림, 육포, 편육, 불고기 등
㉧ 양지 : 조림, 편육, 국거리, 장조림, 스튜 등
㉨ 사태 : 국거리, 스튜, 장조림, 탕, 찜 등
㉩ 갈비 : 구이, 찜, 탕 등

⑤ 돼지고기 부위별 조리방법
㉠ 목심 : 구이, 보쌈 등
㉡ 등심 : 구이, 스테이크, 돈가스 등
㉢ 안심 : 구이, 스테이크, 찜 등
㉣ 삼겹살 : 구이, 베이컨, 찌개 등
㉤ 갈비 : 바베큐, 찜, 구이 등
㉥ 안심 : 구이, 스테이크, 찜 등
㉦ 앞다리 : 불고기, 찌개 등
㉧ 뒷다리 : 찌개, 장조림 등

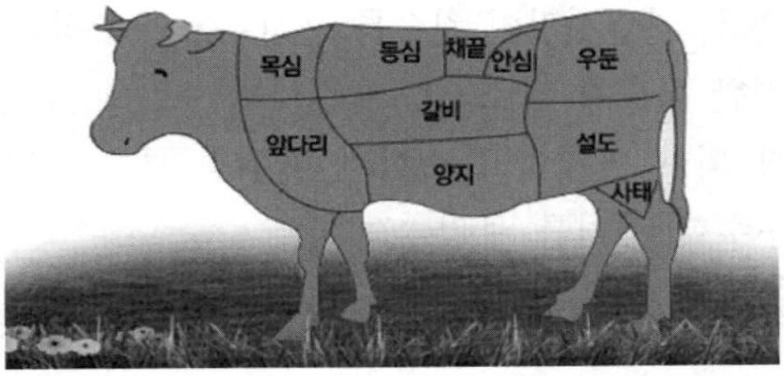

〈출처 – 축산물품질평가원〉

2) 달걀의 조리

① 달걀의 구조

난각(겉껍질 : 큐티클층), 난각막(속껍질 : 내부를 보호하고 미생물 침입 방지), 난백(흰자 : 60% 차지), 난황(노른자 : 30% 차지) 등으로 이루어져 있음

② 달걀의 구성성분

성 분	특 징
단백질	- 약 13%를 함유하고, 단백가 100인 완전단백질 - 난백 단백질 : 오보알부민(ovoalbumine) - 난황 단백질 : 리포비테린(lipovitellin)과 리포비테리닌(lipovitellenin)
지질	- 난황의 30%를 차지 - 지방산 중 올레산 47%, 리놀레산 13% 차지 - 레시틴(Lecithin)과 인지질이 70~80% 차지하고 유화제 역할
비타민	- 난황에는 비타민 A, 비타민 D, 티아민, 리보플라빈 등 풍부 - 난백에는 지용성 비타민은 거의 없으나 티아민, 리보플라빈, 니아신, 판토텐산 등
수분	70~76% 차지
색소	- 난황 : 카로티노이드계인 크산토필(xanthophyll) - 난백 : 리보플라빈(riboflavin)

③ 달걀의 신선도 검사 집중공략

㉠ 껍질이 거칠고 광택이 없으며, 흔들었을 때 소리가 없는 것
㉡ 빛을 통해 볼 때 맑고 기실이 크지 않은 것
㉢ 3% 정도의 소금물에 넣어서 가라앉는 것
㉣ pH가 7.6 정도가 신선한 달걀이며 오래된 계란은 pH가 알칼리성
㉤ 난황계수와 난백계수가 높은 것

난황 계수	- 난황의 높이 ÷ 난황의 직경 - 신선한 난황 계수는 0.36~0.44
난백 계수	- 농후난백의 높이 ÷ 농후난백의 직경 - 신선한 난백 계수는 0.14~0.17

④ 달걀 조리 집중공략

㉠ 열 응고성
- 달걀의 응고온도는 난백이 60~65℃, 난황이 65~70℃
- 설탕 첨가는 응고를 저하시키고, 우유는 응고를 촉진
- 끓는 물에서 반숙은 8분, 완숙은 12분, 15분이상이면 녹변현상이 일어남
- 반숙(1시간 30분), 완숙(2시간 30분), 달걀 프라이(3시간 15분) 등의 순서대로 소화흡수

㉡ 흡착제 : 콩소메 조리 시 난백거품을 넣어 끓이면 국물 내의 이물질을 흡착, 응고 및 침전시켜서 국물을 맑게 해줌
㉢ 유화제 : 난황에 있는 지단백인 레시틴(lecithin)은 마요네즈, 크림스프, 케이크류 제조 시 유화제 역할
㉣ 팽창제(기포성)
- 기포성은 30℃에서 가장 잘 일어나며 산을 넣으면 거품이 잘 생김
- 난백의 단백질인 오보글로불린은 표면활성이 강해서 저어주면 기포가 생기는데, 음식을 팽창시켜 부풀게 해줌
- 수양난백이 많은 달걀, 즉 오래된 달걀은 거품은 잘 일어나나 안정성은 적음

㉤ 녹변현상

- 달걀을 15분 이상 가열 시 노른자 주위에 암녹색의 색소침착이 생김. 이는 난백의 황화수소(H2S)가 난황의 철분(Fe)과 결합하여 황화 제1철(FeS)을 생성하는 현상
- 가열시간과 가열온도가 높을수록 잘 일어남
- 오래된 달걀일수록 잘 일어남(알칼리성에서 황이 더 쉽게 분리)

3) 우유의 조리

① 우유의 구성성분

㉠ 우유의 단백질은 80%가 카세인(casein)이고 20%가 유청 단백질(whey protein)

㉡ 카세인은 산이나 레닌(renin)에 의해 응고되어 치즈를 만듦

② 유당불내증

- 유당분해효소인 락타아제(lacrase)가 체내에서 생성되지 않아 우유을 소화시키지 못하거나 설사, 복통을 유발

③ 조리 시 우유의 역할

㉠ 카세인과 산, 레닌의 결합 : 치즈

㉡ 우유 중의 칼슘은 단백질의 겔화를 용이하게 함 : 푸딩, 스크램블에그 등

㉢ 풍미 제공 : 수프, 스튜, 화이트 소스 등

㉣ 비린내 흡착 : 생선 비린내 제거

㉤ 갈색화 : 과자류나 빵류에 첨가 시 메일라드 반응에 의한 갈색화

④ 우유의 응고 요인

㉠ 산에 의한 응고 : 토마토 크림수프 만들 때 처음부터 우유와 토마토를 같이 넣으면 산에 의해 카세인이 응고되어 덩어리가 생김. 토마토를 먼저 끓이고 나중에 우유를 넣으면 방지할 수 있음

㉡ 레닌에 의한 응고 : 레닌은 포유동물의 위 점막에 존재하는 응유효소로 15℃ 이하에서는 응고되지 않으며, 60℃ 이상에서는 불활성화 되므로 40℃ 전・후가 적합

㉢ 폴리페놀 물질에 의한 응고 : 폴리페놀 물질은 과일, 채소, 차 및 커피에 함유된 탄닌물질. 페놀물질이 우유와 혼합되면 우유단백질이 탈수되어 응고가 일어남

㉣ 염에 의한 응고 : 우유는 소금과 같은 염에 의해 응고

⑤ 유제품

종 류	특 징
발효유	- 포유동물의 젖산균이나 효모를 배양・발효시켜 제조한 것 - 젖산 발효유 : 젖산만을 발효시킨 것 - 알코올 발효유 : 젖산 발효는 물론 알코올까지 발효시킨 것 - 요구르트, 버터밀크 등
크림	- 우유를 오랫동안 방치하거나 원심분리 시 생기는 지방이 많은 부분으로 유지방이 18% 이상인 것 - 커피크림(20~25%), Light 휘핑크림(30%), Heavy 휘핑크림(37%) 등 - Sour cream : 지방이 21% 들어있고 젖산균으로 발효시킨 것

버터	– 유지방만을 모아 압착시킨 후 남아 있는 수분을 분사시켜 유화상태로 만든 것 – 가염버터, 무염버터, 발효버터, 감성버터(테이블버터) 등
가당연유	탈지우유나 보통우유를 진공농축기에 농축시켜 고농도의 설탕을 첨가하여 만든 것
분유	– 우유, 탈지유를 농축·건조시켜 분말로 만들어 저장과 운송이 편리하게 한 것 – 탈지분유, 조제분유, 전지분유, 분말유청 등

⑥ 치즈의 분류

분 류	수분 함량	종 류
연질치즈	50~80%	브리(brie), 카망베르(camembert), 코티지(cottage), 리코타(ricotta), 모짜렐라(mozzarella) 등
반경질치즈	38~45%	브릭(brick), 고다(gouda), 로크포르(roquefort), 고르곤졸라(gorgonzola), 블루(blue), 스틸톤(stilton) 등
경질치즈	30~40%	에멘탈(emmental), 그루이에르(gruyere), 에담(edam), 체다(cheddar), 골비 등
초경질치즈	25~30%	파마산(parmesan), 로마노(romano) 등
가공치즈		훈제치즈, 과일치즈, 분말치즈 등

(2) 축산물의 가공

1) 육류의 가공

① 햄(Ham) : 돼지의 허벅다리를 이용하여 식염, 아질산염, 향신료 등을 첨가하여 훈제한 가공품

② 베이컨(Bacon) : 돼지고기의 뱃살을 이용하여 식염, 아질산염, 향신료 등을 첨가하여 만듦

③ 소세지(Sausage) : 햄, 베이컨을 제조하고 남은 고기 및 잡고기를 조미하여 동물의 창자 또는 인공 케이싱(Casing)에 넣은 후 가열하여 만듦

2) 달걀의 가공

① 달걀 가공품

건조란	달걀의 껍질을 제거하고 흰자와 노른자의 수분을 제거하고 건조시킨 것
마요네즈	– 난황의 유화성을 이용한 것으로 난황(달걀 노른자)에 샐러드유, 식초, 향신료를 혼합하여 유화시켜서 만든 것 – 난황의 지단백질인 레시틴(Lecithin)이 유화제 역할
피단 (송화단)	– 오리알을 껍질째로 찰흙, 소금, 왕겨, 석회를 혼합한 강한 알칼리 반죽 속에 파묻어서 응고·숙성시킨 것 – 중국요리에 사용

② 달걀 저장법

㉠ 냉장법 : 0~5℃

㉡ 냉동법 : 껍질을 제거하여 -40℃에서 급속냉동 후 -18℃에서 저장하는 것으로 운반과 저장이 편리한 장점이 있음

㉢ 가스 저장법 : 미생물 침입과 수분의 증발을 막을 수 있는 것으로 1년 정도까지 저장 가능

3) 우유의 가공

① 우유가공품

버터, 치즈, 크림, 발효유, 아이스크림, 분유, 연유 등

② 우유 살균법

저온장시간 살균법 (LTLT법)	– 61~65℃의 온도에서 30분 동안 가열하여 살균 – 본래의 풍미는 남아있으나 보존성은 떨어짐 – 가장 오래된 살균방법
고온단시간 살균법 (HTST법)	– 70~75℃의 온도에서 15~30초 동안 가열하여 살균 – 대량의 우유를 살균가능하고 내열성 균도 거의 죽음
초고온 순간 살균법 (UHT법)	– 120~135℃의 온도에서 2~3초 동안 가열하여 살균 – 국내에서 가장 보편적으로 많이 사용

3. 수산물의 조리 및 가공·저장

(1) 수산물의 조리

구 분	종 류
어류	담수와 해수어
조개류	대합, 모시조개, 소라, 가리비, 우렁, 바지락, 홍합, 굴, 전복 등
갑각류	게, 왕게, 새우, 바닷가재, 쏙 등
연체류	문어, 오징어, 낙지, 해삼, 해파리, 꼴뚜기 등

1) 어류의 분류, 종류 및 특징

분류	특징 및 종류	
해수어	붉은살 생선	– 지방 5~10% 함유 – 산패가 빠름 – 바다 표면에 살며 운동량이 많음 – 고등어, 참치, 꽁치
	흰살 생선	– 지방 5% 미만 – 산패가 느림 – 깊은 바다에 살고 운동량이 적어 담백 – 광어, 도미, 민어, 갈치, 조기, 준치
담수어	잉어, 붕어, 메기, 가물치	

2) 어류의 구성성분

① 단백질

단백질은 15~24% 정도 함유하고 있으며 라이신(lysine)이 풍부해 한국인에게 필요한 필수 아미노산을 보완해 줄 수 있음. 어육단백질은 소금에 녹는 성질이 있어 2~3%의 소금을 넣어 어묵의 형성에 이용

② 지질(지방)

어류의 지질은 불포화지방산이 80%를 차지하며 특히 고등어, 참치, 정어리 등 등푸른 생선에는 고도불포화지방산 중 EPA와 DHA가 많음

③ 당질(탄수화물)

당질 함량은 1% 미만이며 사후 젖산으로 분해되어 감칠맛을 냄

④ 비타민과 무기질

어유와 간유에는 비타민 A와 D 함량이 풍부

3) 어류의 신선도 판정법

① 아가미는 선홍색이며 불쾌취가 없는 것
② 살은 탄력이 있고 비늘은 고르게 밀착되어 있는 것
③ 눈은 투명하여 외부로 돌출되어 있는 것
④ 껍질은 살에 잘 밀착되어 있고 광택이 있는 것

4) 어류의 냄새 집중공략

① 해수어는 트리메틸아민 옥시드(TMAD)가 세균에 의해 환원되어 트리메틸아민(TMA–trimethylamin)을 생성해서 불쾌한 냄새가 남
② 민물고기 비린내는 피페리딘(piperidine)과 아세트알데히드(acetaldehyde)가 축합한 것

5) 어취 제거 방법 집중공략

① 물로 씻기 : 트리메틸아민(TMA)은 수용성이므로 흐르는 물에 씻으면 많이 제거
② 마늘, 파, 양파 첨가 : 맵고 냄새가 강하여 비린내 감지 능력을 약화시킴
③ 생강 첨가 : 매운맛 성분인 '진저론(zingerone)'과 '쇼가올(shogaols)'에 의해 미각의 감각을 마비시키거나 비린내 성분과 결합하여 다른 물질로 변화시킴
④ 간장, 된장 : 비린내를 제거하고 단백질을 응고하여 풍미를 향상
⑤ 우유 : 우유 단백질인 카세인이 트리메틸아민을 흡착
⑥ 알코올 첨가 : 숙신산이 있어 어취제거와 맛을 향상
⑦ 레몬, 식초 첨가 : 트리메틸아민(TMA)과 결합하여 어취를 억제
⑧ 무 : 메틸 메르캅탄(methyl mercaptan)과 머스타드 오일이 있어 어취를 억제

6) 수산물 가공 집중공략

① 어패류 가공

㉠ 연제품 : 어육에 소금, 전분, 조미료 등을 섞어서 성형한 후 굽거나 튀긴 것. 생선의 염용성 단백질인 미오신(Myosin)이 소금에 녹아서 가열하면 굳어지는 성질을 이용한 것
㉡ 훈제품 : 어패류를 염지하고 훈제하여 풍미와 저장성을 높인 것
ⓒ 건제품 : 어패류와 해조류를 자연 건조시켜서 미생물이 발생하지 못하도록 저장성을 높인 것으로 수분함량은 11~14% 정도
ⓓ 젓갈 : 어패류의 살, 내장, 난소 등에 소금 20~30%를 첨가하여 발효·숙성시킨 것으로 감칠맛과 풍미를 높인 것

② 해조류 가공

해조류는 녹조류(청태, 청각, 파래, 클로렐라 등), 갈조류(미역, 다시마, 톳 등), 홍조류(김, 우뭇가사리)로 구분하고 무기질, 비타민 A, 칼륨, 요오드가 풍부한 알칼리성 식품으로 칼로리가 거의 없는 다이어트 식품

㉠ 미역 : 칼슘, 요오드 함량이 높고 섬유질(알긴산, 만니톨 등)이 풍부하여 포만감을 주고 배변활동에 도움을 줌. 특히, 혈액순환을 원활히 하고 젖 분비를 촉진하여 산모에게 적합

㉡ 김 : 타우린과 비타민A, 비타민 B_2를 다량 함유하고 있고 감칠맛과 지미성분이 풍부

㉢ 다시마 : 글루탐산, 아스파르트산, 숙신산이 풍부하여 구수한 맛을 내고 표면의 흰가루는 만니톨 성분으로 물로 씻으면 손실되므로 젖은 행주로 닦은 후 사용

㉣ 한천 : 우뭇가사리, 홍조류를 삶아서 그 즙액을 젤리 모양으로 응고·동결시킨 다음 수분을 용출시켜서 건조한 것으로 양갱, 한천묵 등에 사용 집중공략

4. 유지 및 유지가공품

(1) 유지의 분류 및 구성 지방산 집중공략

분 류	종 류		구성 지방산
기름(Oil)	동물성	어유	주로 올레산(oleic acid), 리놀레산(linoleic acid), 리놀렌산(linolenic acid) 등 불포화 지방산 함유
	식물성	콩기름, 옥수수유, 올리브유, 면실유, 참기름, 들기름	
지방(Fat)	동물성	우지, 라드, 버터	주로 팔미트산(palmitic acid), 스테아르산(stearic acid) 등 포화지방산 함유
	식물성	야자유, 팜유, 카카오버터	
	가공유지	쇼트닝, 마가린	

(2) 유지의 이화학적 성질

1) 물리적 성질 집중공략

① 비중

㉠ 식용유지의 비중은 보통 15℃에서 0.91~0.99

㉡ 불포화지방산의 함량이 많을수록 증가하고 지방산의 분자량이 클수록 감소

② 융점(녹는점)

㉠ 유지의 구성 지방산의 탄소수가 많을수록 불포화도가 커지고 녹는점이 낮아짐

㉡ 식물성유지처럼 불포화지방산을 많이 함유한 것은 녹는점이 낮아 실온에서 액체

㉢ 동물성유지처럼 포화지방산을 함유한 것은 녹는점이 높으며 실온에서 고체

③ 점도

㉠ 유지를 고온에서 지속적으로 가열하면 거품이 생기고 열에 의해 산화되며 중합이 생겨 점도가 증가

㉡ 가열시간이 길수록, 가열온도가 높을수록 점도가 증가

④ 가소성

㉠ 고체지방이 외부에서 가해지는 힘에 의하여 변형이 일어나고 힘이 제거된 후에도 본래의 형태로 돌아가지 않는 성질

㉡ 마가린, 쇼트닝, 라드 등이 있으며 페이스트리, 크로와상 제조의 중요한 특성

⑤ 발연점

㉠ 유지를 고온으로 가열시킬 때 표면에 푸른 연기가 발생할 때의 온도

㉡ 가열로 인해 트리글리세리드가 분해·산화되어 아크롤레인이 생성되기 때문

㉢ 튀김할 때에는 발연점이 높을수록 좋음(콩기름 250℃, 옥수수유 230℃, 포도씨유 205℃, 버터 150℃ 등)

2) 화학적 성질

① 검화가(saponification vale)

㉠ 유지를 알칼리용액으로 가수분해하면 글리세롤과 지방산염이 형성되는 것을 '검화' 또는 '비누화'라고 함

㉡ 유지 1g을 검화하는데 소요되는 KOH(수산화칼슘)의 mg수를 의미

㉢ 보통 유지의 검화가는 180~200 정도

② 산가(acid vale)

㉠ 유지 1g 중에 함유한 유리지방산을 중화하는데 소요되는 KOH(수산화칼슘)의 mg수를 '산가'라 함

㉡ 신선한 유지는 유리지방산의 함량이 매우 낮으므로 산값이 낮음

㉢ 신선한 식용유지의 산값은 0.05~0.07

③ 요오드가(Iodine Value)

㉠ 유지 100g 에 첨가되는 요오드의 g수를 '요오드가'라 함

㉡ 요오드가가 높은 기름은 융점이 낮고 이중결합이 많고 산화되기 쉬움

종 류	요오드가	유 지 류
건성유	130 이상	– 공기 중에서 쉽게 굳어지는 유지 – 들기름, 아마인유, 호두유 등
반건성유	100~130	콩기름, 참기름, 옥수수유, 면실유 등
불건성유	100 이하	– 공기 중에서 굳지 않는 유지 – 올리브유, 땅콩기름, 피마자유 등

④ 과산화물가(POV : peroxide value)

㉠ 유지 1kg에 생성된 과산화물의 mg당량으로 표시

㉡ 과산화물가가 10 이하이면 신선한 유지

3) 유화액

① 수중유적형(O/W : oil-in-water type)

㉠ 물 속에 기름 입자가 분산되어 있는 것

㉡ 우유, 마요네즈, 아이스크림 등

② 유중수적형(W/O : water-in-oil type)
   ㉠ 기름 속에 물 입자가 분산되어 있는 것
   ㉡ 버터, 마가린, 쇼트닝 등

4) 유지의 산패에 미치는 요인 집중공략
   ① 물, 산, 알칼리, 지방분해요소 등에 의해 산패가 촉진
   ② 공기 중의 산소나 광선에 의해 산패가 촉진
   ③ 금속 또는 금속이온은 산패를 촉진
   ④ 불포화도가 높을수록 산패가 활발히 일어남

(3) 유지가공품

식용유지가공품이라 함은 식물성유지 또는 동물성유지를 주원료로 하여 식품 또는 식품첨가물을 가하여 제조·가공한 것(혼합식용유, 쇼트닝, 마가린, 향미유, 식물성크림 등)

요리달인의 꿀팁

◈ 저장방법에 따른 분류

물리적 처리	건조탈수법, 냉각법, 가열살균법, 자외선 살균법
화학적 처리	염장법, 당장법, 산저장법, 가스저장법, 보존제 이용 등
발효 처리	세균·효모 이용, 곰팡이 이용, 발효 및 절임
종합적 처리	훈연처리

1) 건조법

구 분	종 류	작 용
자연 건조법	소건법	햇빛에 그대로 건조시키는 방법(예 미역, 다시마, 오징어 등)
	자건법	끓는 물에 한 번 데쳐서 건조시키는 방법(예 멸치 등)
	동건법	겨울철이 낮과 밤의 온도차를 이용하여 동결과 해동을 번갈아 가면서 건조시키는 방법(예 황태, 북어 등)
	염건법	소금을 뿌린 후 건조시키는 방법(예 굴비, 조기 등)
인공 건조법	배건법	기구를 이용하여 불에 볶아서 건조시키는 방법(예 거피원두, 보리차, 녹차 등)
	열풍건조법	가열한 공기를 이용하여 식품의 수분을 증발시키는 방법(예 육류, 난류 등)
	냉풍건조법	제습한 냉풍으로 식품의 수분을 증발시키는 방법
	고온건조법	90℃ 이상의 고온에서 건조시키는 방법(예 건조쌀, 건조떡 등)
	감압건조법	저온(-10~10℃)에서 감압하여 건조시키는 방법(예 건조 채소)
	증발건조법	액체식품을 농축하여 부피와 무게를 감소시켜 저장성을 높임(예 연유, 농축된 과즙)
	냉동건조법	냉동시켜 저온에서 건조시키는 방법(예 당면, 한천, 건조두부 등)
	분무건조법	액체를 무상(霧狀)으로 분무하여 열풍 건조시키는 방법(예 분유)

2) 가열 살균법

식품에 있는 미생물을 사멸시키고 효소도 파괴하여 저장성을 높이는 방법

저온장시간 살균법 (LTLT법)	- 61~65℃의 온도에서 30분 동안 가열하여 살균 - 본래의 풍미는 남아있으나 보존성은 떨어짐 - 가장 오래된 살균방법 - 우유, 주스, 과일주, 간장, 식초 등 - Low Temperature Long Time
고온단시간 살균법 (HTST법)	- 70~75℃의 온도에서 15~30초 동안 가열하여 살균 - 대량의 우유를 살균가능하고 내열성 균도 거의 살균 - 우유 - High Temperature Short Time
초고온 순간 살균법 (UHT법)	- 120~135℃의 온도에서 2~3초 동안 가열하여 살균 - 우유 영양소 파괴와 화학적 변화를 최소화 - 국내에서 가장 보편적으로 많이 사용 - Ultra High Temperature
고온장시간 살균법 (HTLT법)	- 90~120℃의 온도에서 60분 동안 가열하여 살균 - 통조림 살균에 이용 - High Temperature Long Time

3) 냉장·냉동법

① 냉장법

식품을 0~10℃의 온도에서 저장하는 방법. 단기간 신선도를 유지할 수 있으나 효소작용과 미생물 증식으로 오랫동안 저장할 수 없음

② 냉동법

18℃ 이하에서 얼려서 저장하는 방법. 수분이 얼기 때문에 미생물의 생육이 억제되어 장기간 저장 가능

급속 동결	- -40℃ 이하의 온도에서 급속 냉동 - 얼음 결정의 수가 많고 크기는 작음 - 단백질 변성과 드립(Drip)발생이 적음 - 식품 조직의 변화가 적게 일어남
완만 동결	- -18℃ 이하의 온도에서 냉동함 - 얼음 결정의 수가 적고 크기는 크다. - 단백질 변성과 드립(Drip)발생이 많음 - 식품 조직이 거칠고 식감이 저하되며 부패가 촉진

③ 움저방법

온도 10℃ 정도의 움 속에 고구마, 감자, 배추, 무, 양파 등을 저장하는 방법

요리달인의 꿀팁 집중공략

드립(Drip)현상 : 식품을 천천히 동결시켰을 경우, 세포벽이 파괴되어 수분이 흘러나오고 해동할 때 육즙성분이 많이 흘러나오는 현상

4) 기타 저장법

구 분	특 징
당장법	– 50% 이상의 설탕농도에 절여서 미생물의 발육을 억제하는 방법 – 잼, 젤리, 가당연유 등에 이용하고 잼의 설탕농도는 60~65%
염장법	– 10% 이상의 소금농도에서 미생물의 발육이 억제되는 원리를 이용하여 저장하는 방법 – 일반적인 염장법의 소금농도는 10% 내외, 젓갈류의 소금농도는 20~25% 정도
산저장법 (pH저장법)	– pH4.5 이하의 산성에서는 미생물이 억제되는 원리를 이용하여 저장 – 오이피클, 김치류, 마늘 저장
훈연법	– 수지가 적은 나무(참나무, 벚나무, 떡갈나무 등)를 불완전 연소시켜 연기에 그을리는 방법으로 저장성을 높임 – 독특한 향기와 맛을 부여 – 소시지, 햄, 베이컨, 훈제연어 등
가스저장법 (CA저장법)	– 과일은 수확 후에도 호흡작용으로 후숙되므로 가스를 주입하여 호흡을 억제함으로서 저장기간을 연장하는 방법 – 과일, 채소, 난류, 어육제품에 이용

5. 냉동식품의 조리

(1) 냉동식품의 해동 및 조리

① 채소류 : 끓는 물에 2~3분 끓여 해동과 조리를 동시에 함

② 육류나 어류 : 냉장고나 흐르는 냉수에서 필름을 싸서 외부 이물질이 들어가지 않게 한 후 해동 후 조리

③ 튀김류 : 해동시키지 않고 동결상태로 튀김

④ 과일류 : 먹기 직전 냉장고나 밀봉시킨 후 흐르는 냉수에 해동

⑤ 빵, 과자, 떡 : 자연해동이나 오븐, 전자레인지를 이용하여 해동한 후 조리

6. 조미료와 향신료

홀스래디쉬(horseradish)	– 겨자과의 식물로 중앙 유럽과 아시아가 원산지 – 흰색의 뿌리를 갈아서 사용하며 생선이나 육류요리에 소스나 양념으로 사용
양겨자(mustard)	야채로 사용되는 머스터드잎은 날 것으로 먹기도 하고 열을 가하기도 하며 보통 흰색(또는 노란색)과 갈색, 검은 겨자씨 3가지 종류로 나뉘며 주로 소스, 샐러드, 피클, 주요리의 향신료 등에 사용

우스터소스(worcester sauce)	- 원조는 영국 우스터시로 묽고 어두운 색의 톡 쏘는 맛의 식탁용 소스로 사용되는 것은 물론 스프, 고기 등에 맛을 낼 때 사용 - 토마토 퓨레, 양파, 당근, 마늘 등의 야채즙과 향신료, 소금, 조미료, 캐러멜 등으로 만듦
칠리소스(chili sauce)	토마토에 칠리, 양파, 칠리파우더, 식초, 설탕 등을 넣어 만든 소스로 스프, 소스, 야채, 육류 등의 요리에 이용
토마토페이스트(tomatopaste)	- 토마토를 껍질과 씨를 제거한 후 여러 시간 동안 불에서 끓인 다음 체에 거르고 다시 졸여서 풍부한 향미를 가진 농축액이 될 때까지 졸여서 만듦 - 반고체에 가까우며 토마토 퓨레와 케첩의 중간 상태 - 각종 소스나 수프, 육류요리에 이용
흰 후추(white pepper)	완전히 익은 후추를 말려서 외피를 벗겨 분말 형태로 만들며 색이 연한 색의 소스나 음식에 이용
후추(black pepper)	통후추를 갈아서 분말 형태로 사용하는 것으로 서양요리의 향신료 중에서 가장 일반적으로 사용되며 흰후추를 사용해야 하는 연한 음식 외에 각종 요리에 사용
통후추(whole pepper)	- 열매가 덜 익었을 때 따서 껍질이 어두운 갈색에서 검은색으로 변할 때까지 말린 것 - 흰 후추보다 매운 맛이 훨씬 강함 - 통후추는 수프, 고기요리, 그레이비 소스 등에 사용
정향(clove)	- 열대성 상록수인 정향나무의 개화되지 않은 봉오리를 건조시킨 것 - 강한 방향 성분과 얼얼한 맛의 특징을 가지며 통째로 또는 가루로 사용되는데 훈연가공품, 과자류, 스프, 스톡, 푸딩 등에 이용
타라곤(tarragon)	다년생 허브로 유럽이 원산지이고 좁고 뾰족하고 짙은 초록색 잎들은 독특한 향기를 냄. 피클, 스프, 샐러드에 사용
월계수잎(bay leaf)	지중해에서 자라는 월계수 나무의 잎으로 암녹색에서 건조시키면 올리브녹색이 됨. 얼얼한 맛과 특이한 향미가 있어 스프, 소스, 스튜, 피클, 생선 등에 사용되며 이탈리아풍 요리에 사용
계피가루(cinnamon powder)	- 주요 생산지는 스리랑카와 미국 중국 등이고 계수나무의 껍질을 그대로 사용하거나 가루로 사용 - 과일조림, 피클, 스프, 빵 등에 널리 이용
카이엔페퍼(cayenne pepper)	남미산의 맵고 얼얼한 작은 고추로써 곱게 가루로 하여 육류, 어류, 달걀요리와 드레싱, 소스에 이용
팔머산치즈(parmesan cheese)	파르마산 치즈는 주로 갈아서 사용하며 이 치즈는 입안에서 녹는 관립상의 질감을 가지고 있음

PART 5-2 요리달인의 적중 예상문제

01 다음 중 전분의 노화에 관한 설명 중 맞지 않는 것은?

① 호화된 전분(α 전분)을 실온이나 냉장온도에 방치함으로서 원래 β전분으로 되돌아가는 현상을 말한다.
② 아밀로오스 함량이 많을수록 노화가 잘된다.
③ 설탕이나 유화제를 첨가하면 노화를 억제할 수 있다.
④ 수분이 50% 이상이면 노화를 억제할 수 있다.

해설
◈ 전분의 노화 억제 방법
- 수분을 10~15% 이하로 건조
- 설탕이나 유화제 첨가
- 온도 60℃ 이상이거나 -20℃ 이하에서 보관

02 다음 채소의 종류 중 꽃을 식용으로 하는 채소류가 아닌 것은?

① 브로콜리　② 컬리플라워
③ 옥수수　④ 아티초크

해설
옥수수는 씨앗을 식용으로 하는 씨앗채소류이다.

03 채소의 조리 중에서 색소 변화인 안토시안(anthocyan)에 관한 설명으로 옳은 것은?

① 산성에서는 적색, 중성에서는 보라색, 알칼리에서는 청색을 띤다.
② 산성에서는 백색으로 변하고 알칼리에서는 황색으로 변한다.
③ 산에는 안정하나 알칼리와 산화에는 불안정하다.
④ 녹색 등 황색 채소에 들어있는 오렌지색이나 황색을 말한다.

해설
②③ 플라보노이드 색소, ④ 카로티노이드 색소

04 다음 중 소고기 부위별 조리방법이 옳지 않은 것은?

① 안심 : 스테이크, 구이, 전골 등
② 양지 : 구이, 스테이크, 샤브샤브 등
③ 우둔 : 산적, 장조림, 육포, 불고기 등
④ 사태 : 국거리, 장조림, 탕, 찜 등

해설
양지는 조림, 편육, 국거리, 스튜 등에 적합하다.

05 가열에 의한 육류 변화에 관한 설명 중 옳지 않은 것은?

① 콜라겐을 계속 가열하면 젤라틴화 되어 더 질겨진다.
② 단백질의 아미노산으로 인해 구수하고 풍미를 보인다.
③ 연해지고 소화되기 쉬워진다.
④ 미오글로빈색(myoglobin : 적자색)에서 헤미크롬(hemichrome : 회갈색)으로 변한다.

해설
콜라겐을 계속 가열하면 젤라틴화 되어 연해지고 소화가 더 용이해진다.

06 다음 중 우유의 조리에 관한 설명 중 옳지 않은 것을 고르시오.

① 우유의 단백질은 20%가 카제인(casein)이고, 80%가 유청 단백질이다.
② 비린내를 흡착하여 생선 비린내 제거에 쓰이기도 한다.
③ 과자류나 빵류에 첨가시 메일라드 반응에 의한 갈색화가 일어난다.
④ 토마토 크림스프를 만들 때 우유와 토마토를 같이 넣으면 산에 의해 카제인이 응고되어 덩어리가 생긴다.

해설
① 우유의 단백질은 80%가 카제인이고 20%가 유청단백질이다.
④ 토마토를 먼저 끓이고 나중에 우유를 넣으면 응고되어 덩어리지는 것을 방지할 수 있다.

07 다음 어류조리에 관한 설명 중 옳지 않은 것을 고르시오.

① 신선도가 낮은 생선은 양념을 강하게 하고 뚜껑을 열어서 조리한다.
② 생선은 너무 오랫동안 끓여 조리하면 탈수작용이 일어나 맛이 떨어진다.
③ 생강이나 마늘을 생선을 넣기 전에 미리 넣어주면 어취를 제거하는데 도움이 된다.
④ 튀김은 지방함량이 적은 흰살 생선이 적당하다.

해설
생강이나 향신료는 생선이 익은 후 넣어 주는 것이 비린내 제거에 도움을 준다.

08 다음 냉동법 중 급속동결의 특징이 아닌 것은?

① 식품조직의 변화가 적게 일어난다.
② 단백질 변성과 드립(drip) 발생이 많다.
③ -40℃ 이하의 온도에서 냉동한다.
④ 얼음 결정의 수가 많고 크기는 작다.

해설
드립(Drip) 이란 식품을 천천히 동결시켰을 경우, 세포벽이 파괴되어 수분이 흘러나오고 해동할 때 육즙성분이 많이 흘러나오는 현상을 말한다.

09 다음 중 유지의 이화학적 성질에 대한 설명이 옳게 된 것은?

① 유지를 고온으로 가열시킬 때 표면에 푸른 연기가 발생할 때의 온도를 발연점이라 한다.
② 튀김기름에는 발연점이 낮은 기름이 좋다.
③ 동물성 기름은 불포화지방상을 많이 함유하고 있어 실온에서는 액체상태이다.
④ 유지의 점도는 가열시간이 적을수록 온도가 낮을수록 증가한다.

해설
② 튀김기름은 발연점이 높을수록 좋다.
③ 동물성 기름은 포화지방산을 많이 함유하고 있어 실온에서는 고체상태이다.
④ 유지의 점도는 가열시간이 길수록, 가열온도가 높을수록 증가한다.

10 겨자과의 식물로 흰색의 뿌리를 갈아서 사용하며 생선이나 육류요리에 소스나 양념을 사용하는 것은?

① 양겨자(mustard)
② 홀스래디쉬(horseradish)
③ 우스터소스(Worcester)
④ 칠리소스(chili sauce)

정답

1	2	3	4	5
④	③	①	②	①
6	7	8	9	10
①	③	②	①	②

PART 6 양식 조리

Chapter 1 스톡 조리

1. 스톡의 개요

(1) 스톡(Stock)

스톡은 서양 조리의 가장 기본이며 조리의 시작으로서 소뼈, 닭뼈, 생선뼈, 채소, 향신료 등을 물과 함께 장시간 끓여서 만든 육수

(2) 스톡의 종류

구 분	특 징
화이트 스톡 (White Stock)	– 닭, 송아지(Veal), 소(Beef), 생선 등을 채소와 함께 끓이며 짙은 색을 내지 않음 – Veal Stock, Chicken Stock, Fish Stock
브라운 스톡 (Brown Stock)	– 뼈와 채소들을 높은 열에서 볶거나 구워서 색을 낸 다음 물과 함께 낮은 불에서 장시간 끓여 짙은 갈색을 냄 – Beef Stock
부용 (Bouillon)	– 채소 국물(부용)에 와인이나 식초와 같은 산성 재료를 더하여 만든 것 – 생선이나 채소를 삶아내기 위한 매개체로 사용

(3) 기타 용어 집중공략

① 부케가르니(Bouquet Garni) : 스톡이나 소스, 수프, 스튜 등을 조리할 때 맛과 향, 풍미를 더하기 위해서 사용하는 채소 향신료 다발

② 각종 허브(Bay Leaves, Parsley, Rosemary, Thyme)와 채소 등을 흐트러지지 않게 실로 묶어서 사용하며 스톡이 완성되면 반드시 건어냄

③ 향신료 주머니(Sachet d' Epices) : 월계수잎, 타임, 파슬리 줄기 등을 깨끗한 거즈에 싸서 묶어 사용

④ 미르포아(Mirepoix) : 해산물을 데칠 때 넣어주는 향채. 비린맛을 제거하며 풍미를 줌

⑤ 스톡이나 소스 등의 맛을 내기 위하여 당근, 셀러리, 양파, 릭(Leek)과 각종 향신료, 훈연한 햄 조각 등을 브루노이즈(Brunoise)로 썰어서 기름과 함께 볶아서 사용

2. 스톡 재료 준비

(1) 식재료와 조리기구의 선택 및 준비

① 스톡을 만들기에 좋은 부위는 관절뼈, 등뼈, 목뼈이며 맛을 돋우기 위해서 부수적인 고기(trim) 등을 더해줌
② 스톡의 질을 떨어뜨릴 수 있는 핏물, 불순물 등을 제거하기 위해서 깨끗이 씻어주고 얼려진 뼈는 사용하기 전에 녹여줌
③ 스톡에 들어가는 채소들의 크기와 비율은 스톡의 사용 용도와 끓이는 시간에 따라 달라짐
④ 갈색 스튜를 조리할 때 미르포아와 토마토페이스트는 스톡에 넣기 전에 갈색이 될 때까지 굽거나 볶아줌
⑤ 스톡을 만드는 방식에 따라 용도에 맞는 향신료 주머니(Sachet d′ Epices)와 부케가르니(Bouquet Garni)를 첨가
⑥ 스톡을 만들 때는 위 표면이 좁은 냄비를 사용하면 끓이는 동안의 증발량을 줄일 수 있음
㉠ 증기를 이용한 커다란 냄비(steam-jacketed kettle) - 대량의 스톡을 만드는데 이용
㉡ 낮고 넓은 냄비(rondeaus) - 장시간 끓이지 않아도 되는 퓨메, 코트 부용, 에센스에 이용
㉢ 사각 넓은 냄비(tilting kettle) - 많은 양의 스톡을 만드는데 이용
⑦ 국자나 그물모양의 국자(skimmer)를 이용해서 끓이는 동안 생기는 불순물과 거품을 제거
⑧ 콜런더(colanders), 소창, 체 등은 스톡의 뼈나 채소들을 걸러낼 때 사용
⑨ 스톡을 완성한 후 보관하기 위한 용기, 온도계, 스푼 등을 준비

3. 스톡 조리

(1) 스톡 조리 시 주의사항

① 재료가 충분히 잠길 정도의 찬물을 넣고 서서히 끓임
② 찬물은 식품의 맛과 향 및 뼛속에 남아 있는 핏기와 불순물 등을 잘 용해
③ 차가운 물로 서서히 맛과 농도를 내기 시작하며, 조리과정 내내 은근히 끓임
④ 스톡의 혼탁도는 일반적으로 센 불로 가열함으로써 발생하는데 이는 뼈, 근육, 섬유질 속에서 정화작용을 하는 Albume, Protain 등의 요소가 강한 열로 인해서 식품 속에 나오지 못한 상태에서 파괴
⑤ 조리과정에서 발생하는 거품과 기타 불순물을 계속 제거
⑥ 스톡이 투명할수록 보존기간이 길어지며, 스톡에 남아 있는 탁한 불순물은 스톡을 빨리 상하게 하고 산패의 요인이 됨
⑦ 적절한 시간에 향신 재료를 첨가함. 생선 스톡과 코트부용을 제외한 모든 스톡은 완성 한 시간 전에 미르포아를 넣어주며 생선 스톡, 에센스, 퓨메, 코트부용은 끓기 시작할 때쯤 미르포아 재료들을 넣어주어 향을 보존하게 함

(2) 스톡 조리하기 집중공략

야채스톡	– 고기가 안 들어가는 수프, 메인, 기타요리 등에 널리 사용 – 큰 팬에 채소를 넣어 뒤집어가며 로스트 한 후 필요에 따라 물, 와인, 향초 주머니를 넣어 35~40분간 서서히 끓임
치킨스톡	– 뼈를 잘 씻은 후 찬물을 부어 천천히 끓이면서 불순물 제거 – 3~4시간 끓이면서 미르포아, 향초 주머니 넣고 1시간 정도 더 끓임 – 깨끗한 소창, 체 등을 이용하여 여과
브라운 스톡	– 데미글라스(demi-glace)나 줄리와 같은 브라운 소스의 기본 원료로 사용 – 소뼈를 찬물에 담가 핏물 제거 후 끓는 물에 살짝 데치고, 채소는 일정하고 큼직하게 썰어 준비 – 소뼈와 채소를 각각 진한 갈색이 나도록 구움 – 구운 소뼈와 채소에 찬물을 붓고 부케가르니를 넣어 서서히 끓이면서 뜨는 거품과 기름을 제거
생선 스톡	– 맑은 브로스나 콩소메를 만들기 위해서 사용 – 생선뼈에 찬물과 향신료 등을 넣은 후 30~45분간 서서히 끓임

4. 스톡 완성

① 맑은 스톡을 위해서 고형물을 휘젓지 말고 조심스럽게 걸러냄
② 촘촘한 철망체(fine wire mesh sieve)나 깨끗한 소창을 받친 콜런더(colander)를 이용
③ 국자를 이용하여 스톡을 담을 통 안에 콜런더(colander)를 통하여 부어줌

요리달인의 적중 예상문제

01 스톡을 끓이는 방법 중 맞지 않는 설명은?

① 재료가 충분히 잠길 정도의 찬물에서 서서히 끓인다.
② 차가운 물로 은근히 끓이면서 맛과 농도를 낸다.
③ 센 불로 빨리 가열해야 혼탁하지 않다.
④ 스톡에 남아 있는 탁한 불순물은 산패의 요인이 된다.

해설
센 불로 빨리 가열하면 스톡이 혼탁해짐. 뼈, 근육, 섬유질 속에서 정화작용을 하는 Albume, Protain 등의 요소가 강한 열로 인해서 식품 속에 나오지 못한 상태에서 파괴되기 때문

02 가장 오랫동안 끓이는 스톡은?

① 비프스톡 ② 치킨스톡
③ 야채스톡 ④ 생선스톡

해설
비프스톡 : 8~10시간, 야채스톡 : 30분~40분
치킨스톡 : 4~6시간, 생선스톡 : 30~1시간

03 비프 스톡을 조리할 때 사용하며 월계수 잎, 타임, 파슬리 줄기를 넣어 만든 향신료 주머니를 무엇이라고 하는가?

① Sachet d' Epices ② Bouquet Garni
③ Garnish ④ Mirepoix

해설
- Bouquet Garni(부케가르니) : 스톡이나 소스, 스튜 등을 조리할 때 맛과 향, 풍미를 더하기 위해 사용하는 향신료 다발
- Garnish(곁들임) : 음식의 색깔 등을 보완해 주며, 향과 질감을 향상시키는 역할을 함
- Mirepoix(미르포아) : 해산물을 데칠 때 넣어주는 향채. 비린맛을 제거하며 풍미를 줌

04 고기가 들어가지 않는 스프, 메인, 기타 요리 등에 널리 사용되는 스톡을 무엇이라고 하는가?

① 비프스톡 ② 치킨스톡
③ 야채스톡 ④ 생선스톡

해설
야채스톡 : 큰 팬에 채소를 뒤집어 가며 로스트 한 후 물, 와인, 향채 주머니를 넣어 서서히 끓여내는 스톡이다. (35분~40분 정도)

정답

1	2	3	4
③	①	①	③

Chapter 2 전채 조리

1. 전채의 개요

(1) 전채(前菜) 정의

① 우리말로는 전채(前菜), 영어로는 에피타이저(Appetizer), 불어로는 오르되브르(Hors-d'oeuvres) 라고 함

② 오르되브르(Hors-d'oeuvres)가 그 날의 중심이 되는 메뉴와 따로 서비스되는 반면, 에피타이저(Appetizer)는 일반적으로 메뉴의 첫 코스에 제공

③ 두 단어의 의미는 '식사 전 또는 식사 이외의 것'으로 풀이. 즉, 식욕을 돋우기 위하여 식전에 먹는 정찬 또는 만찬의 첫 코스요리

(2) 전채요리의 분류

구분	종류 및 특징
더운 전채요리 (Hot Appetizer)	– 데워서 내는 전채요리 : 가벼운 육류요리, 꼬치, 페이스트리, 크로켓 등 – 식용달팽이(escargot) : 달팽이용 집게와 포크 제공 – 팀발(timbales) – 갈라틴(galantine) – 파이(pie) – 부셰(bouche) – 브로셰(brochette)
차가운 전채요리 (Cold Appetizer)	– 칵테일, 과일, 샐러드가 대표적 – 캐비아(caviar) : 철갑상어알을 소금에 절인 것 ① 벨루가(beluga) ② 오세트라(ossetra) ③ 세르부가(servuga) – 거위간 테린(foie gras terrine) – 훈제연어(smoked salmon) – 타르타르(tartar) – 트러플(truffle) – 라비올리(ravioli) – 카나페(canape)

(3) 전채요리의 특징

에피타이저(Appetizer)는 주요리에 비해 많지 않은 양이어야 하고 식사를 시작하기 전에 식욕을 돋우고 입맛을 자극함과 동시에 시각적인 측면에서도 색의 조화를 이루어야 함

① 식욕을 돋우기 위해서 식전에 먹는 요리이므로 주요리를 더욱 먹고 싶은 욕구가 생기도록 색의 조화를 이루어야 함
② 음식의 특징을 살린 제철 식재료를 이용하여 계절의 변화에 따른 재료의 변화를 반영
③ 한입에 먹을 수 있도록 크기를 고려하고 소량으로 제공
④ 주요리에 사용되는 재료의 반복을 피하며, 맛이 좋아야 하고 주요리와의 조화를 이루어야 함
⑤ 타액을 분비시켜 소화를 돕도록 짠맛, 신맛 등의 자극적인 맛을 곁들임

2. 전채 조리

① 에피타이저(Appetizer)는 주요리에 비해 많지 않은 양이어야 하고 1인분의 양이 적당
② 식욕을 돋우기 위한 것이므로 너무 많은 양념과 허브, 향신료 등을 넣지 않음
③ 가니쉬는 최소한으로 하며 색, 맛, 질감을 고려
④ 너무 지나치게 손이 많이 가서 손님이 부담스럽지 않도록 간결
⑤ 적합한 온도를 고려하여 제공
⑥ 색깔, 모양, 여백은 전체적인 접시의 구성에 있어서 중요한 역할을 하며, 알맞은 크기와 모양의 소스컵, 기물이나 접시, 핑거볼(finger bowl) 등을 제공

3. 전채요리 완성

(1) 차가운 무스(cold savory mousse)

① 오르되브르, 에피타이저 및 그 외 다른 요리의 재료로 널리 쓰임
② 크림 또는 계란 흰자를 휘핑한 다음 기본재료와 섞어서 사용
③ 무스에 사용되는 주재료로는 고기, 생선, 가금류, 치즈 야채 퓨레 등
④ 조직이 치밀하지 못한 재료는 젤라틴을 넣어줌
⑤ 젤라틴이 많이 들어가면 무스는 단단해지게 되므로 용도에 맞게 젤라틴의 양을 결정하는 것이 바람직
⑥ 휘핑한 계란 흰자 거품이나 중간 정도의 거품을 올린 헤비크림은 무스에 공기를 넣어주어 가벼운 느낌을 주며, 크림이 너무 많이 쳐진 경우는 시간이 지남에 따라 무스가 주저 앉게 되므로 주의
⑦ 뜨거운 무스는 틀에 넣어서 만든 후 뜨거운 상태로 서브
⑧ 맛과 가니쉬는 주재료의 맛을 고려하여 선택
⑨ 푸드 푸로세서, 거품기, 믹서, 고운체, 찬물, 페이스트리 백(pastry bag), 틀(molds), 접시 등이 필요

(2) 무스 만들기

① 주재료를 푸드 프로세서에 또는 고기 분쇄기에 갈아서 준비
② 퓨레한 재료는 고운 질감을 위해서 고운 체에 내려 섬유질이나 근육, 힘줄을 제거
③ 필요한 경우 갈아놓은 재료에 젤라틴을 첨가
④ 계란 흰자 또는 휘핑크림을 최적의 상태로 올리고 이를 주재료에 넣어줌
먼저 올린 크림의 1/3을 넣어주고 나머지 재료를 살살 섞어야 거품이 꺼지지 않아서 최종 무스의 부피가 큼
⑤ 다양한 무스틀에 담은 후 제공하기 전에 무스를 틀에서 빼내기도 하고 틀에 담긴 채로 제공하기도 함
⑥ 무스를 썰어서 제공해야 할 경우 최소한 2시간 이상 굳힘

PART 6-2 요리달인의 적중 예상문제

01 전채요리의 특징을 설명한 것 중 맞지 않는 설명은?

① 식사를 시작하기 전에 식욕을 돋우는 역할을 한다.
② 계절의 변화에 따른 제철 식재료를 이용한다.
③ 맛이 좋아야 하고 주요리와의 조화를 고려한다.
④ 식욕을 돋우기 위해서 가니쉬와 향신료를 충분히 사용한다.

해설

가니쉬는 최소한으로 하고, 너무 많은 양의 허브, 향신료는 피한다.

02 더운 전채요리에 속하는 것은?

① 갈라틴 ② 트러플
③ 거위간 테린 ④ 카나페

해설

트러플, 거위간 테린, 카나페 – 차가운 전채요리

03 육류를 이용한 전채를 설명한 것 중 틀린 것은?

① 품질, 모양, 색, 조리방법 등을 고려한다.
② 운동량이 많고 근육조직이 많은 부분이 적합하다.
③ 온도조절과 적절한 시간 선택이 육질의 부드러움에 작용한다.
④ 파마햄, 간, 송아지 목젖 등의 요리가 대표적이다.

해설

운동량이 적고 근육조직이 적은 부분이 부드러워 적합하다.

04 차가운 전채요리에 속하는 것은?

① 훈제연어 ② 팀발
③ 파이 ④ 부셰

해설

팀발, 파이, 부셰 – 더운 전채요리

정답

1	2	3	4
④	①	②	①

Chapter 3 샌드위치 조리

1. 샌드위치의 개요

(1) 샌드위치(sandwich) 정의

샌드위치는 '빵과 빵 사이에 버터를 바르고 고기나 채소 등을 끼워 넣어서 만든 것'

(2) 샌드위치의 종류

구 분	특 징
차가운 샌드위치 (Cold sandwich)	– Simple Cold sandwich(두 개의 빵조각 사이에 내용물을 넣어 만듦) – 클럽(club)샌드위치, BLT샌드위치 등이 있음 – 얇게 썬 고기, 마요네즈에 버무린 샐러드로 구성되는 표준 델리(deli)스타일이 포함 – Wraps(Mexican Burrito) – Open–Faced sandwich는 카나페 등과 같이 속 재료, 토핑을 보기 좋게 장식함
뜨거운 샌드위치 (hot sandwich)	– Grilled sandwich(Toasted sandwich) – 햄버거나 패스트라미(pastrami)등 속이 뜨거운 것이 주를 이룸 – 뜨거운 속재료나 소스를 샌드위치 위에 올리기도 함 – Deep–Fried sandwich
핑거 샌드위치 (Finger sandwich)	– 손으로 집어 먹을 수 있는 한입 크기 – 한 두입 정도에 다 먹을 수 있게 크기와 모양이 균일해야 함 – Tea sandwich, Fancy sandwich

2. 샌드위치 재료 준비 및 조리

샌드위치를 구성하는 요소에는 빵, 스프레드, 속재료, 가니쉬 등이 있음

(1) 빵

① 풀먼식빵, 바게트, 베이글, 크로와상, 또띠아, 호밀빵, 잡곡빵, 포카치아, 잉글리쉬 머핀, 치아바타 등 다양한 빵이 샌드위치에 사용

② 햄버거에 주로 쓰이는 번(buns)이나 동그란 형태의 롤(rolls), 전병 형태의 래퍼(wrappers) 등과 같이 다양한 빵은 특별한 샌드위치를 만드는데 사용

③ 빵의 특성 및 빵과 어울리는 샌드위치가 충분히 고려되어야 함

④ 빵에 내용물을 넣을 때는 빵의 모서리까지 고르게 펴서 채워 넣음

(2) 스프레드

① 스프레드는 샌드위치에 수분을 공급해주고 재료가 서로 잘 붙을 수 있게 하는 역할
② 버터나 마요네즈와 같은 기름기가 있는 스프레드는 빵이 눅눅해지는 것을 방지
③ 스프레드는 그 자체만으로도 샌드위치에 특별한 질감과 맛을 줌
④ 스프레드에 첨가되는 내용물이 과하면 샌드위치 본래의 맛을 저해할 수 있으므로 재료의 특성에 맞게 적절히 첨가
⑤ 스프레드의 종류

구 분	종 류
단순 스프레드 (Simple spread)	– 크림치즈(Cream cheese) – 마요네즈(Mayonnaise) – 버터(Butter) – 스프레이 치즈(spray cheese) – 프렌치 머스타드(French mustard) – 토마토 케첩(Tomato ketchop)
복합 스프레드 (Compound spread)	– 홀 그레인 머스타드(Whole grain mustard) – 앤초비 패스트(Anchovy paste) – 땅콩버터(Peanut butter) – 헤이즐넛 버터(Hazelnut butter) – 아몬드 버터(Almond butter) – 쳐트니 또는 과일 보존 식품 – 기름과 비네그레트 – 아보카도 속 또는 구아카몰(Guacamole) – 바질 페스토 머스타드(Basil pesto mustard) – 홀스레디쉬 크림(Horseradish cream)

(3) 속재료

① 샌드위치 속(filling)은 샌드위치의 맛을 구성하는 가장 중요한 핵심요소
② 빵의 온도에 따라서 속 재료의 온도가 맞추어져야 함
③ 오븐에서 굽거나 삶은 육류(쇠고기, 패스트라미, 칠면조, 햄, 파테, 소시지), 슬라이스 치즈, 신선한 야채, 굽거나 그릴한 야채, 생선, 가금류, 계란 등이 사용

(4) 가니쉬

① 가니쉬는 샌드위치의 전반적인 뼈대를 구성하는 요소가 되며 완성도에도 영향을 미치는 요소
② 샌드위치의 가니쉬는 시각적인 역할에서도 매우 중요하며 상품성을 결정하는 데도 중요
③ 샌드위치에 사용되는 가니쉬로는 그린 샐러드 또는 기타 샐러드, 양상추, 무순, 신선한 야채 슬라이스, 피클, 올리브, 과일 슬라이스, 딥(dips), 스프레드, 랠리쉬(relishes) 등이 쓰임

3. 샌드위치 완성

① 샌드위치를 자르는 목적은 먹기 편하도록 하기 위함이며, 시각적으로도 보기 좋게 하기 위함
② 빵칼을 이용해서 삼각형, 정사각형, 직사각형 등으로 자름
③ 일정한 크기로 자른 샌드위치는 접시(platter)에 일직선 또는 가지런히 정렬된 모양으로 담음
④ 샌드위치는 가능한 서비스하기 전에 바로 자르는 것이 좋음

PART 6-3

요리달인의 적중 예상문제

01 손으로 집어 먹을 수 있는 한입 크기의 샌드위치는?

① Grilled sandwich
② Toasted sandwich
③ Mexican Burrito
④ Tea sandwich

해설

- Grilled sandwich, Toasted sandwich : 뜨거운 샌드위치
- Mexican Burrito : 차가운 샌드위치

02 단순 스프레드에 속하는 것은?

① 토마토케첩
② 기름과 비네그레트
③ 앤초비 패스트
④ 헤이즐넛 버터

해설

- 복합 스프레드 : 기름과 비네그레트, 앤초비 패스트, 헤이즐넛 버터
- 단순 스프레드 : 토마토케첩, 마요네즈, 머스타드 등

03 샌드위치를 구성하는 요소 중 스프레드에 대한 설명 중 맞지 않는 것은?

① 스프레드는 그 자체만으로도 샌드위치의 특별한 질감과 맛을 준다.
② 스프레드에 첨가되는 내용물이 많을수록 깊은 맛을 낸다.
③ 버터나 마요네즈와 같은 기름기가 있는 스프레드는 빵이 눅눅해지는 것을 방지해 준다.
④ 스프레드는 재료가 서로 잘 붙을 수 있게 하는 역할을 한다.

해설

스프레드에 첨가되는 내용물이 과하면 본래의 맛을 저해한다.

04 샌드위치에 사용하는 빵에 대한 설명 중 틀린 것은?

① 식빵, 풀먼식빵, 베이글, 크로와상 등의 주로 사용된다.
② 빵에 내용물을 넣을 때 중심부만 가득 채운다.
③ 통밀로 만든 빵이나 조직이 치밀하지 못한 빵은 썰기가 어렵다.
④ 표면이 치밀한 풀먼브레드는 잘 썰어지므로 한입에 들어가는 샌드위치에 적합하다.

해설

빵에 내용물을 넣을 때는 빵의 모서리까지 고르게 펴서 채운다.

정답

1	2	3	4
④	①	②	②

Chapter 4 샐러드 조리

1. 샐러드의 개요

(1) 샐러드(Salad)의 정의

① 샐러드의 어원은 소금을 의미하는 라틴어의 Sal(소금) 이라는 뜻에서 유래하였으며, 생채소에 소금만 부려 먹던 습관에서 시작

② 신선한 푸른 채소에 과일, 육류와 가금류, 유제품, 생선과 어패류 등을 첨가하여 만듦

③ 최근에는 샐러드만으로도 훌륭한 한 끼 식사가 될 만큼 하나의 독립된 형태로 다양화

(2) 샐러드의 종류

구 분	특 징
단순 샐러드 (Simple Salade)	– 신선한 채소로 만든 단순 샐러드 – Green Salade, Lettuce Salade, Cucumber Salade 등
혼합 샐러드 (Mixed Salade)	– 삶은 채소, 과일, 육류, 가금류, 어패류 또는 젤라틴 등에 향신료, 가니쉬, 드레싱과 혼합하여 만든 샐러드 – Waldorf Salade, Chicken Salade, Russian Salade 등
복합 샐러드 (Compound Salade)	– 질감, 형태, 향, 맛 등이 서로 다른 2~3가지 이상의 재료가 사용됨 – fresh 또는 cooked 등 다양한 샐러드의 조합으로 형성된 샐러드 – 주로 메인 코스나 전채로 제공됨 – Nicoise, French Hors d'oeuvre Salade 등

2. 샐러드 재료 준비

샐러드를 구성하는 기본 요소 : 본체(Bady), 바탕(Base), 곁들임(Garnish), 드레싱(Dressing)

구 분	특 징
본체(Bady)	– 샐러드를 구성하는 중심 주재료 – 샐러드에 사용된 재료의 종류에 따라 결정 – 정확한 조리법을 필요로 함
바탕(Base)	– 그릇을 채워주는 용도로 사용되며 본체와의 색의 대비를 이룸 – 잎상추나 로메인레터스와 같은 그린 채소로 구성 – 주재료와의 조화가 필요
곁들임(Garnish)	– 샐러드의 색깔 등을 보완해 주며, 향과 질감을 향상 – 특히 샐러드를 보기 좋게 시각적인 효과를 증진시킴 – 곁들임은 단순해야 하며 식욕을 자극하는데 도움을 주어야 함

드레싱(Dressing)	- 본체나 곁들임에 사용하지 않는 재료를 주로 사용 - 맛을 증가시키고 요리를 돋보이게 하며 소화를 돕는 역할 - 요리의 전반적인 성공 여부에 중요한 역할

(1) 드레싱(Dressing)

① 드레싱에 사용되는 기본 재료

구 분	특 징
오일 (Oil)	- 여러 종류의 기름이 사용 - 옥수수기름, 면실유, 카놀라유, 콩기름, 땅콩기름, 호두기름 - 올리브기름 : Virgin, Extra Virgin
식초 (Vinegar)	- 사이다 식초(Cider Vinegar) : 사과로 만들며 가벼운 단맛 - 증류 식초(Distilled Vinegar) : 곡주를 증류하여 만든 식초 - 와인 식초(Wine Vinegar) : 포도주향을 지님 - 향미 식초(Flavored Vinegar) : 로즈마리, 타라곤, 마늘 등을 첨가 - 쉐리 식초(Sherry Vinegar) : 쉐리와인으로 만들며 독특한 향을 지님 - 발사믹 식초(Balsamic Vinegar) : 나무통에서 숙성시켜서 만든 특수 와인 식초
달걀노른자 (Egg Yolk)	마요네즈와 드레싱의 유화제로 사용

② 드레싱의 종류

구 분	특 징
Oil & Vinegar Dressing	- 프렌치 드레싱 : 기름, 식초, 소금, 후추가 일시적으로 유화되는 드레싱 - 기름과 식초가 분리되는 현상이 나타남. 사용 전에 잘 흔들어 저어줌으로써 유상액으로 환원시켜 사용 - 오일과 식초는 3:1의 비율이 기본 - 발사믹 비네그레트, 페스토 비네그레트 등
Mayonnaise-Based Dressing	- 마요네즈를 기초로 함 - 걸죽한 농도를 지님 - 사우전 아일랜드 드레싱, 티롤리엔느 드레싱, 타르타르 소스

3. 샐러드 조리 및 완성

(1) 재료와 기구의 선택

① 샐러드용 야채는 가능한 서비스하기 바로 전에 신선한 상태로 준비
② 상업적으로 판매되는 샐러드 믹스에 다양한 형태와 맛을 가지고 있는 채소를 더해서 활용
③ 순한 맛, 매운 맛, 쓴맛, 허브나 꽃 종류 등이 다양하게 활용
④ 스피너(spinner)를 이용해 수분을 뺌

(2) 샐러드 손질 및 담기

재료 세척하기	차가운 냉수에 세척하기
재료 다듬기	적당한 크기로 자르기
수분 제거하기	스피너 이용하여 수분 제거 (야채에 잔여한 수분은 소스의 농도에 영향을 줌)
보관하기	신선함이 유지되도록 냉장 보관하기
버무리기	질감이 상하지 않게 신속하게 버무리기
담기 및 완성	샐러드의 크기와 양을 고려하여 담기

PART 6-4 요리달인의 적중 예상문제

01 샐러드에 대한 설명 중 맞지 않는 것은?

① 라틴어의 Sal(소금)이라는 뜻에서 유래하였다.
② 최근에는 훌륭한 한 끼 식사가 될 만큼 하나의 독립된 형태로 다양화되고 있다.
③ 주로 메인 코스나 전채로 제공되는 샐러드는 단순 샐러드의 형태로 제공된다.
④ 고기에 생채소를 함께 섭취함으로써 영양학적인 균형을 이룰 수 있다.

해설
메인 코스나 전채로 제공되는 샐러드 – 복합샐러드

02 드레싱에 대한 설명 중 맞지 않는 것은?

① 드레싱의 의미는 채소에 옷을 입힌다는 뜻이다.
② 드레싱은 샐러드의 맛을 조절하고 향과 풍미를 증가시킨다.
③ 프렌치 드레싱과 마요네즈 드레싱이 대표적이다.
④ 알루미늄이나 알루미늄 합성 재질의 용기에 담아서 그늘에 보관한다.

해설
알루미늄이나 알루미늄 합성 재질의 용기는 부식의 위험이 있어 독성을 유발함

03 샐러드용 채소에 대한 설명 중 맞지 않는 설명은?

① 서비스하기 바로 전에 신선한 상태로 준비한다.
② 순한 맛, 매운 맛, 쓴 맛, 허브나 꽃 종류 등 다양하게 활용한다.
③ 차가운 물에 채소를 담궈 두는 것은 바람직하지 않다.
④ 채소는 되도록 손을 이용하여 한입 크기로 뜯는다.

해설
차가운 물에 채소를 담궈 흙과 모래를 제거한다.

04 샐러드 조리 시 채소의 수분을 빼는 조리 도구의 명칭은?

① spinner　② timbales
③ skimmer　④ rondeaus

해설
- timbales : 더운 전채요리
- skimmer : 그물 모양의 국자
- rondeaus : 낮고 넓은 냄비

정답

1	2	3	4
③	④	③	①

Chapter 5 조식 조리

1. 조식의 개요

(1) 조식

① 아침식사란 뜻을 나타내는 영어의 'Breakfast'는 깨다(Break)와 단식(fast)의 의미가 합쳐진 말
② 아침식사의 메뉴는 위에 부담을 주지 않는 부드러운 메뉴가 적합하며 충분한 열량과 균형 있는 영양 섭취를 고려

2. 달걀요리 조리

(1) 달걀요리의 종류 및 특징

구 분	특 징
프라이드 에그 (Fried Egg)	– 오버 이지(over easy) : 달걀 2개를 사용하여 흰자만 익고 노른자는 익지 않은 상태 – 노른자가 깨지지 않아야 함 – 오버 미디움(over medium) : 달걀 2개를 사용하여 노른자를 반정도 익히는 것 – 오버 하드(over hard) : 노른자를 깨뜨려 완전히 익힘
서니 사이드 업 (Sunny-side up)	– 흰자만 익혀서 태양이 떠오르는 것처럼 요리하는 것 – 온도가 높으면 흰자가 질겨지며, 버터가 탈 수 있으므로 온도 조절에 주의하며 조리
스크램블드 에그 (Scrambled Egg)	– 비교적 쉬운 달걀 요리이며 많은 양의 달걀 요리를 하는 경우에 적합 – 달걀 전란을 깨뜨려 우유나 생크림을 넣고 빨리 휘저어서 부드럽게 조리 – 우유나 생크림을 넣어 조리할 때 수분과 달걀이 분리되지 않도록 주의
포치드 에그 (Poached Egg)	– 에그 보헤미안(Egg Bohemian), 에그 베네딕틴(Egg Benedictine), 에그 찬틸리(Egg Chantilly) 등 달걀요리에 사용 – 신선한 달걀을 사용해야 모양이 흐트러지지 않음 – 물에 식초와 소금을 넣고 90℃ 전후의 물에서 약하게 끓임 – 식초를 첨가하는 이유는 흰자가 응고되어 퍼짐을 막기 위함
보일드 에그 (Boiled Egg)	– 소량의 식초와 소금을 넣은 끓는 물에 달걀을 통째로 삶는 요리 – 서브할 때 에그 스탠드(egg stand), 티스푼(tea spoon) 제공
오믈렛 (Omelet)	– 달걀을 휘저어 럭비공 모양으로 만드는 요리 – 기술적으로 어려운 요리이며 많은 연습이 필요 – 달걀이 굳기 전에 말아야 하며 온도 조절에 주의 – 내용물과 소스에 따라서 명칭이 다양함(스페니쉬 오믈렛, 베이컨 오믈렛, 배지터블 오믈렛, 멕시칸식 오믈렛, 치즈 오믈렛 등)

3. 조찬용 빵류 조리

▶ 조찬용 빵의 종류 및 특징

구 분	특 징
팬 케이크 (Pan Cake)	– 밀가루, 계란, 설탕, 소금, 우유, 버터, 이스트 등을 넣어 반죽한 후 Pan이나 Griddle에 구움 – 꿀, Maple Syrup, 버터, 계절과일을 곁들임
와플 (Waffle)	– 밀가루, 계란, 설탕, 소금, 우유, 버터, 이스트, 바닐라 향 등을 넣어 반죽한 후 와플 기계에 넣어 구움 – 꿀, Maple Syrup, 버터, 계절과일을 곁들임
프렌치 토스트 (French Toast)	– 삼각형으로 자른 식빵을 계란, 우유, 설탕 섞은 것에 적셔서 Pan이나 Griddle에 구움 – 설탕과 계핏가루를 섞어서 묻힘 – 꿀, Maple Syrup, 버터, 계절과일을 곁들임
시나몬 토스트 (Cinnamon Toast)	– Toast Bread에 Cinnamon powder를 묻혀서 구움 – 신선한 계절과일을 곁들임

4. 시리얼류 조리

(1) 더운 시리얼류

① 시리얼은 아침과 점심에 먹는 곡물요리이며, 더운 시리얼과 찬시리얼 두 종류가 있음

② 더운 시리얼은 우유나 스톡을 넣어 가열 조리하며, 오트밀(Oatmeal), 밀죽(Cream of Wheat), 쇠고기 죽(Cream Beef) 등이 있음

③ 오트밀 – 냄비에 물과 우유를 넣어 끓인 다음 오트밀을 넣고 너무 풀어지지 않게 익힘. 우유로 농도를 조절하고 소금으로 간을 맞추어 마무리 함

(2) 찬 시리얼류

① 각종 곡물을 가열 조리하지 않고 먹을 수 있도록 가공한 것

② 찬 우유와 설탕, 과일 등을 곁들임

③ 찬 시리얼류의 종류 및 특징

콘플레이크	옥수수 낱알을 으깨고 가공
레이진 브랜	밀기울을 으깨서 가공한 후 건포도를 첨가
올브랜	밀기울을 으깨서 가공
라이스 크리스피	쌀을 바삭하게 튀김
쉬레디드 위트	밀을 조각내고 으깨서 가공
비르쉐 무슬리	스위스 아침 곡물요리로 신선한 과일, 견과류, 요구르트 등을 넣어 만든 건강식 시리얼

PART 6-5 요리달인의 적중 예상문제

01 달걀 흰자만 익혀서 태양이 떠오르는 것처럼 요리하는 것은?

① 서니 사이드 업 ② 프라이드 에그
③ 스크램블 에그 ④ 포치드 에그

해설
- 프라이드 에그 : 오버이지, 오버미디움, 오버하드
- 스크램블 에그 : 우유나 생크림을 넣어 빠르게 휘저음
- 포치드 에그 : 식초와 소금을 넣은 물에서 달걀 모양이 흐트러지지 않게 익힘

02 조찬용 빵 종류로서 삼각형으로 자른 식빵을 계란, 우유, 설탕 섞은 것에 적셔서 팬이나 그리들에 구워 설탕이나 계핏가루를 섞어서 묻히고 꿀이나 메이플시럽, 버터, 계절과일을 곁들이는 것은?

① 팬 케이크(Pan Cake)
② 와플(Waffle)
③ 프렌치 토스트(French Toast)
④ 시나몬 토스트(Cinnamon Toast)

해설
- 팬 케이크(Pan Cake) : 밀가루, 계란, 설탕, 소금, 우유, 버터, 이스트 등을 넣어 반죽한 후 Pan이나 Griddle에 구움. 꿀, Maple Syrup, 버터, 계절과일을 곁들임
- 와플 (Waffle) : 밀가루, 계란, 설탕, 소금, 우유, 버터, 이스트, 바닐라 향 등을 넣어 반죽한 후 와플 기계에 넣어 구움. 꿀, Maple Syrup, 버터, 계절과일을 곁들임
- 시나몬 토스트(Cinnamon Toast) : Toast Bread에 Cinnamon powder를 묻혀서 구움. 신선한 계절과일을 곁들임

03 찬 시리얼 종류의 특징 연결이 잘못된 것은?

① 올브랜 : 밀기울을 으깨서 가공함
② 콘 프레이크 : 쌀을 바삭하게 튀김
③ 레이진 브랜 : 밀기울을 으깨서 가공한 후 건포도를 첨가함
④ 비르쉐 무슬리 : 스위스 아침 곡물요리로 신선한 과일, 견과류, 요구르트 등을 넣어 만든 건강식 시리얼

해설
콘 프레이크 : 옥수수 낱알을 으깨고 가공함

정답

1	2	3
①	③	②

Chapter 6 수프 조리

1. 수프의 개요

(1) 수프(Soup)의 정의

① 수프는 스톡을 기초로 하여 육류, 생선, 채소, 가금류, 향신료 등을 넣어 만든 국물요리
② 영어 수프(Soup)의 의미는 프랑스의 포타쥬(potage : 'Pot에서 익혀 먹다')라는 어원적 뜻
③ 영어의 수프(Soup), 불어의 수페(Soupe), 이탈리아어의 주빠(Zuppa)로 불림
④ 수프는 다음에 먹는 주 요리와 조화를 이루어야 하며 러시안 야채수프, 헝가리안 굴라시 수프처럼 주식으로 사용되기도 함

(2) 수프의 종류

구 분	특 징
맑은 수프 (Clear Soup)	– 깔끔하고 투명한 색을 지님 – 그 자체로 포만감을 느끼기보다는 주로 다른 요리와 함께 제공 – 맑은 수프를 마무리 할 때는 신선한 야채나 허브로 예쁘게 장식 – 콩소메 수프(Consomme Soup), 프랑스식 양파 수프(French Onion Soup), 야채 맑은 수프(Clear Vegetable Soup), 로얄 수프(Royal Soup) 등이 있음
진한 수프 (Thick Soup)	– 맛이 부드럽고 감촉이 좋은 크림수프가 대표적 – 주재료 자체로 농도를 내기도 하고, 다른 재료를 이용하여 농도를 조절하기도 함 – 리에종(Liasion) – 주재료의 맛을 보존하면서 농도를 조절하는 것이 이상적 – 감자 크림수프(Cream of Potato Soup), 당근 크림수프(Cream of Carrot Soup), 아스파라거스 크림수프(Cream of Asparagus Soup) 등이 있음
비스퀴 수프 (Bisque Soup)	– 맛이 부드럽고 감촉이 좋은 크림수프가 대표적 – 바닷가재나 새우 등 껍질이 있는 갑각류의 껍질을 으깬 후 채소와 함께 끓여서 맛이 완전히 우러나도록 함 – 마무리 시 크림이나 다른 재료를 너무 많이 첨가할 경우 고유한 맛을 변화시킬 수 있으므로 주의 – 새우 비스퀴수프(Shrimp Bisque Soup) 등
식사대용 수프 (Hearty Soup)	– 일반적인 수프의 양보다 많고 여러 가지 재료를 혼합하여 만듦. – 농도는 걸쭉해서 스튜(stew)에 가까우며 수프만으로도 하나의 요리가 됨 – 바쁜 일상생활에서 시간을 절약하고 먹기 간편한 장점이 있음 – 지중해식 해산물 수프(Seafood Soup) 등
차가운 수프 (Cold Soup)	– 유럽이나 미주에서는 찬 수프를 계절에 관계없이 식탁에 자주 올림 – 현대에는 신선한 과일과 채소를 퓨레(puree)로 만들어 크림이나 다른 가니쉬를 곁들이는 방법을 사용 – 가즈파쵸 수프(Gazpacho Soup)가 대표적 – 오이, 토마토, 피망, 빵가루, 올리브오일, 마늘을 곁들여 얼음과 함께 제공 – 찬 감자 수프(Cold Potata Soup) 등

스페셜 수프 (Special Soup)	- 특정지역에 기원이 있는 것으로 훌륭한 전통과 역사를 가지고 있음 - 어니언 그라탕수프(프랑스), 클램 차우더(미국), 보르시치(러시아),미네스트로네 (이탈리아)등이 가장 대표적

2. 수프 재료 준비

(1) 수프의 구성요소

1) 육수

쇠고기(Beef), 닭고기(Chicken), 생선(Fish), 야채(Vegetable)등의 사용

2) 크림

① 휘핑크림(Whipped Cream) - 케이크나 과일용은 30~50% 정도의 지방을 함유하고 있으며 거품을 내어 씀

② 사워크림(Sour Cream) - 생크림을 발효시켜 만든 것이며 샐러드, 수프 등을 만드는데 주로 쓰임. 수프, 생선, 소스, 디저트 등 광범위하게 이용

3) 빵(Bread)

① 바게트 - 프랑스식 양파스프에 사용

② 크루통 - 수프에 띄우는 튀긴 빵조각, 먹기 직전 위에 띄우거나 샐러드 등에 섞어내기도 함

3. 수프 조리 및 완성

(1) 수프 생산을 위한 기초 조리기술

1) 재료를 적당하게 손질하는 단계

① 수프의 특성을 살릴 수 있는 모양으로 썰어줌

② 조리하는 동안 열이 골고루 전달 될 수 있도록 크기와 두께를 고려

2) 익히거나 맛을 들이는 단계

① 양파나 마늘을 버터에 볶는 작업을 주로 하게 됨

② 덜익거나 타지 않도록 주의

3) 퓨레 형식 또는 곱게 하는 단계

① 수프의 모양이나 영양소의 손실을 최소화하기 위해서 굵은 퓨레를 만들기도 함

② 수프의 특성에 따라서 갈아주는 속도나 시간을 조절

③ 부드러운 입자를 원하는 수프는 고운체를 이용하여 걸러줌

4) 맛을 부드럽게 하기 위해서 마무리 하는 단계

① 버터나 생크림을 첨가한 후에는 낮은 불로 단시간에 은근히 끓여줌

② 버터나 생크림을 잘못 사용하거나 온도가 지나치게 높으면 수프가 분리될 수 있으므로 주의

5) 접시에 담기 및 장식하는 단계
   ① 곁들임 야채는 신선한 것으로 선정하여 일정한 모양으로 자름
   ② 해당 수프와의 조화를 고려하여 가니쉬 선정 후 수프의 모양을 냄
   ③ 수프를 만들 때 사용한 육류나 생선, 채소, 향신료 등을 적절한 모양과 크기로 자른 후 제공
   ④ 향신료와 소금, 후추, 올리브오일을 이용하여 구운 빵, 콘칩, 튀긴 채소 등을 이용하여 장식하기도 함

요리달인의 적중 예상문제

01 맑은 수프(Clear Soup)를 설명한 것 중 틀린 설명은?

① 깔끔하고 투명한 색을 지닌다.
② 대표적으로 Consomme Soup, French Onion Soup, Clear Vegetable Soup 등이 있다.
③ 수프 자체가 포만감을 주어 자체만으로도 한 끼 식사가 된다.
④ 맑은 수프를 마무리 할 때는 신선한 야채나 허브로 마무리하여 시각적 효과를 높인다.

해설
자체로 포만감을 느끼기보다는 주로 다른 요리와 함께 제공됨

02 진한 수프(Thick Soup)를 설명한 것 중 틀린 설명은?

① 주재료 자체로 농도를 내기도 한다.
② 대표적으로 Cream of Potato Soup, Cream of Carrot Soup 등이 있다.
③ 주재료의 맛을 보존하면서 Liasion을 이용하여 수프의 농도를 조절한다.
④ 깔끔하고 투명한 색을 지닌다.

해설
깔끔하고 투명한 색을 지님 – 맑은 수프

03 일반적인 스프의 양보다 많고 농도는 걸쭉해서 스튜(Stew)에 가깝고 수프만으로도 하나의 요리가 되어 바쁜 일상생활에서 시간을 절약하여 먹기 편한 장점이 있는 수프는?

① 스페셜 수프 ② 식사대용 수프
③ 차가운 수프 ④ 비스퀴 스프

해설
– 스페셜 수프 : 특정지역에 기원함
– 차가운 수프 : 가즈파쵸 수프, 찬 감자 수프 등
– 비스퀴 스프 : 갑각류의 껍질을 으깬 후 채소와 함께 끓인 수프

04 차가운 수프의 종류 중에서 오이, 양파, 피망, 토마토, 빵가루, 올리브오일, 마늘을 곁들여 얼음과 함께 제공되는 스프의 명칭은?

① 미네스트로네 수프
② 가즈파쵸 수프
③ 클램 차우더 수프
④ 프렌치 어니언 수프

해설
미네스트로니 수프, 클램차우더 수프, 프렌치 어니언 수프는 따뜻한 수프이다.

정답

1	2	3	4
③	④	②	②

Chapter 7 육류 조리

1. 육류 종류

(1) 쇠고기(Beef)

▶ 활용요리 : 서로인스테이크, 살리스버리스테이크, 비프스튜

① 어깨살(Chuck)
어깨살은 가슴부위와 앞쪽을 떼어내어 가슴쪽은 구이, 앞쪽은 물리적으로 가공하여 스테이크로 이용

② 앞다리살(Brisket and Shank)
앞다리살은 매우 질기고 단단한 지방을 많이 함유하고 있으므로 습식열과 건식열을 복합하여 오랫동안 조리해야 육질이 부드러우며, 수프와 스톡을 조리하는데 적합한 부위

③ 갈비살(Rib)
도체의 12%를 차지하며 구이용 등심(Rib Roast)으로 상품화함. 스테이크와 구이, 바베큐 요리에 이용

④ 양짓살(Short Plate)
우리나라에서는 육질이 늘어져 있는 형상을 하고 있어 치맛살이라고 하기도 하며, 브레이징(Braising)이나 구이(Grill)의 조리법을 이용

⑤ 뒷등심(Short Loin)
도체의 뒷부분에는 육질이 좋은 등심을 비롯하여 스테이크로 가장 선호하는 안심을 포함. 뒷쪽 등심은 근육의 형태가 마치 눈과 같은 모양을 하고 있어서 립아이(Ribeye)라고 부르고, 안심은 육질이 매우 부드러워 안심의 샤또브리앙(Chateaubriand), 필렛미뇽(Filet Mignon), 토네도스(Tournedos)와 같은 스테이크에 이용

⑥ 아랫등심(Sirloin)
운동량이 적은 부위여서 육질이 부드럽고, 조리하는 방법으로는 철판구이(Broiling), 석쇠구이(Grilling), 로스팅(Roasting)이 있음

⑦ 옆구리살(Flank Steak)
양짓살과 비슷한 근육구조를 가지고 있으며, 기계적으로 잘게 썰어 조리하거나 갈아서 콘소메에 이용

⑧ 엉덩이살(Round)
엉덩이살은 운동량의 영향으로 근육덩어리가 크게 분포하고, 브레이징(Braising), 스튜(Stew)에 이용하면 효과적

(2) 돼지고기(Pork)

▶ 활용요리 : 바비큐폭찹

① 어깨살(shoulder)
육질이 부드러워 어떤 조리방법을 사용해도 무방

② 목살(Chuck)
도체의 약 7%를 차지하며 지방과 살코기의 비율이 적당히 분포되어 있고, 육질이 부드러워 스테이크로도 이용

③ 삼겹살(Belly)
삼겹살로 만든 베이컨은 서양요리의 아침식사에 자주 이용되고, 훈연(Smoked)하거나 바베큐소스를 곁들여 구워서 먹기도 함

④ 등심(Loin)
목살과 엉덩이살을 제외한 배의 등쪽 부분을 말하며, 살코기와 뼈를 적절하게 이용하면 다양한 요리의 활용이 가능하고, 브레이징(Brasing), 로스트(Roast), 소테(Saute)와 같은 조리법이 적당

⑤ 엉덩이살(Ham)
도체의 25%를 차지하며 훈제하여 햄을 만들기도 하고 로스트, 스튜 등의 조리법을 이용

(3) 가금류(Poultry)

▶ 활용요리 : 치킨알라킹, 치킨커틀렛

① 가금류는 닭(Chicken), 오리(Ducks), 거위(Goose), 칠면조(Turkey)등 종류가 다양
② 가금류를 조리할 때는 재료의 특징을 살려줄 수 있는 순한 향신료를 선택하여 양념하고 조리
③ 다리, 몸통, 가슴으로 구분하며 가슴살이 주 요리에 주로 사용

2. 육류 조리 및 완성

(1) 조리방법의 선택 집중공략

1) 건열식 조리방법

종 류	특 징
구이 (Broilling)	- 석쇠 위쪽에 열원이 있는 Over Heat 방식 - 매개체 : 공기(Air) - 조리기구에 열을 먼저 가한 후 재료를 넣어 조리 - Grilling보다 빠르게 조리할 수 있음
석쇠구이 (Grilling)	- 석쇠 아래에 열원이 있는 Under Heat 방식 - 매개체 : 공기(Air) - 훈연의 향을 돋울 수 있고 석쇠의 온도조절이 용이 - 숯, 가스, 전기의 열원을 이용

로스팅 (Roasting)	– 서양요리의 가장 대표적인 조리법 – 매개체 : 공기(Air) – 육류나 가금류를 통째로 또는 큰 덩어리째 구움 – 오븐에 넣기 전에 Saute하여 갈색으로 색을 냄(굽는 도중 육즙이 빠져 나오는 것 방지) – 대류에 의해서 열기가 전체적으로 골고루 돌면서 전도에 의해서 식재료가 조리 – 170~220℃에서 캐러멜화(Caramelization)가 시작
굽기 (Baking)	– Oven 안에서 건열로 굽는 방식(Bread, Tart, Cake 등) – 매개체 : 공기(Air) – 음식물의 표면에 접촉되는 건조한 열로 익힘
소테 (Sauteing)	– 전도열에 의한 대표적인 조리방법 – 매개체 : 기름(Oil) – 잘게 썬 채소나 고기 등을 200℃ 정도의 고온에서 살짝 볶는 방법 – 적은 양을 순간적으로 조리하는 경우에 효과적 – 영양소의 파괴를 최소화하고 맛있는 즙이 유출되는 것을 방지 – 스웨팅(Sweating)–소테과정에서 식재료의 색이 나지 않도록 은근히 볶는 기술, 뚜껑을 덮거나 많은 양의 식재료를 한꺼번에 익힘
팬 프라이 (Pan Frying)	– 충분히 예열 후 조리함(조리과정 중 재료에 기름이 필요 이상으로 스며드는 것 방지) – 매개체 : 기름(Oil) – 팬 프라이 시작온도는 170~200℃
튀김 (Deep FatFrying)	– 건열식 조리방법 중 기름의 대류(Convection)현상을 이용하여 음식물을 기름에 튀기는 방법 – 매개체 : 기름(Oil) – 기름 속에서 단시간 조리하므로 영양소 손실이 적고 풍미가 향상 – 튀김 시 많은 양을 한꺼번에 넣지 않음(기름의 온도가 내려가서 식재료가 기름을 많이 흡수하여 눅눅해지게 됨)

요리달인의 꿀팁

◈ 육류의 굽기 구분

레어 (Rare)	– 색깔만 살짝 내고 속은 따뜻한 상태, 자르면 피가 흐름 – 내부 온도는 45~55℃
미디움 레어 (Medium rare)	– Rare보다 조금 더 익힌 상태. 자르면 피가 보임 – 내부온도는 52~57℃
미디움 (Medium)	– 절반 정도 익히는 것, 핑크빛 육즙이 배어 있음 – 내부온도는 55~60℃
미디움 웰던 (Medium Well done)	– 단단하고 탄력이 느껴짐. 핑크빛 육즙이 약간 있음 – 내부온도는 57~62℃
웰던 (Well Done)	– 구운 고기의 색은 옅은 회색, 육즙이 조금 있고 단단함 – 내부온도는 65~70℃

2) 습열식 조리방법(Moist-Heat Cooking Method)

종 류	특 징
끓이기 (Boiling)	– 식재료를 물이나 액체에 넣고 끓이는 방법 – 매개체 : 물, 와인, 스톡 등 – 육수를 만들 경우, 딱딱하고 거친 식재료를 조리 할 경우 찬물에서 시작해서 조리 – 식재료를 빨리 익게 하거나 영양소와 색의 손실을 최소화하기 위해서는 끓는 물로 조리
은근히 끓이기 (Simmering)	– 조리하는 도중 재료가 흐트러지지 않도록 은근히 조리하는 방법 – 매개체 : 물, 와인, 스톡 등 – 온도는 85~96℃ 사이에서 내용물이 계속적으로 조리되도록 함 – 은근히 끓이기의 목적은 재료를 부드럽게 조리하고 국물을 우러나게 하기 위함
삶기 (Poaching)	– 액체온도가 재료에 전달되는(전도) 습열식 조리방법 – 매개체 : 물, 와인, 스톡 등 – 비등점 이하의 65~93℃의 액체에서 익히는 조리방법 – 낮은 온도에서 조리함으로써 식품을 부드럽게 조리할 수 있음 – 재료의 맛과 향을 살리기 위해서 스톡, 부용, 식초 등을 섞은 물을 사용
데침 (Blanching)	– 짧은 시간 동안 재빨리 익히는 조리법 – 매개체 : 물, 와인, 스톡 등 – 적은 양의 식재료를 많은 양의 물이나 기름에 넣어 짧게 조리 – 푸른색을 지닌 채소를 조리할 때 사용함(엽록소 색소 고정) – 데친 후 즉시 찬물에 담궈서 식힘
증기찜 (Steaming)	– 수증기의 대류를 이용하는 조리방법 – 매개체 : 수증기 – 수증기의 열이 재료에 옮겨서 조리되는 원리 – 액체와 수증기를 분리시킬 수 있는 분리대를 설치 – 음식의 신선도를 유지할 수 있고 풍미와 색체를 살릴 수 있음
글레이징 (Glazing)	설탕이나 버터, 육즙 등을 농축시켜 음식을 코팅시키는 조리방법

3) 복합 조리방법(Combination Cooking Method)

종 류	특 징
브레이징 (Braising)	– 서양요리에서 건열식과 습열식을 동시에 이용하는 대표적인 조리방법 – 매개체 : 기름, 액체 – 우리나라의 조리법 중 찜과 비슷 – 재료의 덩어리가 크거나 육질이 질긴 부위, 지방이 적게 함유된 고기에 적합 – 건열식으로 육류의 주스가 빠져 나오지 않게 갈색이 나도록 구워 준 후 육류, 생선, 채소, 소스, 향신료 등을 넣고 간접열을 이용하여 오븐 속에서 가열 – 브레이징 할 때 생기는 주스는 소스로 사용

스튜 (Stewing)	– 건열식과 습열식을 동시에 이용하는 조리방법 – 매개체 : 기름, 액체 – 작은 덩어리를 높은 열로 색을 내준 후 습열식으로 조리하는 방법 – 주재료의 크기가 작으므로 브레이징보다 조리시간이 짧음 – 재료가 잠길 정도로 충분한 소스를 부어서 조리
뽀왈레 (Poeler)	– 팬 속에 재료를 넣고 뚜껑을 덮은 후 Oven에서 익히는 조리방법 – 매개체 : 기름, 액체 – 소스를 육류에 뿌려 주면서 익힘 – 포도주나 갈색 소스를 넣어 데글레이즈(Deglaze) 한 후 졸여서 체에 걸러 소스로 사용

4) 육류요리를 완성하기 위한 재료의 선택

① 육류요리의 맛과 향을 증진시키고 완성도를 높이기 위해서 허브(Herb)가 사용

② 육류에 사용되는 허브에는 파슬리(Parsley), 타임(Thyme), 코리엔더(Coriander), 오레가노(Oregano), 세이지(Sages) 등이 대표적으로 쓰임

③ 말려서 사용되는 캐러웨이(Caraway), 넛멕(Nutmeg), 큐민(Cumin), 파프리카(Paprika), 클로브(Cloves) 등이 육류요리에 사용

④ 향신료를 사용할 때는 기름에 섞어서 육류와 함께 절여두거나 소금, 물을 사용하여 육류 전체에 골고루 바름(향이 스며들게 하기 위함)

⑤ 마른 향신료를 사용할 경우 처음부터 사용하여야 향이 충분히 우러남

⑥ 주요리에 곁들이는 가니쉬는 주요리의 영양, 색, 맛과도 조화를 이루어야 함

⑦ 주로 사용되는 가니쉬로는 감자, 당근, 호박, 아스파라거스, 브로컬리, 컬리플라워, 연근, 대파, 오이 등이 사용

⑧ 육류나 생선 조리 시 술을 사용하면 좋지 않은 냄새를 제거하고 풍미를 더할 수 있음

⑨ 요리의 풍미를 돋우기 위해서 포도주나 리큐르를 사용할 때는 요리의 처음, 중간, 마무리 단계에 사용

⑩ 영양적인 측면을 고려한 샤워크림(Sour Cream)과 요거트(Yogurt) 등 우유를 가공한 유제품들을 소스의 재료로 사용하기도 함

요리달인의 적중 예상문제

01 가금류를 설명한 것 중 틀린 설명은?

① 종류로는 닭, 오리, 거위, 칠면조 등이 포함된다.
② 다리, 몸통, 가슴으로 구분되며 가슴살이 주 요리에 주로 사용된다.
③ 대표적인 요리는 바베큐폭찹과 치킨커틀렛이다.
④ 육질 내 지질함유가 다른 육류에 비해 적다.

해설
바비큐폭찹은 돼지갈비로 만든 요리이다.

02 훈연(Smoked)하거나 베이컨으로 가공하여 서양요리의 아침식사에 자주 이용되는 부위는?

① 삼겹살 ② 등심
③ 목살 ④ 어깨살

03 다음 중 건열식 조리 방법(Dry-Heat Cooking Method)에 대한 설명 중 틀린 것은?

① 조리하기 전에 재료를 양념에 마리네이드하거나 바딩(Barding)한다.
② 굽는 도중 재료가 마르는 것을 방지하기 위해서 브러쉬를 이용해서 기름을 바른다.
③ Steaming, Poaching, Boilling 등이 대표적인 조리법이다.
④ 열을 전달하는 매개체는 공기, 기름이다.

해설
Steaming, Poaching, Boilling – 습열식 조리 방법

04 다음 중 습열식 조리 방법(Moist-Heat Cooking Method)에 해당하는 조리방법은?

① Grilling ② Roasting
③ Broilling ④ Boilling

해설
Grilling, Roasting, Broilling – 건열식 조리방법

05 서양요리에서 건열식과 습열식을 동시에 이용하는 대표적인 조리방법은?

① Boilling ② Braising
③ Stewing ④ Poeler

해설
Braising : 우리나라 조리법 중 찜과 유사함. 육류를 건열식으로 갈색으로 구워준 후 육류, 채소, 향신료를 넣고 오븐에서 익힘

정답

1	2	3	4	5
③	①	③	④	②

Chapter 8 파스타 조리

1. 파스타의 개요

(1) 파스타(pasta)의 정의

① 파스타란 말은 '인파스타래리'라는 이탈리아어에서 유래
② 밀가루 반죽을 여러 가지 모양으로 자른 후 끓는 물에 삶아낸 음식
③ 파스타는 식사대용 및 식욕을 돋우는 역할을 하며 쫄깃한 감촉과 고소한 맛을 가지고 있음

(2) 파스타의 종류

분 류	종류 및 특징
모양 파스타 (Shaped Pasta)	- 크기와 모양이 다양하며 대부분 건조시킨 파스타 - 소스와도 잘 어울리며 파스타 샐러드에 이용 - 캄파넬레, 카사레찌, 피오리, 푸실리, 콘치글리오디, 파팔로네, 푸실리, 뇨끼, 로티니, 루오떼, 스트로짜파레티, 트로피에 등
관모양 파스타 (Tubular of Pasta)	- 튜브 형태이고 가운데가 구멍이 나있으며 크기와 사이즈가 다양 - 샐러드나 삶는 요리에 사용 - 보콘시니, 까네로니, 까놀리치, 가가넬리, 마카로니, 마체로니, 펜네, 마니코티, 파체리, 펜네떼, 리가톤시니, 자토니, 부가티니 등
국수 모양 파스타 (Strad Pasta Noodle)	- 둥그렇거나 사각형의 긴 막대형 모양 - 엔젤헤어, 카펠리니, 치타레, 푸실리 룽기, 스파게티, 스파게티니, 딘 스파게티, 버미셀리 등
리본형의 파스타 (Ribbon Pasta Noodle)	- 납작하며 폭의 넓이와 두께가 다름 - 가장자리가 곧거나 굽실거림 - 라자네, 라자노떼, 마팔데, 파파델레, 사그나렐리, 페투셀레, 링귀네, 리치아, 트레네떼 등
수프 가니쉬용 파스타 (Soup Garnish Pasta)	- 수프 파스타는 작거나 매우 작음 - 수프 파스타는 샐러드에 사용되기도 함 - 알파벳, 아넬리, 아넬리니, 꾸스꾸스, 파팔리네, 리시, 스텔레, 트리폴리니, 피데오스, 그레토니, 오르조 등
속이 채워진 파스타 (Stuffed Pasta)	- 반죽의 소를 채울 수 있는 신선한 파스타 반죽면이 대표적 - 속을 채운 파스타는 사각형, 직사각형, 삼각형 등 다양한 모양을 갖음 - 파스타 면의 두께와 사이즈에 따라 조리 시간이 다양 - 카펠로니, 라비올리, 라비올리니, 메짤루나, 또뗄리, 또뗄리니, 만티, 판소티 등

2. 파스타 조리하기

(1) 파스타와 면 삶기

1) 삶는 재료와 용기 준비하기

① 파스타와 면을 삶는 솥은 넓은 것보다는 높이가 높은 것이 바람직
② 속을 채운 파스타를 익히기 위한 솥은 파스타를 건져낼 때 찢어지는 것을 방지하기 위해서 넓은 것을 사용
③ 손잡이가 달린 철망으로 된 바스켓에 파스타를 넣고 끓인 후 바스켓을 들어내어 물기를 털어냄
④ 그 외에 채반 종류(톨런더, 물빼기, 거품걷는 기구), 라비올리 프레스, 원형 커터틀 등이 필요

2) 파스타 삶기

① 큰 냄비에 많은 양의 물을 팔팔 끓임(250g의 파스타를 삶기 위해 2L의 물과 소금 1작은술이 필요)
② 파스타를 넣고 서로 엉기지 않게 휘저어줌
③ 속을 채운 파스타는 속이 터지는 것을 방지하기 위해서 불을 줄여 은근히 익힘
④ 파스타는 익으면서 투명해지고 중심부나 속은 불투명해짐(중심부에 머리카락만한 심이 보이는 상태 - 알단테, al dente)
⑤ 튜브 형태의 파스타는 속에 물이 차 있을 수 있으므로 살살 저어서 물을 뺌
⑥ 속을 채운 파스타는 속이 터지지 않게 자루체나 구멍난 스푼을 이용
⑦ 삶은 파스타는 물에 헹구지 말고 체에 거른 후 물기를 제거하고 올리브유를 조금 뿌려줌
⑧ 파스타 삶은 물을 소스에 활용하기도 함

3) 파스타 소스 만들기

① 파스타와 피자에 주로 사용하는 향신료는 바질과 오레가노
② 바질은 박하과의 일종으로 향이 강하고 상쾌한 맛을 냄
③ 소스에 들어가는 재료에 따라 치즈, 생성, 해산물, 육류 소스로 구분
④ 파스타에 사용하는 토마토는 살짝 데쳐서 껍질을 벗기고 잘게 다져서 씀
⑤ 토마토홀, 토마토페이스트, 토마토케첩 등 토마토 가공품을 함께 사용하기도 함

요리달인의 꿀팁

◈ 토마토 가공품

종 류	특 징
토마토홀	- 잘 익은 토마토를 가공하여 통조림으로 가공 - 토마토와 토마토즙이 담겨져 있음
토마토페이스트	- 토마토를 고체 상태로 농축, 가공 - 서양요리의 소스, 수프를 만들 때 자주 사용
토마토케첩	- 다양한 소스 및 드레싱에 사용 - 신맛을 없애고 농도를 맞추기 위해서 육수, 마늘, 볶은 양파와 함께 사용

3. 파스타 요리 완성

① 특정한 종류의 파스타에는 그에 맞는 소스를 선택

② 길고 넓적한 파스타(페투치네, 링귀네)는 크림소스, 버터와 치즈가 혼합된 소스처럼 면발을 고루 감싸는 매끄럽고 가벼운 소스가 쓰임

③ 속이 빈 마카로니, 튜브형 파스타, 푸실리 등과 같은 파스타는 대체로 고기소스나 야채가 들어간 소스가 쓰임(파스타 안에 소스를 가둘 수 있음)

④ 고기를 포함하는 진한 소스와 라구(ragouts) 등은 말린 파스타에 주로 사용

⑤ 서비스 시간을 고려하여 파스타를 조리하거나 데워야 함

⑥ 파스타는 온기를 빨리 잃어버리기 때문에 서빙할 그릇은 반드시 데워놓아야 함

PART 6-8 요리달인의 적중 예상문제

01 파스타에 대한 설명 중 틀린 설명은?

① 파스타는 밀가루 반죽을 여러 가지 모양으로 자른 후 끓는 물에 삶아낸 음식이다.
② 파스타는 식사대용 및 식욕을 돋우는 역할을 한다.
③ 푸실리, 뇨끼, 파팔로네는 국수모양 파스타에 속한다.
④ 리본형 파스타에는 링귀네, 리치아, 라자네 등이 있다.

해설
푸실리, 뇨끼, 파팔로네는 모양 파스타에 속한다.

02 파스타를 조리하는 방법 중 틀린 설명은?

① 다용도 밀가루(all purpose flour)가 가장 일반적으로 쓰이며 통밀가루, 세몰리나, 옥수수가루 등을 비롯한 특수한 밀가루와 곡류를 사용한다.
② 허브, 채소, 퓨레 등은 파스타의 색, 맛, 질감에 영향을 준다.
③ 삶은 파스타는 삶은 즉시 찬물에 헹구어야 면발이 쫄깃해진다.
④ 면의 중심부에 머리카락만한 심이 보이는 상태가 알단테(al dante)이다.

해설
삶은 파스타는 물에 헹구지 않는다.

03 토마토를 고체 상태로 농축, 가공하여 서양 요리의 소스, 수프를 만들 때 자주 사용하는 토마토 가공품은?

① 토마토홀 ② 토마토페이스트
③ 토마토케첩 ④ 토마토퓨레

04 주로 크림소스에 어울리는 파스타 면 종류는 어떤 것인가?

① 마카로니 ② 링귀네
③ 푸실리 ④ 펜네

해설
크림소스에 어울리는 파스타 면은 주로 길고 넓적한 파스타가 잘 어울린다.(스파게티, 링귀네, 페투치네 등) 마카로니, 푸실리, 펜네 등은 주로 고기소스나 야채가 들어간 소스가 잘 어울린다.

정답

1	2	3	4
③	③	②	②

Chapter 9 소스 조리

1. 소스 개요

(1) 소스(sauce)의 정의

▶ 소스의 어원은 '소금 친'이라는 뜻의 라틴어의 '살수스(salsus)'에서 유래
▶ 맛을 내기 위해 생선, 고기, 달걀, 채소 등 각종 요리의 용도에 맞게 첨가하는 액상 또는 반 유동 조미액

1) 소스의 역할 집중공략

① 영양소, 맛, 색상을 부여하고 식욕을 증진시키며 소화작용을 도와줌
② 조리과정 중 재료들을 서로 결합시켜주는 역할
③ 소스는 주요리와 조화를 이루어야 함
④ 스톡(Stock)과 농후제(Liason)로 구성
⑤ 좋은 품질의 소스를 만들기 위해서는 기초 육수(Stock)가 좋아야 하고 스톡은 표준 조리법에 의해서 정확한 양의 향신료, 채소, 고기, 육류의 뼈를 찬물에서 은근히 끓임

2) 농후제(Liason)의 역할 집중공략

① 농후제로 가장 많이 사용되는 것은 루(roux)와 옥수수전분, 버터리에종
② 루(roux)는 버터와 밀가루를 동량으로 볶아서 밀가루 냄새가 나지 않도록 볶음
③ 갈색 루는 갈색 소스에, 흰색 루는 크림소스에, 블론드(황금색) 루는 블론드 소스에 주로 사용

(2) 소스에 사용하는 주요 식재료

재 료	특 징
밀가루(flour)	- 중력분 : 루(roux)를 베이스로 한 소스, 그래비 등을 만들 때 사용 - 강력분 : 특정한 베이킹 용도로 사용함(빵을 만들 때 사용) - 소스 밀가루 : 최근에 도립된 밀가루, 일반 밀가루보다 단백질 함량이 적고 덩어리가 덜 지는 특징
전분(starch)	- 옥수수전분 : 가볍고 부드러우며, 윤기나게 하는 특징. 음식을 코팅하는 디저트 소스에도 사용 - 감자전분 : 매우 미세하고 부드러우며 소스를 진하게 해줌 - 타피오카 전분 : 색깔이나 맛에 변화 없이 부드럽고 투명한 형태를 줌
유지(fat)	- 소스를 맛있게 하고 텍스쳐와 풍미를 개선 - 지방(fat), 버터(butter), 마가린(margarine), 오일(oil), 올리브오일(olive oil) 등 각종 식물성 오일이 사용
토마토 퓨레 (tomato puree)	- 토마토의 과육과 진한 페이스트를 조리하여 농축시킨 것 - 선 드라이 토마토 퓨레 : 부드럽고 마일드한 맛

겨자소스 (mustard sauce)	– 겨자씨 가루에 밀가루, 소금, 와인, 허브, 향신료 등을 섞어 만듦 – 디종(dijon)은 클레식한 프랑스소스를 만드는데 사용 – 소시지, 육류와 양고기에 곁들이면 상쾌한 맛을 줌
페스토(pesto)	– 종류 : 바질페스토나, 선드라이 토마토 페스토 등 – 토마토 소스, 살사소스 또는 드레싱의 맛을 향상
우스터 소스 (worcester sauce)	– 클래식한 영국 소스로 인도에서 기원 – 맵고 향기로운 단맛을 주는 소스
식초(vinegar)	– 맥아, 와인, 맥주, 쌀로 만든 와인 등 알코올성의 베이스와 설탕에서 만들어 짐 – 소스의 맛을 강화시키거나 유화시키는데 사용 – 발사믹식초 : 샐러드, 육류, 생선요리에 가장 많이 쓰임
유제품 (dairy products)	– 우유 : 저온살균, 멸균, 초고온 순간 살균, 연유 등이 사용 – 크림 : 사워크림, 더블크림, 휘핑크림, 생크림 등이 사용
계란(egg)	흰자와 노른자를 구분하여 소스에 사용
치즈(cheese)	경질 치즈, 파마산 치즈, 마스카포네 치즈, 리코타 치즈 등의 사용
허브와 향신료 (herbs and spices)	– 소스의 맛과 색을 더하기 위해서 신선한 허브, 건조허브, 향신료 등의 사용 – 허브 : 맵지 않은 것, 식물의 맨 위에 있는 줄기를 말함 – 향신료 : 매운맛을 내며 나무껍질, 뿌리 등을 말함
소금(salt) 후추(pepper)	– 소금 : 소스의 맛을 결정하는 중요한 재료 – 후추 : 소금과 더불어 모든 재료에 쓰이는 마무리 향신료. 고기요리에 주로 사용
설탕(sugar)	– 소스의 풍미와 단맛, 감칠맛을 줌 – 비가열 소스에는 시럽, 꿀, 엿 등을 사용하는 것이 바람직
포도주(wine)	– 소스를 만들 때 가장 많이 사용하는 재료 – 포도주를 졸이면 알코올은 날아가고 소스에 다양한 풍미를 갖게 함 – 냄새를 제거

2. 소스 조리

(1) 소스 만들기

① 소스는 천천히 졸여야 응축된 농도를 낼 수 있고 소스 본연의 맛을 가질 수 있음
② 소스는 졸이는 과정을 통해서 나쁜 맛이 수분 증발과 함께 제거 되며, 조리과정 중 거품을 계속 걷어주어야 함

(2) 소스 거르기

① 소스를 거르는 목적은 소스를 매끄럽게 하기 위해서임
② 소스가 뜨거울 때 고운 체를 이용하여 거르고 체에 붙은 소스는 고무 주걱으로 긁어줌
③ 소스에 우러나온 채소나 찌꺼기 등을 사용하지 않음
④ 소스를 거른 후 버터로 농도를 맞추고 소스가 탁한 상태이면 다시 한 번 체에 걸러주어 매끄럽게 마무리

(3) 소스 농도 맞추기

① 소스를 마무리하기 직전에 버터나 전분을 이용하여 농도를 맞춤
② 버터, 루, 전분 등의 농후제가 사용

3. 소스 완성 집중공략

분 류	특 징
베샤멜 소스 (Bechamel sauce)	- 화이트 루에 우유를 넣어 농도를 조절하고 향신료를 가미한 소스 - 우유를 루에 넣었을 때 덩어리가 생기지 않게 골고루 풀어줌
벨루테 소스 (Veloute sauce)	- 화이트 스톡이나 생선스톡에 루(roux)를 사용하여 농도를 냄 - 스톡의 품질이 중요함. 색은 밝은 상아색이 적합
브라운 소스 (Brouwn sauce)	- 에스파뇰 소스라고 불림 - 브라운 스톡과 브라운 루, 미르포아와 토마토를 주재료로 함 - 오랜 시간 끓이기 때문에 맛이 깊고 향이 진함 - 주로 데미그라스로 육류에 사용
토마토 소스 (Tomato sauce)	- 토마토, 채소, 화이트 스톡이 주재료 - 토마토, 채소, 허브. 스파이스 등 여러 가지 재료를 혼합하여 퓨레 형식으로 농도를 조절 - 지나치게 시거나 떫거나 달지 않게 주의
홀렌다이즈 소스 (Hollandaise sauce)	- 기름의 유화작용을 이용하여 만든 소스 - 완성된 소스는 덩어리나 분리현상이 없어야 함 - 농도는 너무 되직하면 안되고 마요네즈보다는 약간 묽고 연해야 함
디저트 소스 (Desset sauce)	- 앙글레이즈 소스, 쿨리 소스 - 맛, 향, 질감과 시각적인 아름다움을 더해주어야 함

PART 6-9 요리달인의 적중 예상문제

01 다음 중 소스의 역할에 대한 설명한 것으로 틀린 설명은?

① 영양소, 맛, 색상을 부여하고 식욕을 증진시킨다.
② 소스는 주재료와 조화를 이루어야 한다.
③ 소스의 농도는 되직하게 하며 흐르지 않아야 한다.
④ 기본적으로 스톡(Stock)과 농후제(Liason)로 구성된다.

해설
소스는 덩어리지는 것 없이 주르르 흐르는 정도가 적합하다.

02 농후제(Liason)의 역할에 대한 설명한 것 중 틀린 설명은?

① 농후제로 가장 많이 사용되는 것은 루(roux)와 옥수수전분이다.
② 루(roux)는 버터와 밀가루와 스톡을 넣어 볶는다.
③ 갈색 루는 갈색소스, 흰색 루는 크림소스, 황금색 루는 블론드소스에 주로 사용된다.
④ 루(roux)를 볶을 때는 날밀가루 냄새가 나지 않도록 불 조절에 주의하여 볶는다.

해설
루(roux)는 버터와 밀가루를 동량으로 넣어 볶는다.

03 소스를 조리하는 방법 중 틀린 것은?

① 소스를 거른 후 버터로 농도를 맞추고 소스가 탁한 상태이면 다시 한 번 체에 걸러주어 매끄럽게 한다.
② 버터, 전분, 루 등이 농후제로 사용된다.
③ 소스에 토마토페이스트를 사용할 경우 낮은 불에서 충분히 볶아주어야 시고 떫은맛이 제거된다.
④ 소스에 우러나온 채소나 찌꺼기까지 모두 사용해야 깊은 맛이 난다.

해설
소스에 우러나온 채소나 찌꺼기 등은 사용하지 않는다.

04 주로 데미글라스로 육류에 사용되며 브라운 스톡과 브라운 루, 미르포와와 토마토를 주재료로 하는 소스의 명칭은?

① 벨루테 소스 ② 베샤멜 소스
③ 브라운 소스 ④ 홀렌다이즈 소스

해설
– 벨루테 소스 : 화이트 스톡이나 생선스톡에 루(roux)를 사용
– 베샤멜 소스 : 화이트 루(roux)에 우유를 넣어 농도를 조절
– 홀렌다이즈 소스 : 계란 노른자, 정제 버터, 허브 에센스를 사용

정답

1	2	3	4
③	②	④	③

2

실전 모의고사

제 1 회 실전 모의고사

01 식품의 부패 또는 변질과 관련이 적은 것은?

① 수분 ② 온도
③ 압력 ④ 효소

해설
- 부패 : 유기물이 미생물에 의하여 불완전 분해를 하여 악취가 나고 유독성 물질이 생기는 과정
- 미생물에 의한 변질(곰팡이, 효모, 세균 등)
- 물리적 작용에 의한 변질(광선, 온도, 수분, 금속, 열 등)
- 화학적 작용에 의한 변질(갈변현상, 육류의 사후경직)

02 인수공통감염병으로 그 병원체가 바이러스(Virus)인 것은?

① 발진열 ② 탄저
③ 광견병 ④ 결핵

해설
인수공통감염병은 사람과 동물이 동일한 병원체에 의해 발생하는 감염병을 말한다. 광견병의 병원체는 바이러스이며 병원소는 광견병 바이러스에 감연된 개, 환자이다.

03 기생충과 중간숙주와의 연결이 잘못된 것은?

① 간흡충 – 쇠우렁, 참붕어
② 요코가와흡충 – 다슬기, 은어
③ 폐흡충 – 다슬기, 게
④ 광절열두조충 – 돼지고기, 소고기

해설
광절열두조충 : 물벼룩(제1중간숙주), 민물고기(제2중간숙주/농어, 연어 등)

04 다음 식품첨가물 중 유해한 착색료는?

① 아우라민
② 둘신
③ 롱가리트
④ 붕산

해설
- 유해착색료 : 아우라민, 로다민 B, 파라나이트로아닐린
- 유해감미료 : 둘신, 사이클라메이트, 에틸렌글라이콜
- 유해보존료 : 붕산, 폼알데하이드
- 유해표백제 : 론갈리트, 삼염화질소, 형광표백제

05 다음 중 식품안전관리 인증기준(HACCP)을 수행하는 단계에 있어서 가장 먼저 실시하는 것은?

① 중점관리점 규명
② 관리기준의 설정
③ 기록유지방법의 설정
④ 식품의 위해요소를 분석

해설
◈ HACCP(식품안전관리 인증) 7가지 원칙
- 1단계 : 위해요소분석
- 2단계 : 중요관리점(CCP)을 결정
- 3단계 : 한계기준을 결정
- 4단계 : CCP에 대한 모니터링 방법을 설정
- 5단계 : 관리상태의 위반 시 CCP가 개선조치 실시
- 6단계 : HACCP가 효과적으로 시행되는지 검증 방법 설정
- 7단계 : 원칙 및 적용에 대한 문서화와 기록유지방법 설정

06 다음 중 화학성 식중독의 원인이 아닌 것은?

① 설사성 패류 중독
② 환경오염에 기인하는 식품 유독성분 중독
③ 중금속에 의한 중독
④ 유해성 식품첨가물에 의한 중독

해설
◈ 설사성 패류 중독(DSP)
설사성 패류독소는 가열로도 파괴되지 않으며, 문제가 되는 패류로는 진주담치, 홍합, 바지락, 큰 가리비, 민들조개, 개량조개, 새조개 등이다. 이 독의 중독증상은 토기, 구토, 설사, 구역질, 복통 등이 나타나며 열은 나지 않는다. 3일 정도로 완쾌되며 생명을 위협하지는 않는다.

07 장마가 지난 후 저장되었던 쌀이 적홍색 또는 황색으로 착색되어 있었다. 이러한 현상의 설명으로 틀린 것은?

① 수분 함량이 15% 이상되는 조건에서 저장할 때 특히 문제가 된다.
② 기후조건 때문에 동남 아시아 지역에서 곡류 저장 시 특히 문제가 된다.
③ 저장된 쌀에 곰팡이류가 오염되어 그 대사 산물에 의해 쌀이 황색으로 변한 것이다.
④ 황변미는 일시적인 현상이므로 위생적으로 무해하다.

해설

수분이 많은(15% 이상) 쌀에 푸른곰팡이가 번식하여 쌀이 누렇게 변질되면서 독소를 생성하여 황변미 중독(신경독, 간장독 등)을 일으킬 수 있다.곰팡이의 종류에 따라 간장장애, 신장장애, 신경장애, 빈혈 등을 일으킨다.

08 양식 기본썰기 방법 중 하나로 무, 감자, 당근 등의 채소를 네모막대형 모양으로 써는 방법은?

① 브뤼누아즈(Bruniise)
② 콩카세(Concasse)
③ 줄리엔(Julienne)
④ 다이스(Dice)

해설

① 브뤼누아즈(Bruniise) : 무, 감자, 당근 등의 채소를 0.3cm×0.3cm의 작은 네모 썰기로 정육면체 형태로 써는 방법
② 콩카세(Concasse) : 토마토를 0.5cm 크기의 정사각형으로 써는 방법
④ 다이스(Dice) : 무, 감자, 당근 등의 채소를 주사위 모양으로 써는 방법

09 웰치균에 대한 설명으로 옳은 것은?

① 아포는 60℃에서 10분 가열하면 사멸한다.
② 혐기성 균주이다
③ 냉장온도에서 잘 발육한다.
④ 당질식품에서 주로 발생한다.

해설

◈ 웰치균
- 단백질성 식품에서 주로 발생한다.
- 아포는 일반적으로 105℃에서 5분 동안 가열하면 파괴되지만, 식중독을 많이 일으키는 A형균과 C형균은 100℃에서 4시간 동안 가열해도 파괴되지 않는다.
- 발육 최적온도는 37~ 45℃이다.

10 스톡을 끓이는 방법 중 맞지 않는 설명은?

① 재료가 충분히 잠길 정도의 찬물에서 서서히 끓인다.
② 차가운 물로 은근히 끓이면서 맛과 농도를 낸다.
③ 센 불로 빨리 가열해야 혼탁하지 않다.
④ 스톡에 남아 있는 탁한 불순물은 산패의 요인이 된다.

해설

센 불로 빨리 가열하면 스톡이 혼탁해짐. 뼈, 근육, 섬유질 속에서 정화작용을 하는 Albume, Protain 등의 요소가 강한 열로 인해서 식품 속에서 나오지 못한 상태에서 파괴되기 때문이다.

11 복사열을 운반하므로 열선이라고도 하며 기상의 기온을 좌우하는 것은?

① 가시광선
② 자외선
③ 적외선
④ 도르노선

해설

◈ 적외선
- 열작용을 나타내므로 열선이라고도 부른다.
- 기상의 기온을 좌우한다.(온열)
- 혈관확장, 홍반, 피부온도 상승 등의 작용을 한다.
- 장시간 쬐면 두통, 현기증, 열경련, 열사병, 백내장의 원인이 된다.

12 다음 중 효소가 관여하여 갈변이 되는 것은?

① 식빵 ② 간장
③ 사과 ④ 캐러멜

해설

효소적 갈변 : 폴리페놀 산화효소라는 효소가 관여하는 식품의 갈변을 뜻한다.
과실과 채소류 등을 파쇄하거나 껍질을 벗겨졌을 때 조직이 공기 중에 노출되면 페놀화합물이 갈색색소인 멜라닌으로 전환하기 때문이다.

13 세계보건기구(WHO)에 따른 식품위생의 정의 중 식품의 안전성 및 건전성이 요구되는 단계는?

① 식품의 재료, 채취에서 가공까지
② 식품의 생육, 생산에서 섭취의 최종까지
③ 식품의 재료 구입에서 섭취 전의 조리까지
④ 식품의 조리에서 섭취 및 폐기까지

해설

식품의 생육, 생산 및 제조로부터 인간이 섭취하는 모든 단계를 말한다.

14 마이야르(Maillard) 반응에 영향을 주는 인자가 아닌 것은?

① 수분 ② 온도
③ 당의 종류 ④ 효소

해설

◈ 마이야르 반응
환원당과 아미노 화합물들에 의한 갈색화 반응으로 당류가 아미노산류, 펩타이드류, 단백질 등과 함께 있을 때 매우 쉽게 상호 반응하여 여러 단계의 중간과정을 거쳐 갈색 색소인 멜라노이딘 색소를 생성하는 것

15 식중독 중 해산어류를 통해 많이 발생하는 식중독은?

① 살모넬라균 식중독
② 클로스트리듐 보툴리늄균 식중독
③ 황색포도상구균 식중독
④ 장염 비브리오균 식중독

해설

◈ 장염 비브리오균 식중독
- 원인균 : Vibrio Parahaemolyticus로 해수세균의 일종이며, 3%의 소금물에서 생육하고 적온은 37℃이다.
- 발생원인 : 오패류, 연체동물 등의 표피, 내장, 아가미 등에 있는 장염비브리오균이 칼, 도마 등을 통해 음식으로 전염된다.
- 증상 : 구토, 오한, 복통, 설사, 발열
- 잠복기 : 식후 10~18시간
- 시간예방법 : 조리를 하기 전에 어패류와 조리기구는 수돗물로 충분히 세척하고 완전히 익혀 섭취할 것

16 아미노 카보닐 반응에 대한 설명 중 틀린 것은?

① 마이야르 반응(Maillard Reaction)이라고도 한다.
② 당의 카보닐 화합물과 단백질 등의 아미노기가 관여하는 반응이다.
③ 갈색 색소인 캐러멜을 형성하는 반응이다.
④ 비효소적 갈변반응이다.

해설

◈ 아미노 카보닐 반응
- 갈색화를 수반하는 경우가 많아서 갈변.
- 효소적인 것과 비효소적인 것으로 나뉜다.
- 비효소적 갈변의 중심이 되는 것이 아미노카보닐 반응이며, 아미노 화합물과 카보닐 화합물이 반응하여 최종적으로는 멜라노이딘(Melanoidin)이라고 하는 착색중합물을 생성한다.

17 700℃ 이하로 구운 옹기독에 음식물을 넣으면 유해물질이 용출되는데, 이때의 유독성분은 무엇인가?

① 주석(Sn) ② 납(Pb)
③ 아연(Zn) ④ 피시비(PCB)

해설

- 주석 : 통조림, 오래된 과일이나 채소류의 강한 산성물질
- 아연 : 식기류

18 다음 중 유지의 산패를 차단하기 위해 상승제(Synergist)와 함께 사용하는 물질은?

① 보존제 ② 발색제
③ 항산화제 ④ 표백제

해설

- 유지의 산패 : 공기 중의 산소와 결합에 의해 일어나는 산화작용
- 방지하기 위한 방법 : 항산화제 사용

19 다음 중 건조식품, 곡류 등에 가장 잘 번식하는 미생물은?

① 효모 ② 세균
③ 곰팡이 ④ 바이러스

해설

곰팡이는 세균 또는 효모에 비해 생육에 필요한 수분량이 가장 적은 건조식품 등에서 잘 번식한다.

20 다음 냄새 성분 중 어류와 관계가 먼 것은?

① 트라이메틸아민(Trimethylamine)
② 암모니아(Ammonia)
③ 피페리딘(Piperidine)
④ 다이아세틸(Diacetyl)

해설

- 다이아세틸 : 커피나 마가린 향료로 사용되며 발효의 천연적인 부산물이며 지방족 α-다이케톤의 대표적인 화합물이다
- 맥주, 청주 등의 발효식품 중에서도 널리 존재하고 코티지 치즈, 요구르트, 버터, 크림 등 유제품의 향기 성분이다.

21 다음 유지 중 건성유는?

① 참기름 ② 면실유
③ 아마인유 ④ 올리브유

해설

- 건성유 : 불포화지방산이 많고 아이오딘가 130 이상 (들깨, 아마인유, 호두, 잣 등)
- 반성건유 : 건성과 불건성의 중간 아이오딘가 100~130 (콩, 유채, 참깨, 고추씨, 해바라기씨 등)
- 불건성유 : 포화지방산이 많고 아이오딘가 100 이하 (땅콩, 낙화생유, 동백유, 올리브유, 피마자유)

22 맑은 수프(Clear Soup)를 설명한 것 중 틀린 설명은?

① 깔끔하고 투명한 색을 지닌다.
② 대표적으로 Consomme Soup, French Onion Soup, Clear Vegetable Soup 등이 있다.
③ 수프 자체가 포만감을 주어 자체만으로도 한 끼 식사가 된다.
④ 맑은 수프를 마무리 할 때는 신선한 야채나 허브로 마무리하여 시각적 효과를 높인다.

해설

맑은 수프는 자체로 포만감을 느끼기보다는 주로 다른 요리와 함께 제공된다.

23 훈연 시 육류의 보존성과 풍미 향상에 가장 많이 관여하는 것은?

① 유기산 ② 탄소
③ 숯성분 ④ 페놀류

해설

훈연 시 페놀류로 인하여 살균 및 방부 작용으로 보존성이 높아지고 특유의 향미를 부여한다.

24 육류의 발색제로 사용되는 아질산염이 산성 조건에서 식품 성분과 반응하여 생성되는 발암성 물질은?

① 지질 과산화물
② 벤조피렌
③ 나이트로소디메틸아민
④ 폼알데하이드

해설

햄, 소시지 등의 육가공품의 발색제로 사용하는 아질산 나트륨 또는 질산칼륨등은 아민과 결합하여 'N-니트로소디메틸아민'이라는 발암물질을 생성한다.

25 다음 중 복어독의 유독 성분은?

① 솔라닌 ② 무스카린
③ 아미그달린 ④ 테트로도톡신

해설

- 솔라닌 : 감자싹
- 무스카린 : 독버섯
- 아미그달린 : 청매, 살구, 복숭아
- 테트로도톡신 : 복어의 알과 생식선(난소, 고환), 간, 내장, 피부 등에 함유하고 있다. 독성이 강하고 물에 녹지 않으며 열에 안정하여 끓여도 파괴되지 않는다. 복어독은 식후 30분~5시간 만에 발병하며 중독증상이 단계적으로 진행되어 사망에 이른다.

26 생선의 조리 시 식초를 적당량 넣었을 때 장점이 아닌 것은?

① 생선의 가시를 연하게 해 준다.
② 어취를 제거한다.
③ 살을 연하게 하여 맛을 좋게 한다.
④ 살균효과가 있다.

해설

생선의 조리 시(식초, 레몬즙, 유지즙)을 첨가하면 산은 트라이메틸아민과 결합하여 냄새가 감소되고, 어육 단백질은 산에 의해 응고되어 살이 단단해진다.

27 난백의 기포성에 관한 설명으로 옳은 것은?

① 신선한 달걀의 난백이 기포 형성이 잘된다.
② 수양난백이 농후난백보다 기포 형성이 잘 된다.
③ 난백거품을 낼 때 다량의 설탕을 넣으면 기포 형성이 잘된다.
④ 실온에 둔 것보다 냉장고에서 꺼낸 난백의 기포형성이 쉽다.

해설

① 오래된 달걀은 기포 형성이 잘된다.
③ 설탕, 우유, 기름을 넣으면 기포 형성을 억제된다.
④ 냉장고보다는 실온에 둔 달걀의 난백이 기포형성이 잘된다.
※ 이외 난백에 산을 조금 넣으면 점도가 낮아져서 거품이 잘 생긴다.

28 영양소와 급원식품의 연결이 옳은 것은?

① 동물성 단백질 – 두부, 소고기
② 비타민 A – 당근, 미역
③ 필수지방산 – 대두유, 버터
④ 칼슘 – 우유, 뱅어포

해설

- 두부 : 식물성 단백질
- 비타민 A : 간, 난황, 버터, 당근 등
- 필수지방산 : 대두유, 옥수수유, 생선의 간유 등

29 소고기가 값이 비싸 돼지고기로 대체하려고 할 때 소고기 300g 을 돼지고기 몇 g으로 대체하면 되는가?(단, 식품분석표상 단백질 함량은 소고기 20g, 돼지고기 15g이다)

① 200g ② 360g
③ 400g ④ 460g

해설

소고기 300g에 함유된 단백질 양은 300g X 20g = 6,000g 이다.
6,000g의 단백질이 필요하므로 6,000 ÷ 15g = 400g

30 육류의 사후경직과 숙성에 대한 설명으로 틀린 것은?

① 사후경직은 근섬유가 액토마이오신(Actomyosin)을 형성하여 근육이 수축되는 상태이다.
② 도살 후 글라이코젠이 호기적 상태에서 젖산을 생성하여 pH가 저하된다.
③ 사후경직 시기에는 보수성이 저하되고 육즙이 많이 유출된다.
④ 자가분해효소인 카텝신(Cathepsin)에 의해 연해지고 맛이 좋아진다.

해설

◈ 사후경직
동물이 도축 후 산소 공급이 중단되어 근육 중 젖산의 증가로 인해 근육 수축이 일어나 경직되어 굳어지는 현상을 말하며, 육류가 도살되면 피로나 긴장 및 운동으로 인하여 극한 산성의 pH가 높아지며, 근육 내 글라이코젠의 잔존량이 낮아진다.

31 과일의 젤리화 3요소와 관계없는 것은?

① 젤라틴 ② 당
③ 펙틴 ④ 산

해설

◈ 젤라틴
동물의 가죽·힘줄·연골 등을 구성하는 천연 단백질인 콜라겐을 뜨거운 물로 처리하면 얻어지는 유도 단백질의 일종이며, 펙틴, 산, 당분이 일정한 비율로 들어있을 때 젤리화가 일어난다.

32 마늘에 함유된 황화합물로 특유의 냄새를 가지는 성분은?

① 알리신(Allicin)
② 다이메틸설파이드(Dimethyl Sulfide)
③ 머스타드 오일(Mustard Oil)
④ 캡사이신(Capsaicin)

해설

알리신은 마늘에 들어있는 독특한 냄새와 약효의 주된 성분이며, 마늘을 자를 때 파괴된 세포는 알린 분해효소가 산소에 접촉하면서 매운맛과 냄새가 나는 알리신으로 변한다.

33 다음 급식시설 중 1인 1식 사용 급수량이 가장 많이 필요한 시설은?

① 학교급식 ② 보통급식
③ 산업체급식 ④ 병원급식

해설

병원급식(15L) 〉 기숙사급식(8L) 〉 공장급식(7L) 〉 학교급식(5L)

34 아밀로펙틴에 대한 설명으로 틀린 것은?

① 찹쌀은 아밀로펙틴으로만 구성되어 있다.
② 기본단위는 포도당이다.
③ -1, 4 결합과 -1, 6 결합으로 되어 있다.
④ 아이오딘과 반응하면 갈색을 띤다.

해설

찹쌀은 아이오딘(Iodine)과 반응하면 자색을 띤다.

35 다음 중 결합수의 특성이 아닌 것은?

① 수증기압이 유리수보다 낮다.
② 압력을 가해도 제거하기 어렵다.
③ 0℃에서 매우 잘 언다.
④ 용질에 대해서 용매로 작용하지 않는다.

해설

◈ 결합수의 특성
용매로 작용하지 못하며, 미생물 번식이 불가능하다. 쉽게 건조되지 않으며, 유리수보다 밀도가 높다. 끓는점과 녹는점이 매우 높다.

36 다음 당류 중 단맛이 가장 강한 것은?

① 맥아당 ② 포도당
③ 과당 ④ 유당

해설

과당 〉 전화당 〉 서당 〉 포도당 〉 맥아당 〉 갈락토스 〉 유당

37 가금류를 설명한 것 중 틀린 설명은?

① 종류로는 닭, 오리, 거위, 칠면조 등이 포함된다.
② 다리, 몸통, 가슴으로 구분되며 가슴살이 주요리에 주로 사용된다.
③ 가금류의 껍질에 포함된 지질은 다른 동물에 비해 융점이 높다.
④ 육질 내 지질함유가 다른 육류에 비해 떨어진다.

해설

가금류의 껍질에 포함된 지질은 다른 동물에 비해 융점이 낮다.

38 수입소고기 두 근을 30,000원에 구입하여 50명의 식사를 공급하였다. 이때 식단가격을 2,500원으로 정한다면 식품의 원가율은 몇 %인가?

① 83% ② 42%
③ 24% ④ 12%

해설

원가율 = (원가 ÷ 판매가) x 100
= {30,000원 ÷ (2,500 X 50)} X 100
= (30,000 ÷ 125,000) X 100 = 24%

39 다음 중 이당류인 것은?

① 설탕(sucrose)
② 전분(starch)
③ 과당(fructose)
④ 갈락토오스(galactose)

해설

당류 : 탄수화물 중에 분자가 작고 물에 잘 녹아서 단맛이 나는 화합물

단당류	5탄당 : 리보스, 아라비노즈, 크실로오스
	6탄당 : 포도당, 과당, 갈락토오스, 만노스
이당류	– 설탕(수크로오스 : 포도당 + 과당) – 유당(락토오스 : 포도당 + 갈락토오스) – 맥아당(말토오스 : 포도당 + 포도당)
다당류	단순다당류 : 전분, 글리코겐, 펙틴, 셀룰로오스, 이눌린
	복합다당류 : 키틴

40 1일 2,500kcal 를 섭취하는 성인 남자 100명이 있다. 총열량의 60%를 쌀로 섭취한다면 하루에 쌀 약 몇 kg 정도가 필요한가?(단, 쌀 100g은 340kcal이다)

① 12.70kg
② 44.12kg
③ 127.02kg
④ 441.18kg

해설

성인남자 1명 총열량의 60%는 2,500kcal X 0.6 = 1,500kcal
성인남자 100명이므로 1,500kcal X 100명 = 150,000kcal
쌀 100g 당 340kcal 이므로 150,000 kcal / 340kcal = 44,120g = 44.12kg

41 전채요리의 특징을 설명한 것 중 맞지 않는 설명은?

① 식사를 시작하기 전에 식욕을 돋우는 역할을 한다.
② 계절의 변화에 따른 제철 식재료를 이용한다.
③ 맛이 좋아야 하고 주요리와의 조화를 고려한다.
④ 식욕을 돋우기 위한 것이므로 가니쉬와 향신료를 충분히 사용한다.

해설

가니쉬는 최소한으로 하고, 너무 많은 양의 허브, 향신료는 피한다.

42 쓴맛의 약을 먹은 후 물을 마시면 단맛이 느껴지는 맛의 현상은 무엇인가?

① 맛의 대비현상
② 맛의 상승현상
③ 맛의 억제현상
④ 맛의 변조현상

해설

① 맛의 대비 – 서로 다른 2가지 맛이 혼합, 작용하여 주된 맛 성분이 더 강하게 느껴지는 현상
② 맛의 상승 – 같은 종류의 맛을 혼합해 섭취하면 각각의 맛보다 더 강한 맛이 느껴지는 현상
③ 맛의 억제 – 2가지 맛 성분을 혼합했을 때 각각의 맛이 약하게 느껴지는 현상

43 인체에 필요한 직접 영양소는 아니지만, 식품에 색, 냄새, 맛 등을 부여하여 식욕을 증진시키는 것은?

① 단백질 식품
② 인스턴트 식품
③ 기호 식품
④ 건강 식품

해설

기호 식품은 영양소를 섭취할 목적이 아닌 식품에 색, 냄새, 맛 등을 부여하여 심리적 욕구를 만족시켜주는 식품이다. 차, 커피, 코코아, 알코올음료 등이 대표적이다.

44 곰국이나 스톡을 조리하는 방법으로 은근하게 오랫동안 끓이는 조리법은?

① 포칭 ② 스티밍
③ 블랜칭 ④ 시머링

해설
- 시머링 : 86~96℃ 온도에서 은근하게 끓이는 방법
- 포칭 : 달걀, 생선, 채소 등을 서서히 끓이며 익히는 방법
- 스티밍 : 음식을 찜통에 넣고 수증기열로 익히는 방법
- 블랜칭 : 끓는 물에 재료를 잠깐 넣은 후 꺼내어 찬물에 식히는 방법

45 생선 육질이 소고기 육질보다 연한 것은 주로 어떤 성분의 차이에 의한 것인가?

① 마이오신 ② 헤모글로빈
③ 포도당 ④ 콜라겐

해설
육질의 결합조직인 콜라겐은 가열에 의해 젤라틴화되어 수용성이되므로 육질이 연해진다.

46 손으로 집어 먹을 수 있는 한 입 크기의 샌드위치는?

① Grilled sandwich
② Toasted sandwich
③ Mexican Burrito
④ Tea sandwich

해설
- Grilled sandwich, Toasted sandwich : 뜨거운 샌드위치
- Mexican Burrito : 차가운 샌드위치

47 진동이 심한 작업을 하는 사람에게 국소진동 장애로 생길 수 있는 직업병은?

① 진폐증 ② 파킨슨병
③ 잠함병 ④ 레이노병

해설
- 진폐증 : 분진
- 파킨슨병 : 노인성 신경계 질환
- 잠함병 : 고압환경

48 파스타에 대한 설명한 것 중 틀린 설명은?

① 파스타는 밀가루 반죽을 여러 가지 모양으로 자른 후 끓는 물에 삶아낸 음식이다.
② 파스타는 식사대용 및 식욕을 돋우는 역할을 한다.
③ 푸실리, 뇨끼, 파팔로네는 국수모양의 파스타에 속한다.
④ 리본형 파스타에는 링귀네, 리치아, 라자네 등이 있다.

해설
푸실리, 뇨끼, 파팔로네는 모양 파스타이다.

49 작업장에서 발생하는 작업의 흐름에 따라 시설과 기기를 배치할 때 작업의 흐름이 순서대로 연결된 것은?

A – 전치리
B – 장식, 배식
C – 식기세척, 수납
D – 조 리
E – 식재료의 구매, 검수

① E – A – D – B – C
② A – B – C – D – E
③ E – D – B – A – C
④ C – A – D – E – B

해설
◈ 작업장의 배치
준비대(냉장고) – 개수대 – 조리대 – 가열대 – 배선대
◈ 작업의 흐름
식재료의 구매, 검수 – 전처리 – 조리 – 장식, 배식 – 식기 세척, 수납

50 육류 조리 시 열에 의한 변화로 맞는 것은?

① 불고기는 열의 흡수로 부피가 증가한다.
② 스테이크는 가열하면 질겨져서 소화가 잘 되지 않는다.
③ 미트로프(Meatloaf)는 가열하면 단백질이 응고 수축, 변성된다.
④ 소꼬리의 젤라틴이 콜라겐화 된다.

해설

- 응고 : 고기의 단백질은 열, 산, 염에 의해서 응고되며, 열에 의해서는 65℃ 부근에서 응고
- 수축 : 고기를 가열하면 응고가 시작되면서 수축이 시작
- 분해 : 65℃에서 서서히 분해되어 80℃ 이상에서 젤라틴화
- 결합조직의 변화 : 콜라겐에서 젤라틴화(지방의 융해)하면서 고기는 연해짐. 풍미의 변화, 색의 변화(선홍색에서 회갈색)가 일어남

51 신선한 달걀의 감별법으로 설명이 잘못된 것은?

① 햇빛(전등)에 비출 때 공기집의 크기가 작다.
② 흔들 때 내용물이 잘 흔들린다.
③ 6% 소금물에 넣으면 가라 앉는다.
④ 깨뜨려 접시에 놓으면 노른자가 볼록하고 흰자의 점도가 높다.

해설

달걀을 소금물에 넣었을 때 바로 가라앉으면 신선한 달걀이고, 떠오르면 신선함이 떨어진 달걀이다. 달걀을 흔들어 봤을 때 신선한 달걀은 내부의 흔들림이 거의 없다.

52 차, 커피, 코코아, 과일 등에서 수렴성 맛을 주는 성분은?

① 타닌(Tannin)
② 카로틴(Carotene)
③ 엽록소(Chlorophyll)
④ 안토시안(Anthocyan)

해설

타닌은 주로 식물의 잎이나 줄기, 뿌리, 열매 등에 널리 분포되어 있다. 특히 감이나 밤 녹차, 그리고 덜 익은 과일류에 많이 함유되어 있어 수렴성이 강하고 떫은맛이 난다.

53 신선도가 저하된 생선에 대한 설명으로 옳은 것은?

① 히스타민의 함량이 많다.
② 꼬리가 약간 치켜 올라갔다.
③ 비늘이 고르게 밀착되어 있다.
④ 살이 탄력적이다.

해설

생선의 신선도가 저하되면 생선의 비린내 성분인 트라이메틸아민의 양이 증가하고 히스타민 함량이 많아진다.

54 고등어 150g을 돼지고기로 대체하려고 한다. 고등어의 단백질 함량을 고려했을 때 돼지고기는 약 몇 g 필요한가?(단, 고등어 100g 당 단백질 함량 : 20.2g, 지질 : 10.4g 돼지고기 100g 당 단백질 함량 : 18.5g, 지질 : 13.9g)

① 137g
② 152g
③ 164g
④ 178g

해설

대치 식품량 = 원래식품성분 ÷ 대치식품성분
= (20.2g ÷ 18.5g) X 150 =163.78g

55 영양소와 해당 소화효소의 연결이 잘못된 것은?

① 단백질 – 트립신(Trypsin)
② 탄수화물 – 아밀라제(Amylase)
③ 지방 – 리파아제(Lipase)
④ 설탕 – 말타아제(Maltase)

해설

말타아제는 맥아당을 가수분해하여 포도당을 형성하는 효소이다.

56 다음 중 소스의 역할에 대한 설명으로 틀린 것은?

① 영양소, 맛, 색상을 부여하고 식욕을 증진시킨다.
② 소스는 주재료와 조화를 이루어야 한다.
③ 소스의 농도는 되직하게 하며 흐르지 않아야 한다.
④ 기본적으로 스톡(Stock)과 농후제(Liason)로 구성된다.

해설

소스는 덩어리지는 것 없이 주르르 흐르는 정도가 적합하다.

57 샐러드에 대한 설명 중 맞지 않는 것은?

① 라틴어의 Sal(소금)이라는 뜻에서 유래하였다.
② 최근에는 훌륭한 한 끼 식사가 될 만큼 하나의 독립된 형태로 다양화되고 있다.
③ 주로 메인 코스나 전채로 제공되는 샐러드는 단순 샐러드의 형태로 제공된다.
④ 고기에 생채소를 함께 섭취함으로써 영양학적인 균형을 이룰 수 있다.

해설
메인 코스나 전채로 제공되는 샐러드는 복합 샐러드의 형태로 제공된다.

58 튀김 중 기름으로부터 생성되는 주요 화합물이 아닌 것은?

① 중성지방(Triglyceride)
② 유리지방산(Free Fatty Acid)
③ 하이드로과산화물(Hydroperoxide)
④ 알코올(Alcohol)

해설
중성지방은 생체 내 피하지방의 주성분으로 글리세롤과 지방산의 에스테르 화합물이다.

59 원가에 대한 설명으로 틀린 것은?

① 원가의 3요소는 재료비, 노무비, 경비이다.
② 간접비는 여러 제품의 생산에 대하여 공통으로 사용되는 원가이다.
③ 직접비에 제조 시 소요된 간접비를 포함한 것은 제조원가이다.
④ 제조원가에 관리 비용만 더한 것은 총원가이다.

해설
- 직접원가 = 직접재료비 + 직접노무비 + 직접경비
- 제조원가 = 직접원가 + 제조간접비
- 총원가 = 제조원가 + 판매관리비
- 판매원가 = 총원가 + 이익

60 섭조개 속에 들어있으며 특히 신경계통의 마비 증상을 일으키는 독성분은?

① 무스카린 ② 시큐톡신
③ 베네루핀 ④ 삭시톡신

해설
- 삭시톡신 : 홍합과의 섭조개 또는 굴, 바지락 등을 잘못 조리해 먹는 경우 식중독을 일으키는 독성물질이며, 열에 안정적이며 신경마비, 호흡곤란 등의 증상을 일으키고, 치사율은 10%에 달한다.
- 시큐톡신 : 독미나리
- 베네루핀 : 모시조개, 바지락, 굴
- 무스카린 : 독버섯

정답

1	2	3	4	5	6	7	8	9	10
③	③	④	①	④	①	④	③	②	③
11	12	13	14	15	16	17	18	19	20
③	③	②	④	④	③	②	③	③	④
21	22	23	24	25	26	27	28	29	30
③	③	④	③	④	③	②	④	③	②
31	32	33	34	35	36	37	38	39	40
①	①	④	④	③	③	③	③	①	②
41	42	43	44	45	46	47	48	49	50
④	④	③	④	④	④	④	③	①	③
51	52	53	54	55	56	57	58	59	60
②	①	①	③	④	③	③	①	④	④

제 2 회 실전 모의고사

01 튀김기름을 여러 번 사용하였을 때 일어나는 현상이 아닌 것은?

① 불포화지방산의 함량이 감소한다.
② 흡유량이 작아진다.
③ 점도가 증가한다.
④ 튀김 시 거품이 생긴다.

해설

튀김기름의 점도가 높을수록, 즉 여러 번 사용한 기름일수록 기름의 흡수(흡유)가 많아진다.

02 노화를 억제하기 위한 방법이 아닌 것은?

① 유화제를 첨가한다.
② 설탕을 첨가한다.
③ 냉동한다.
④ 수분 함량을 30~60%로 조절한다.

해설

노화는 수분 30~60%, 온도 0℃일 때 가장 잘 일어난다.

03 기생충과 중간숙주와의 연결이 틀린 것은?

① 간흡충 - 쇠우렁, 참붕어
② 요코가와흡충 - 다슬기, 은어
③ 폐흡충 - 다슬기, 게
④ 광절열두조충 - 돼지고기, 소고기

해설

◈ 광절열두조충(긴촌충)
- 제1중간 숙주는 물벼룩, 제2중간숙주는 송어와 연어이다.
- 소장에 붙어 기생하며, 6~20년간 생존한다.

04 병원체가 바이러스(Virus)인 감염병은?

① 결핵 ② 회충
③ 발진티푸스 ④ 일본뇌염

해설

- 결핵 : 세균
- 회충 : 기생충
- 발진티푸스 : 리케차
- 일본뇌염 : 바이러스(피부점막 침입)

05 다음 중 영업에 종사하지 못하는 질병의 종류가 아닌 것은?

① 비감염성인 결핵 ② 제1급 감염병
③ 화농성 질환 ④ 피부병

해설

◈ 식품위생법 시행 규칙 제50조
- 영업에 종사하지 못하는 사람은 다음의 질병에 걸린 사람으로 한다.
- 감염병의 예방 및 관리에 관한 법률 제2조 제2호에 따른 제1급 감염병
- 감염병의 예방 및 관리에 관한 법률 제2조 제4호 나목에 따른 결핵(비감염성인 경우는 제외한다)
- 피부병 또는 그 밖의 화농성 질환
- 후천성 면역결핍증(감염병의 예방 및 관리에 관한 법률 제19조에 따라 성병에 관한
- 건강진단을 받아야하는 영업에 종사하는 사람만 해당한다)

06 토마토 퓌레를 농축하여 설탕, 소금, 마늘 등을 넣어 만든 것은?

① 토마토 페이스트 ② 토마토 케첩
③ 토마토 소스 ④ 토마토 주스

해설

토마토 페이스트는 토마토 퓌레를 농축하여 만든 것으로 주로 샌드위치나 카나페 등에 바르거나 소스 베이스로 사용한다.

07 식품위생법으로 정의한 "식품첨가물"에 해당하는 것은?

① 화학적 수단으로 원소(元素) 또는 화합물에 분해 반응 외의 화학 반응을 일으켜서 얻은 물질
② 식품을 제조, 가공, 조리 또는 보존하는 과정에서 감미(甘味), 착색(着色), 표백(漂白) 또는 산화방지 등을 목적으로 식품에 사용되는 물질
③ 식품에 들어 있는 영양소의 양(量) 등 영양에 관한 정보를 표시하는 것
④ 식품을 제조, 가공단계부터 판매단계까지 각 단계별로 정보를 기록, 관리하여 그 식품의 안전성 등에 문제가 발생할 경우 그 식품을 추적하여 원인을 규명하고 필요한 조치를 할 수 있도록 관리하는 것

해설

◈ 식품위생법 제2조 제2호
"식품첨가물"이란 식품을 제조·가공·조리 또는 보존하는 과정에서 감미, 착색, 표백 또는 산화방지 등을 목적으로 식품에 사용되는 물질을 말한다. 이 경우 기구·용기·포장을 살균·소독하는 데에 사용되어 간접적으로 식품으로 옮아갈 수 있는 물질을 포함한다.

08 필수지방산이 가장 많이 들어 있는 것은?

① 녹두 ② 풋콩
③ 땅콩 ④ 팥

해설

필수지방산은 대두유, 옥수수유, 땅콩(햇땅콩) 등 천연 식물기름에 많이 있다.

09 주방의 바닥조건으로 맞는 것은?

① 산이나 알칼리에 약하고, 습기, 열에 강해야 한다.
② 바닥 전체의 물매는 20분의 1이 적당하다.
③ 조리작업을 드라이 시스템화할 경우의 물매는 100분의 1 정도가 적당하다.
④ 고무타일, 합성수지타일 등이 잘 미끄러지지 않으므로 적합하다.

해설

◈ 주방의 바닥조건
- 알칼리나 산에도 강해야 하며 충분한 내구성을 갖춰야 한다.
- 물매는 100분의 1 이상이어야 한다.
- 조리장의 바닥을 항상 건조한 상태로 유지하는 시스템을 드라이 시스템이라고 한다.

10 식품과 독성분의 연결이 틀린 것은?

① 매실 – 베네루핀(Venerupin)
② 섭조개 – 삭시톡신(Saxitoxin)
③ 독버섯 – 무스카린(Muscarine)
④ 독보리 – 테물린(Temuline)

해설

- 매실(청매) : 아미그달린(Amygdalin)
- 베네루핀 : 모시조개, 굴, 바지락 등

11 다음 내용 조리기구의 종류와 용도를 틀리게 설명한 것을 고르시오.

① 그라인더(Grinder) : 식품의 혼합, 분쇄, 교반 등에 사용함
② 블렌더(Blender) : 액체를 교반하여 동일한 성질로 만듦
③ 필러(Peeler) : 껍질을 벗기는 기기
④ 슬라이서(Slicer) : 일정한 두께로 썰어주는 기기

해설

그라인더(Grinder)는 고기를 다지는 기기이다.
식품의 혼합, 분쇄, 교반 등에 사용하는 기기는 믹서(Mixer)이다.

12 우유의 가공에 관한 설명으로 틀린 것은?

① 크림의 주성분은 우유의 지방성분이다.
② 분유는 전유, 탈지유, 반탈지유 등을 건조시켜 분말화한 것이다.
③ 무당연유는 살균과정을 거치지 않고, 유당연유만 살균과정을 거친다.
④ 저온살균법은 61.6~65.6℃에서 30분간 가열하는 것이다.

해설

무당연유와 유당연유는 당의 유무로 구분한다. 무당연유는 수분의 60% 정도를 제거하고 농축한 것으로, 방부력이 없어서 통조림으로 살균한다. 반면에 유당연유는 설탕이나 포도당을 첨가함으로써 당분의 방부력을 이용해 살균하지 않고 저장할 수 있다.

13 식품취급자가 손을 씻는 방법으로 적합하지 않은 것은?

① 손을 씻은 후 비눗물을 흐르는 물에 충분히 씻는다.
② 팔에서 손으로 씻어 내려온다.
③ 살균효과를 증대시키기 위해 역성비누액에 일반 비누액을 섞어 사용한다.
④ 역성비누원액을 몇 방울 손에 받아 30초 이상 문지르고 흐르는 물로 씻는다.

해설

역성비누는 일반비누와 동시에 사용하면 살균효과가 떨어진다. 두 가지 모두 사용할 때는 일반 비누를 먼저 사용, 역성비누를 후에 사용하여 살균효과를 높인다.

14 DPT 예방접종과 관계없는 감염병은?

① 백일해 ② 디프테리아
③ 페스트 ④ 파상풍

해설

DPT 예방접종은 디프테리아, 백일해, 파상풍 예방백신이다.

15 유해감미료에 속하는 것은?

① 아스파탐 ② D-소르비톨
③ 둘신 ④ 자일리톨

해설

유해 감미료에는 둘신, 페릴라틴, 사이클라메이트, 에틸렌글라이콜 등이 있다.

16 식품을 조리 또는 가공할 때 생성되는 유해물질과 그 생성 원인을 잘못 짝지은 것은?

① 엔-나이트로소아민(N-nitrosoamine) : 육가공품의 발색제 사용으로 인한 아질산과 아민과의 반응 생성물
② 다환방향족 탄화수소(Polycyclic Aromatic Hydrocarbon) : 유기물질을 고온으로 가열할 때 생성되는 단백질이나 지방의 분해 생성물
③ 아크릴아마이드(Acrylamide) : 전분식품을 가열 시 아미노산과 당의 열에 의한 결합 반응 생성물
④ 헤테로고리아민(Heterocyclic Amines) : 주류제조 시 에탄올과 카바밀기의 반응에 의한 생성물

해설

헤테로고리아민은 단백질을 300℃ 이상에서 가열할 때 생성되는 물질

17 돼지의 지방조직을 가공하여 만든 것은?

① 헤드치즈 ② 라드
③ 젤라틴 ④ 쇼트닝

해설

- 헤드치즈 : 돼지머리를 사용하여 만든 젤리모양으로 압축시킨 고기
- 젤라틴 : 동물의 가죽, 힘줄, 연골 등의 천연 단백질인 콜라겐에서 얻는 유도 단백질
- 쇼트닝 : 제과, 제빵 등의 식품가공용 원료로 사용되는 반고체 상태의 가소성 유지제품

18 식품위생 수준 및 자질의 향상을 위해 조리사 및 영양사에게 교육을 받을 것을 명할 수 있는 자는?

① 보건복지부장관
② 보건소장
③ 식품의약품안전처장
④ 시장, 군수, 구청장

해설

식품의약품안전처장은 식품위생 수준 및 자질의 향상을 위하여 필요한 경우 조리사와 영양사에게 교육(조리사의 경우 보수교육을 포함한다)을 받을 것을 명할 수 있다. 다만, 집단급식소에 종사하는 조리사와 영양사는 2년마다 교육을 받아야 한다.

19 쓴맛의 약을 먹은 후 물을 마시면 단맛이 느껴지는 맛의 현상은 무엇인가?

① 맛의 대비현상 ② 맛의 변조현상
③ 맛의 억제현상 ④ 맛의 상승현상

해설

① 맛의 대비 – 서로 다른 2가지 맛이 혼합, 작용하여 주된 맛 성분이 더 강하게 느껴지는 현상
③ 맛의 억제 – 2가지 맛 성분을 혼합했을 때 각각의 맛이 약하게 느껴지는 현상
④ 맛의 상승 – 같은 종류의 맛을 혼합해 섭취하면 각각의 맛보다 더 강한 맛이 느껴지는 현상

20 단체급식에서 지켜야 할 사항이 아닌 것은?

① 위생상 사고 위험을 방지하기 위해 항상 청결하게 관리한다.
② 급식대상자의 영양량을 산출하여 생활시간 조사에 따른 3식의 영양량을 배분한다.
③ 개인의 기호에 중점을 두어 식단을 조정한다.
④ 지역적인 식습관을 고려해서 식단을 작성한다.

해설

단체급식은 비영리 급식시설로 개인의 기호가 아닌 특정인을 대상으로 식생활의 합리화와 영양개선 및 건강증진에 중점을 두어야 한다.

21 조리기기 및 기구와 그 용도의 연결이 틀린 것은?

① 믹서(Mixer) : 재료를 혼합할 때
② 슬라이서(Slicer) : 채소를 다질 때
③ 육류 파운더(Meat Pounder) : 육류를 연화시킬 때
④ 필러(Peeler) : 채소의 껍질을 벗길 때

해설

슬라이서(Slicer)는 식재료를 얇거나 일정하게 썰 때 사용하는 기기이며 채소를 다질 때 사용하는 기기는 초퍼(Chopper)이다.

22 헤테로고리아민류(Heterocyclic Amine)에 대한 설명으로 틀린 것은?

① 구워 태운 생선, 육류 및 그 제조, 가공품에서 생성된다.
② 강한 돌연변이 활성을 나타내는 물질을 함유한다.
③ 단백질이나 아미노산의 열분해에 의해 생성된다.
④ 변이원성 물질은 낮은 온도로 구울 때 많이 생성된다.

해설

변이원성 물질은 높은 온도로 구울 때 많이 생성된다.

23 클로로필(Chlorophyll) 색소의 포르피린 고리에 결합되어 있는 이온은?

① Cu^{2+} ② Fe^{2+}
③ Na^{2+} ④ Mg^{2+}

해설

클로로필(Chlorophyll)은 포르피린 고리 중심에 Mg^{2+}(마그네슘 이온)을 가지고 있다.

24 아이소사이오사이아네이트(Isothiocyanates) 화합물에 의해 매운맛을 내는 것은?

① 겨자 ② 고추
③ 후추 ④ 양파

해설

겨자분을 물로 반죽하면 겨자 속에 들어있던 시니그린(Sinigrin), 시날빈(Sinalbin) 이라는 물질과 마이로시나제(Myrosinase)라는 효소의 작용으로 분해되어 알릴 아이소사이오사이아네이트(Allyl Isothiocyanate), 파라하이드록시벤질 아이소사이오사이아네이트(Parahydroxy Benzyl Isothiocyanate)가 생성되어 매운맛과 자극성을 나타낸다.

25 식품별 보관 장소로 옳게 연결된 것은?

① 감자 - 냉장고
② 바나나 - 냉장고
③ 마요네즈 - 냉동고
④ 쌀 - 식품창고

해설
감자와 바나나는 냉장고보다는 바람이 잘 통하는 곳에 실온 보관하는 것이 좋으며, 특히 바나나의 경우 오래 보관하기 위해서는 매달아 놓는 것이 가장 좋다. 마요네즈는 냉장고에 보관하는 것이 좋다.

26 대두의 성분 중 거품을 내며 용혈작용을 하는 것은?

① 사포닌 ② 레닌
③ 아비딘 ④ 청산배당체

해설
대두와 팥에는 사포닌이라는 용혈 독성분이 있지만 가열하면 파괴된다.

27 질병예방 단계 중 의학적, 직업적 재활 및 사회복귀 차원의 적극적인 예방단계는?

① 1차적 예방 ② 2차적 예방
③ 3차적 예방 ④ 4차적 예방

해설
◈ 3차적 예방
질병이 이미 발병한 후 후유증의 발생을 예방하고 신체 기능에 장애가 오지 않도록 하며, 재활을 통해 사회에 복귀할 수 있도록 한다.

28 다음 채소의 종류 중 꽃을 식용으로 하는 채소류가 아닌 것은?

① 브로콜리 ② 컬리플라워
③ 옥수수 ④ 아티초크

해설
옥수수는 씨앗을 식용으로 하는 씨앗채소류이다.

29 제1급 감염병이 아닌 것은?

① 야토병 ② 에볼라바이러스
③ 콜레라 ④ 페스트

해설
◈ 제1급 감염병 : 생물테러 감염병 또는 치명률이 높거나 집단 발생의 우려가 큰, 음압격리와 같은 높은 수준의 격리가 필요한 감염병이다. 감염 속도가 빠르고 집단 발생 가능성, 발생 즉시 방역대책을 수립한다.
- 에볼라바이러스, 마버그열, 라싸열, 크리미안콩고출혈열, 남아메리카 출혈열, 리프트밸리열, 두창, 페스트, 탄저, 보툴리눔독소증, 야토병, 신종감염병증후군, 중증 급성 호흡기 증후군(SARS), 중동 호흡기 증후군(MERS), 동물 인플루엔자 인체감염증, 신종 인플루엔자, 디프테리아 등이다.

◈ 제2급 감염병 : 예방접종을 통해 예방관리가 가능하고 유행 시 24시간 이내 신고해야 하며 격리가 필요한 감염병이다.
- 결핵, 수두, 홍역, 콜레라, 장티푸스, 파라티푸스, 세균성 이질, 장출혈성대장균감염증, A형 간염, 백일해, 유행성 이하선염, 풍진, 폴리오, 수막구균감염증, b형헤모필루스 인플루엔자, 폐렴구균감염증, 한센병, 성홍열, 반코마이신내성황색포도알균(VRSA) 감염증, 카바페넴내성장내세균속균종(CRE) 감염증 등이 있다.

30 다음 중 점탄성을 가진 것은?

① 쌀가루 ② 빵가루
③ 옥수수가루 ④ 밀가루

해설
밀가루에 물을 가하면 점탄성을 가진 도우(Dough)가 된다. 이것은 밀의 단백질인 글리아딘(Gliadin)과 글루테닌(Glutenin)이 결합하여 글루텐(Gluten)을 형성하기 때문에 글루텐의 함량에 따라 밀가루의 종류와 용도가 결정된다.

31 화학적 산소요구량을 나타내는 것은?

① COD ② DO
③ BOD ④ SS

해설
- COD는 화학적 산소요구량을 말하며, COD가 높을수록 오염된 물이다.
- 해양오염의 지표 및 공장폐수를 측정하는데 사용된다.

32 다음 채소류 중 일반적으로 꽃 부분을 식용으로 하는 것과 거리가 먼 것은?

① 브로콜리(Broccoli)
② 콜리플라워(Cauliflower)
③ 비트(Beets)
④ 아티초크(Artichoke)

해설
비트(근대)는 원산지가 유럽 남부로 붉은 시금치라고도 불리며, 잎과 뿌리 모두 식용으로 쓰이는 뿌리채소이다.

33 난백의 기포성에 대한 설명으로 틀린 것은?

① 난백에 올리브유를 소량 첨가하면 거품이 잘 생기고 윤기도 난다.
② 난백은 냉장온도보다 실내온도에 저장했을 때 점도가 낮고 표면장력이 작아져 거품이 잘 생긴다.
③ 신선한 달걀보다는 어느 정도 묵은 달걀이 수양난백이 많아 거품이 쉽게 형성된다.
④ 난백의 거품이 형성된 후 설탕을 서서히 소량씩 첨가하면 안정성 있는 거품이 형성된다.

해설
난백의 기포는 오래된 달걀 일수록, 난백이 응고하지 않을 정도의 온도에서 거품이 잘 난다. 기름을 넣고 저으면 거품이 나는 것을 현저히 저하시키며 소량의 소금, 산의 첨가는 기포 현상을 돕는다.

34 다음 중 계량 방법이 올바른 것은?

① 마가린을 잴 때는 실온일 때 계량컵 을 꾹꾹 눌러 담고, 직선으로 된 칼이나 Spatula로 깎아 계량한다.
② 밀가루를 잴 때는 측정 직전에 체로 친 뒤 누르지 말고 가만히 수북하게 담고 직선 Spatula로 깎아 측정한다.
③ 흑설탕을 측정할 때는 체로 친 뒤 누르지 말고 가만히 수북하게 담고 직선 Spatula로 깎아 측정한다.
④ 쇼트닝을 계량할 때는 냉장온도에서 계량컵에 꼭 눌러 담은 뒤, 직선 Spatula로 깎아 측정한다.

해설
마가린, 버터, 쇼트닝 같은 지방제품은 온도에 따라 변화가 일어나므로 냉장보다는 실온일 때 계량도구에 담아 직선으로 된 칼이나 Spatula로 깎아 계량한다.

35 식중독에 관한 설명으로 틀린 것은?

① 자연독이나 유해물질이 함유된 음식물을 섭취함으로써 생긴다.
② 발열, 구역질, 구토, 설사, 복통 등의 증세가 나타난다.
③ 세균, 곰팡이, 화학물질 등이 원인물질이다.
④ 대표적인 식중독은 콜레라, 세균성 이질, 장티푸스 등이 있다.

해설
대표적인 식중독에는 황색포도상구균, 클로스트리디움, 살모넬라, 장염비브리오균, 병원성 대장균 등이 있다. 콜레라, 장티푸스 세균성 이질은 수인성 감염병에 속한다.

36 가장 오랫동안 끓이는 스톡은?

① 비프스톡 ② 치킨스톡
③ 야채스톡 ④ 생선스톡

해설
- 비프스톡 : 8~10시간
- 야채스톡 : 30분~40분
- 치킨스톡 : 4~6시간
- 생선스톡 : 30~1시간

37 카드뮴 만성중독의 주요 3대 증상이 아닌 것은?

① 빈혈 ② 폐기종
③ 신장기능 장애 ④ 단백뇨

해설
카드뮴의 주 증상으로는 폐기종, 신장장애, 단백뇨, 골연화증 (이타이이타이병) 등이 있다.

38 당류 가공품 중 결정형 캔디는?

① 캐러멜(Caramel)
② 퐁당(Fondant)
③ 마시멜로(Marshmellow)
④ 젤리(Jelly)

해설
퐁당은 설탕 결정체로 캔디와 아이싱 등에 사용된다.

39 간디스토마와 페디스토마의 제1중간숙주를 순서대로 짝지어 놓은 것은?

① 우렁이 – 다슬기 ② 잉어 – 가재
③ 사람 – 가재 ④ 붕어 – 참게

해설
◈ 간흡충(간디스토마)
– 제1중간숙주 : 왜우렁이
– 제2중간숙주 : 붕어, 잉어 등의 민물고기
◈ 폐흡충(폐디스토마)
– 제1중간숙주 : 다슬기
– 제2중간숙주 : 가재, 게

40 파스타를 조리하는 방법 중 틀린 설명은?

① 다용도 밀가루(all purpose flour)가 가장 일반적으로 쓰이며 통밀가루, 세몰리나, 옥수수가루 등을 비롯한 특수한 밀가루와 곡류를 사용한다.
② 허브, 채소, 퓨레 등은 파스타의 색, 맛, 질감에 영향을 준다.
③ 삶은 파스타는 삶은 즉시 찬물에 헹구어야 면발이 쫄깃해진다.
④ 면의 중심부에 머리카락만한 심이 보이는 상태가 알단테(al dante)이다.

해설
삶은 파스타는 물에 헹구지 않는다.

41 다음 중 병원체가 세균인 질병은?

① 폴리오 ② 백일해
③ 발진티푸스 ④ 홍역

해설
◈ 세균성 질병
한센병, 결핵, 백일해, 폐렴, 성홍열, 장티푸스, 콜레라, 세균성 이질, 파라티푸스 등이 있다.

42 어떤 단백질의 질소함량이 18%라면 이 단백질의 질소계수는 약 얼마인가?

① 5.56 ② 6.30
③ 6.47 ④ 6.67

해설
질소계수 = 100/질소함량 = 100/18 ≒ 5.56

43 다음 중 신선한 생선을 판별하는 방법으로 틀린 것은?

① 생선이 사후경직 중인 빳빳한 것
② 아가미가 빨간색 또는 자주색인 것
③ 내장을 눌러보아 물렁물렁한 것
④ 생선 특유의 색과 광택이 있는 것

해설
생선은 사후경직 중에 있는 것이 신선한데 사후경직의 생선은 복부가 단단하여 탄력이 있다.

44 폐기율이 20%인 식품의 출고계수는 얼마인가?

① 0.5 ② 1.0
③ 1.25 ④ 2.0

해설
가식부율은 80%이므로 1/0.8=1.25 이다.

45 대표적인 콩 단백질인 글로불린(Globulin)이 가장 많이 함유하고 있는 성분은?

① 글리시닌(Glycinin)
② 알부민(Albumin)
③ 글루텐(Gluten)
④ 제인(Zein)

해설

콩 단백질인 글리시닌은 글로불린의 한 종류로 대두단백의 84% 정도를 차지한다.
글리시닌이 두부 응고제와 열에 의해 응고되는 성질을 이용해 두부를 만든다.

46 더운 전채요리에 속하는 것은?

① 갈라틴 ② 트러플
③ 거위간 테린 ④ 카나페

해설

트러플, 거위간 테린, 카나페는 차가운 전채요리이다.

47 스프나 소스 등에 국물 맛을 독특하게 내는 조개류의 성분은?

① 아이오딘 ② 주석산
③ 구연산 ④ 호박산

해설

호박산은 조개류에 들어 있는 성분으로 독특한 감칠맛을 낸다.

48 매월 고정적으로 포함해야 하는 경비는?

① 지급운임 ② 감가상각비
③ 복리후생비 ④ 수당

해설

감가상각비는 고정자산의 감가를 일정한 내용연수에 일정한 비율로 할당하여 비용으로 계산하는 것으로 이때 감가된 비용이다.

49 단순 스프레드에 속하는 것은?

① 토마토케첩
② 기름과 비네그레트
③ 앤초비 패스트
④ 헤이즐넛 버터

해설

- 복합 스프레드 : 기름과 비네그레트, 앤초비 패스트, 헤이즐넛 버터
- 단순 스프레드 : 토마토케첩, 마요네즈, 머스타드 등

50 동물이 도축된 후 화학변화가 일어나 근육이 긴장되어 굳어지는 현상은?

① 사후경직 ② 자기소화
③ 산화 ④ 팽화

해설

동물을 도살하여 방치하면 조직이 단단해지는 사후경직 현상이 일어나고, 이 기간이 지나면 근육자체에서 자기소화 현상이 일어나면서 고기는 연해지고 풍미도 좋아지는 숙성 상태가 된다.

51 다음 보기에서 설명하는 곰팡이 독소물질은?

> 1960년 영국에서 10만 마리의 칠면조가 간장 장해를 일으켜 대량 폐기한 사고가 발생하여 원인을 조사한 결과, 땅콩박에서 Aspergillus flavus가 번식하여 생성한 독소가 원인 물질로 밝혀졌다.

① 오크라톡신(Ochratoxin)
② 아플라톡신(Aflatoxin)
③ 루부라톡신(Rubratoxin)
④ 에르고톡신(Ergotoxin)

해설

아플라톡신(Aflatoxin)은 Aspergillus속 곰팡이 종류의 2차 대사산물로서 강한 간장애를 일으키며 강한 발암 물질이다.

52 다음 중 제조원가에 해당되는 것은 무엇인가?

① 직접재료비 + 판매비
② 직접원가 + 제조간접비
③ 제조원가 + 총원가
④ 판매가격 + 이익

해설

- 직접원가 : 직접경비 + 직접노무비 + 직접재료비
- 총원가 : 제조원가 + 판매관리비
- 판매가격 : 총원가 + 이익

53 직영급식과 비교하여 위탁급식의 단점에 해당하지 않는 것은?

① 인건비가 증가하고 서비스가 잘되지 않는다.
② 기업이나 단체의 권한이 축소된다.
③ 급식경영을 지나치게 영리화하여 운영할 수 있다.
④ 영양관리에 문제가 발생할 수 있다.

해설
위탁급식은 인력관리 측면에서 전문업체가 체계적으로 관리하므로 급식운영에 따른 제반업무를 감소할 수 있다.

54 드레싱에 대한 설명 중 맞지 않는 것은?

① 드레싱의 의미는 채소에 옷을 입힌다는 뜻이다.
② 드레싱은 샐러드의 맛을 조절하고 향과 풍미를 증가시킨다.
③ 프렌치 드레싱과 마요네즈 드레싱이 대표적이다.
④ 알루미늄이나 알루미늄 합성 재질의 용기에 담아서 그늘에 보관한다.

해설
알루미늄이나 알루미늄 합성 재질의 용기는 부식의 위험이 있어 독성을 유발함

55 농후제(Liason)의 역할에 대한 설명한 것 중 틀린 설명은?

① 농후제로 가장 많이 사용되는 것은 루(roux)와 옥수수전분이다.
② 루(roux)는 버터와 밀가루와 스톡을 넣어 볶는다.
③ 갈색 루는 갈색소스, 흰색루는 크림소스, 황금색루는 블론드소스에 주로 사용된다.
④ 루(roux)를 볶을 때는 날밀가루 냄새가 나지 않도록 불 조절에 주의하여 볶는다.

해설
루(roux)는 버터와 밀가루를 동량으로 넣어 볶는다.

56 달걀 흰자만 익혀서 태양이 떠오르는 것처럼 요리하는 것은?

① 서니 사이드 업
② 프라이드 에그
③ 스크램블 에그
④ 포치드 에그

해설
- 프라이드 에그 : 오버이지, 오버미디움, 오버하드
- 스크램블 에그 : 우유나 생크림을 넣어 빠르게 휘저음

57 식품첨가물의 사용목적과 이에 따른 첨가물의 종류가 바르게 연결된 것은?

① 식품의 영양 강화를 위한 것 - 착색료
② 식품의 관능을 만족시키기 위한 것 - 조미료
③ 식품의 변질이나 변패를 방지하기 위한 것 - 감미료
④ 식품의 품질을 개량하거나 유지하기 위한 것 - 산미료

해설
- 식품의 영양을 강화하기 위한 것 : 강화제
- 식품의 변질이나 변패를 방지하기 위한 것 : 보존료, 살균료, 산화방지제
- 식품의 품질을 개량하거나 유지하기 위한 것 : 품질 개량제, 밀가루 개량제, 호료, 유화제, 이형제, 피막제, 추출제, 용제, 습윤제

58 물에 녹는 비타민은?

① 레티놀(Retino)
② 토코페롤(Tocopherol)
③ 티아민(Tiamine)
④ 칼시페롤(Calciferol)

해설
- 수용성 비타민 : 비타민 B_1(티아민), 비타민 B_2, 비타민 B_6, 비타민 C
- 지용성 비타민 : 비타민 A(레티놀), 비타민 D(칼시페롤), 비타민 E(토코페롤), 비타민 K

59 진한 수프(Thick Soup)를 설명한 것 중 틀린 설명은?

① 주재료 자체로 농도를 내기도 한다.
② 대표적으로 Cream of Potato Soup, Cream of Carrot Soup 등이 있다.
③ 주재료의 맛을 보존하면서 Liasion을 이용하여 수프의 농도를 조절한다.
④ 깔끔하고 투명한 색을 지닌다.

해설
깔끔하고 투명한 색을 지닌 것은 맑은 수프이다.

60 다음 중 가열 조리방법에 대한 설명으로 옳은 것은?

① 가열 시 식품의 내부와 표면온도 차를 줄이기 위해서 식품을 뜨거운 물에 넣는다.
② 데치기는 식품의 모양을 그대로 유지하며, 수용성 성분의 용출이 적은 것이 특징이다.
③ 구이는 높은 온도에서 가열 조리하는 방법으로 독특한 풍미를 갖는다.
④ 굽기, 볶기, 조리기, 튀기기는 건열 조리방법이다.

해설
찌기는 식품의 모양을 그대로 유지하며, 수용성 성분의 용출이 적은 것이 특징이며, 조리기는 습열 조리방법이다.

정답

1	2	3	4	5	6	7	8	9	10
②	④	④	④	①	①	②	③	④	①
11	12	13	14	15	16	17	18	19	20
①	③	③	③	③	④	②	③	②	③
21	22	23	24	25	26	27	28	29	30
②	④	④	①	④	①	③	③	③	④
31	32	33	34	35	36	37	38	39	40
①	③	①	①	④	①	①	②	①	③
41	42	43	44	45	46	47	48	49	50
②	①	③	③	①	①	④	②	①	①
51	52	53	54	55	56	57	58	59	60
②	②	①	④	②	①	②	③	④	③

제 3 회 실전 모의고사

01 파라티온(parathion), 말라티온(malathion)과 같이 독성이 강하지만 빨리 분해되어 만성 중독을 일으키지 않는 농약은?

① 유기인제 농약
② 유기염소제 농약
③ 유기불소제 농약
④ 유기수은제 농약

해설

◈ 유기인제 농약
인을 함유한 유기화합물로 된 농약을 말하며 파라티온(parathion), 말라티온(malathion), 폴리톨(Folidol)이 있다.

02 과거 일본 미나마타병의 집단발병 원인이 되는 중금속은?

① 카드뮴 ② 납
③ 수은 ④ 비소

해설

수은 중독 : 언어장애, 난청, 보행장애, 운동장애, 지각장애, 정신장애를 일으킬 수 있다.

03 소시지 등 가공육 제품의 육색을 고정하기 위해 사용하는 식품첨가물은?

① 발색제 ② 착색제
③ 강화제 ④ 보존제

해설

◈ 발색제
- 그 자체에는 색이 없고 식품 중의 색소와 반응하여 색을 안정, 발색을 촉진시키는 식품첨가물
- 육류 발색제 : 아질산나트륨, 질산칼슘, 질산나트륨
- 식물성 발색제 : 황산 제1철

04 양식의 조리 방법 중 두 가지 이상의 복합 조리 방법은?

① 로스팅(roasting)
② 블랜칭(blanching)
③ 팬 프라잉(pan frying)
④ 브레이징(brasing)

해설

복합조리방법에는 브레이징(brasing), 스튜(stew), 쁘왈레(poeler) 등이 있다.

05 식품에서 자연적으로 발생하는 유독물질을 통해 식중독을 일으킬 수 있는 식품과 가장 거리가 먼 것은?

① 피마자 ② 표고버섯
③ 미숙한 매실 ④ 모시조개

해설

① 피마자 – 리신(Ricon)
③ 매실 – 아미그달린(Amygdalin)
④ 모시조개 – 베네루핀(Venerupin)

06 황색 포도상구균의 특징이 아닌 것은?

① 균체가 열에 강함
② 독소형 식중독 유발
③ 화농성 질환의 원인균
④ 엔테로톡신(Enterotoxin) 생성

해설

◈ 황색 포도상구균
- 화농성 질환의 원인균 이고 독소형 식중독
- 원인 독소인 엔테로톡신(Enterotoxin : 장독소)은 열에 강하며 120℃에서 20분간의 가열에서도 파괴되지 않는다.
- 원인식품 : 유가공품(우유, 치즈, 버터), 도시락, 김밥, 떡 등
- 잠복기가 3시간으로 짧다.

07 식품위생법상 식품 등의 위생적인 취급에 관한 기준이 아닌 것은?

① 식품 등을 취급하는 원료보관실·제조가공실·조리실·포장실 등의 내부는 항상 청결하게 관리하여야 한다.
② 식품 등의 원료 및 제품 중 부패·변질되기 쉬운 것은 냉동·냉장시설에 보관·관리하여야 한다.
③ 유통기한이 경과된 식품 등을 판매하거나 판매의 목적으로 전시하여 진열·보관하여서는 아니 된다.
④ 모든 식품 및 원료는 냉장·냉동시설에 보관·관리하여야 한다.

해설

식품 및 원료는 냉장·냉동시설에 보관·관리하는 것은 아니다.
- 식품 등의 보관, 운반, 진열 시 기준 및 규격이 정하고 있는 보존 및 유통기준에 적합할 수 있도록 관리하면 된다.

08 식품위생법상 "식품을 제조·가공 또는 보존하는 과정에서 식품에 넣거나 섞는 물질 또는 식품을 적시는 등에 사용하는 물질"로 정의된 것은?

① 식품첨가물
② 화학적 합성품
③ 항생제
④ 의약품

해설

◈ 식품첨가물
식품을 제조·가공 또는 보존하는 과정에서 식품에 섞거나 넣는 물질 또는 식품을 적시는 등에 사용되는 물질을 말한다.

09 식품첨가물의 주요용도 연결이 옳은 것은?

① 명반 - 보존료
② 이산화티타늄 - 발색제
③ 호박산 - 산도 조절제
④ 삼이산화철 - 표백제

해설

- 명반 : 팽창제
- 삼이산화철과 이산화티타늄 : 착색료

10 식품첨가물의 주요용도 연결이 옳은 것은?

① 산패 : 유지식품의 지방질 산화
② 발효 : 화학물질에 의한 유기화합물의 분해
③ 변질 : 식품의 품질 저하
④ 부패 : 단백질과 유기물이 부패 미생물에 의해 분해

해설

발효 : 유기물(탄수화물)이 미생물의 작용으로 인해 분해 및 변화를 하여 인간에게 유용한 알코올, 유기산 등을 생성하는 현상이다.

11 조리사 면허 취소에 해당하지 않는 것은?

① 식중독이나 그 밖에 위생과 관련한 중대한 사고 발생에 직무상의 책임이 있는 경우
② 면허를 타인에게 대여하여 사용하게 한 경우
③ 조리사가 마약이나 그 밖의 약물에 중독이 된 경우
④ 조리사 면허의 취소처분을 받고 그 취소된 날부터 2년이 지나지 아니한 경우

해설

조리사 면허 취소처분을 받고 그 취소된 날부터 1년이 지나지 아니한 자는 조리사 면허를 받을 수 없다.

12 소독의 지표가 되는 소독제는?

① 석탄산 ② 크레졸
③ 과산화수소 ④ 포르말린

해설

석탄산(3%)은 소독약의 소독력의 기준이 되며 오물 소독(화장실 분뇨, 하수도 및 진개 등)에 사용하지 못한다.

13 다음 중 섭조개에서 문제를 일으킬 수 있는 독소 성분은?

① 셉신(Sepsine)
② 삭시톡신(Saxitoxin)
③ 베네루핀(Venerupin)
④ 테트로도톡신(Tetrodotoxin)

해설

◈ 식중독과 원인식품
- 셉신(Sepsine) : 부패한 감자
- 삭시토신(Saxitoxin) : 대합, 섭조개(홍합)
- 베네루핀(Venerupin) : 바지락, 굴, 고동, 모시조개 등
- 테트로도톡신(Tetrodotoxin) : 복어

14 어패류의 선도 평가에 이용되는 지표성분은?

① 헤모글로빈 ② 트리메틸아민
③ 메탄올 ④ 이산화탄소

해설

◈ 트리메틸아민(TMA)
트리메틸아민은 옥사이드가 사후 세균 효소에 의해 환원되어 트리메틸아민이 생성되고 이것은 어패류의 비린 냄새와 불쾌취의 원인물질, 부패판정의 지표로 널리 쓰인다.

15 식품위생법상 식중독 환자를 진단한 의사는 누구에게 이 사실을 제일 먼저 보고하여야 하는가?

① 보건복지부장관
② 경찰서장
③ 보건소장
④ 관할 시장・군수・구청장

해설

◈ 식중독 발생 시 보고순서
(한)의사 → 관할시장 군수・구청장 → 식품의약품 안전처장 및 시・도지사

16 과실의 젤리화 3요소와 관계없는 것은?

① 젤라틴 ② 당
③ 펙틴 ④ 산

해설

◈ 과실의 젤리화 3요소
당(60~65%), pH(산 : 3~3.4), 펙틴(0.5~1.5%) 등이 있음

17 레드 캐비지로 샐러드를 만들 때 식초를 조금 넣은 물에 담그면 고운 적색을 띠는 것은 어떤 색소 때문인가?

① 안토시아닌(Anthocyanin)
② 클로로필(Chlorophyll)
③ 안토잔틴(Anthoxanthin)
④ 미오글로빈(Myoglobin)

해설

◈ 안토시아닌(Anthocyanin)
- 플라보노이드 색소 중의 하나로 과일, 채소, 꽃 등의 적색, 자색 등의 색소임
- 산성 : 선명한 적색, 중성 : 보라색, 알칼리성 : 청색을 띤다.

18 다음 중 동물성 유지인 것은?

① 올리브유 ② 면실유
③ 피마자유 ④ 버터

해설

올리브유, 면실유, 피마자유는 식물성 유지이다.

19 β-전분이 가열에 의해 α-전분으로 되는 현상은?

① 호화 ② 호정화
③ 산화 ④ 노화

해설

날전분(β-전분)을 가열하면 익은 전분(α-전분)이 되는데 이 현상을 호화(α화)라 한다.

20 하루 필요 열량이 2500kcal일 경우 이 중의 18%에 해당하는 열량을 단백질에서 얻으려 한다면, 필요한 단백질의 양은 얼마인가?

① 50.0g ② 112.5g
③ 121.5g ④ 171.3g

해설

하루 필요열량 2,500kcal 중 18%는 2,500 × 0.18 = 450kcal
※ 단백질은 1g당 4kcal의 열량 450 ÷ 4 = 112.5

21 황 함유 아미노산이 아닌 것은?

① 트레오닌(Threonine)
② 시스틴(Cystine)
③ 시스테인(Cysteine)
④ 메티오닌(Methionine)

해설

- 황 함유 아미노산 : 분자에 황원자를 포함하는 아미노산으로 메티오닌, 시스틴, 시스테인 등
- 중성아미노산 : 트레오닌, 알라닌, 세린, 발린, 류신, 글라이신, 아이소류신

22 CA 저장에 가장 적합한 식품은?

① 육류 ② 과일류
③ 우유 ④ 생선류

해설

◈ CA 저장(Controlled atmosphere storage)
과일의 후숙작용을 억제하기 위해 CO_2 또는 N_2 가스를 주입시켜 호흡작용을 억제하면 저장성을 연장할 수 있다. 최대 9개월 저장 가능하다.

23 생선구이나 포치한 생선, 스테이크, 달걀요리가 제공되는 조식의 형태는?

① English Breakfast
② Continental Breakfast
③ American Breakfast
④ Vienna Breakfast

24 식품의 단백질이 변성하였을 때 나타나는 현상이 아닌 것은?

① 점도가 증가한다.
② 용해도가 감소한다.
③ 소화효소의 작용을 받기 어려워진다.
④ 폴리펩티드(Polypeptide) 사슬이 풀어진다.

해설

단백질이 효소에 의해 변성 및 가수분해되면 소화효소의 작용을 받기 수월해진다.

25 다음 중 우유의 조리에 관한 설명 중 옳지 않은 것을 고르시오.

① 우유의 단백질은 20%가 카제인(casein)이고, 80%가 유청 단백질이다.
② 비린내를 흡착하여 생선 비린내 제거에 쓰이기도 한다.
③ 과자류나 빵류에 첨가 시 메일라드 반응에 의한 갈색화가 일어난다.
④ 토마토 크림스프를 만들 때 우유와 토마토를 같이 넣으면 산에 의해 카제인이 응고되어 덩어리가 생긴다.

해설

① 우유의 단백질은 80%가 카제인이고 20%가 유청단백질이다.
④ 토마토를 먼저 끓이고 나중에 우유를 넣으면 응고되어 덩어리지는 것을 방지할 수 있다.

26 중성지방의 구성 성분은?

① 탄소와 질소 ② 아미노산
③ 지방산과 글리세롤 ④ 포도당과 지방산

해설

중성지방(TG) : 3가 알코올인 글리세롤이 함유한 3개의 수산기에 지방산 3분자에 에스테르결합이다.

27 탄수화물의 분류 중 5탄당이 아닌 것은?

① 갈락토오스(Galactose)
② 자일로오스(Xylose)
③ 아라비노오스(Arabinose)
④ 리보오스(Ribose)

해설

단당류	오탄당 : 아라비노즈, 크실로오스, 자일로오스, 리보스
	육탄당 : 갈락토오스, 만노스, 포도당, 과당
이당류	설탕(수트로오스), 맥아당(말토오스), 유당(락토오스)
다당류	단순다당류 : 전분, 셀룰로오스, 이눌린, 펙틴, 글리코겐
	복합다당류 : 키틴
올리고당류	래피노오스, 스타키노오스

28 알칼리성 식품에 대한 설명으로 옳은 것은?

① Na, K, Ca, Mg이 많이 함유되어 있는 식품
② S, P, Cl이 많이 함유되어 있는 식품
③ 당질, 지질, 단백질 등이 많이 함유되어 있는 식품
④ 곡류, 육류, 치즈 등의 식품

해설

◈ 알칼리성 식품
Ca(칼슘), Na(나트륨), K(칼륨), Mg(마그네슘) 등을 함유하고 있는 식품으로 해조류, 채소류, 과일류 등이 있다.
◈ 산성 식품
S(황), P(인), Cl(염소) 등을 함유한 식품으로 곡류, 어류, 육류 등이 있다.

29 섬유소와 한천에 대한 설명 중 틀린 것은?

① 산을 첨가하여 가열하면 분해되지 않는다.
② 체내에서 소화되지 않는다.
③ 변비를 예방한다.
④ 모두 다당류이다.

해설

- 섬섬유소에 알칼리를 첨가하면 연해지고 산을 첨가하면 질기게 된다.
- 한천에 산을 첨가하면 겔의 형성능력이 저하. 한천을 소분자 물질로 분해해서 망상구조를 만드는 힘이 약해지기 때문이다.

30 바닷가재나 새우 등 껍질이 있는 갑각류의 껍질을 으깬 후 채소와 함께 끓인 수프는?

① Bisque Soup
② Consomme Soup
③ Cream of Potato Soup
④ Cream of Carrot Soup

31 총원가에 대한 설명으로 맞는 것은?

① 제조간접비와 직접원가의 합이다.
② 판매관리비와 제조원가의 합이다.
③ 판매관리비, 제조간접비, 이익의 합이다.
④ 직접재료비, 직접노무비, 직접경비, 직접원가, 판매관리비의 합이다.

해설

직접원가	직접경비, 직접노무비, 직접재료비
제조원가	직접원가 + 제조간접비
총원가	제조원가 + 판매관리비
판매가격	총원가 + 이익

32 닭고기 20kg으로 닭강정 100인분을 판매한 매출액이 1,000,000원이다. 닭고기의 kg당 단가를 12,000원에 구입하였고 총 양념 비용으로 80,000원이 들었다면 식재료의 원가 비율은?

① 24%
② 28%
③ 32%
④ 40%

해설

- 식재료 사용금액은 240,000원(12,000원 × 20kg) + 80,000원(양념 비용) = 320,000원
- 식재료 원가율(%) = (식재료 사용금액 ÷ 총매출액) × 100
  = (320,000 ÷ 1,000,000) × 100
  = 0.32 × 100
  = 32%

33 한천 젤리를 만든 후 시간이 지나면 내부에서 표면으로 수분이 빠져나오는 현상은?

① 삼투현상(Osmosis)
② 이장현상(Sysnersis)
③ 님비현상(NIMBY)
④ 노화현상(Retrogradation)

해설

◈ 이장현상(이수현상)
- 겔에 함유된 분산매가 겔 밖으로 분리되어 나오는 현상이다.
- 팽윤과 반대 개념이다.
- 원인 : 겔을 구성하는 3차원적인 그물구조가 수축하여 분산매가 방출되기 때문이다.

34 육류를 이용한 전채를 설명한 것 중 틀린 것은?

① 품질, 모양, 색, 조리방법 등을 고려한다.
② 운동량이 많고 근육조직이 많은 부분이 적합하다.
③ 온도조절과 적절한 시간 선택이 육질의 부드러움에 작용한다.
④ 파마햄, 간, 송아지 목젖 등의 요리가 대표적이다.

해설

운동량이 적고 근육조직이 적은 부분이 적합하다.

35 계량방법이 잘못된 것은?

① 된장, 흑설탕은 꼭꼭 눌러 담아 수평으로 깎아서 계량한다.
② 우유는 투명기구를 사용하여 액체 표면의 윗부분을 눈과 수평으로 하여 계량한다.
③ 저울은 반드시 수평한 곳에서 0으로 맞추고 사용한다.
④ 마가린은 실온일 때 꼭꼭 눌러 담아 평평한 것으로 깎아 계량한다.

해설

액체식품(우유, 물 등)은 투명 계량컵을 사용하여 눈높이를 액체의 아랫면에 일치되게 하여 눈금을 읽는다.

36 다음 중 건열식 조리 방법(Dry-Heat Cooking Method)에 대한 설명 중 틀린 것은?

① 조리하기 전에 재료를 양념에 마리네이드 하거나 바딩(Barding)한다.
② 굽는 도중 재료가 마르는 것을 방지하기 위해서 브러쉬를 이용해서 기름을 바른다.
③ Steaming, Poaching, Boilling 등이 대표적인 조리법이다.
④ 열을 전달하는 매개체는 공기, 기름이다.

해설

Steaming, Poaching, Boilling은 습열식 조리 방법이다.

37 덩어리 육류를 건열로 표면에 갈색이 나도록 구워 내부의 육즙이 나오지 않게 한 후 소량의 물, 우유와 함께 습열조리하는 것은?

① 브로일링(Broiling)
② 스튜잉(Stewing)
③ 로스팅(Roasting)
④ 브레이징(Braising)

해설

◈ 서양조리용어
- 브로일링(Broiling) : 음식을 석쇠로 직화로 굽는 방법(화구가 아래에 있음)
- 스튜잉(Stewing) : 작은 덩어리를 높은 열로 색을 낸 다음 소스나 육수를 많이 넣고 습식열로 조리하는 방법
- 로스팅(Roasting) : 육류 또는 가금류를 통째로 또는 덩어리째 오븐에 넣어 장시간 익히는 방법
- 브레이징(Braising) : 건열과 습열 두 가지 조리방식을 이용한 복합조리법으로 덩어리가 큰 재료를 먼저 건열로 주위를 갈색이 나도록 구워주어 육류 내부에 있는 주스가 빠져나오는 것을 막아주고 소량의 육수 또는 소스 등을 곁들여 장시간 습열조리하는 방법

38 다음 중 비타민에 관련된 설명 중 틀린 것은 무엇인가?

① 토코페롤이라 불리는 비타민 E는 항산화제 및 노화방지에 관여한다.
② 비타민 E가 부족하면 구루병과 골다공증에 걸린다.
③ 비타민 B_1이 부족하면 각기병에 걸린다.
④ 비타민 C가 부족하면 괴혈병에 걸리며 급원 식품은 과일이나 채소에 많이 함유되어 있다.

해설
비타민 D가 부족하면 구루병과 골다공증에 걸린다.
비타민 E가 부족하면 불임증과, 노화촉진이 되기 쉽다.

39 과일의 일반적인 특성과는 다르게 지방 함량이 가장 높은 과일은?

① 감 ② 바나나
③ 수박 ④ 아보카도

해설
◈ 과일의 지방함량

과일명	지방함량(가식부 100g당)
감	0.0
바나나	0.2
수박	0.4
아보카도	18.7

40 밀가루의 용도별 분류는 어느 성분을 기준으로 하는가?

① 글리아딘 ② 글로불린
③ 글루타민 ④ 글루텐

해설
◈ 글루텐 함량에 따른 분류
- 강력분(13% 이상, 마카로니, 스파게티, 식빵 등)
- 중력분(10~13%, 국수, 만두피 등)
- 박력분(10% 이하, 케이크, 카스테라, 쿠키, 튀김옷 등)

41 토마토를 고체 상태로 농축, 가공하여 서양 요리의 소스, 수프를 만들 때 자주 사용하는 토마토 가공품은?

① 토마토홀 ② 토마토페이스트
③ 토마토케첩 ④ 토마토퓨레

42 유지(Oil&fat)를 기본으로 하는 소스에 포함되지 않는 것은?

① 모르네이 소스 ② 프렌치 소스
③ 마요네즈 ④ 베어네이즈

해설
모르네이 소스는 베샤멜소스(우유)를 기본으로 한다.

43 튀김의 특징이 아닌 것은?

① 고온 단시간 가열로 영양소의 손실이 적다.
② 기름의 맛이 더해져 맛이 좋아진다.
③ 표면이 바삭바삭해 입안에서의 촉감이 좋아진다.
④ 불미성분이 제거된다.

해설
데치기, 삶기와 같은 습열조리법은 채소 특유의 불쾌한 냄새나 불순물 등을 제거할 수 있는 효과적인 방법이다.

44 소금 절임 시 저장성이 좋아지는 이유는?

① pH가 낮아져 미생물이 살아갈 수 없는 환경이 조성된다.
② pH가 높아져 미생물이 살아갈 수 없는 환경이 조성된다.
③ 고삼투성에 의한 탈수효과로 미생물의 생육이 억제된다.
④ 저삼투성에 의한 탈수효과로 미생물의 생육이 억제된다.

해설
◈ 삼투압 현상
- 농도가 다른 두 용액이 균형을 맞추기 위해 농도가 낮은 곳에서 높은 곳으로(고삼투성) 물 따위의 용매가 이동하는 현상

- 배추를 소금에 절일 때 배추에 소금을 뿌려 절이면 배추 안의 수분보다 배추 바깥의 농도가 높아져서 배추 안쪽의 물이 배추 바깥으로 빨려 나가는 현상이 일어남. 그래서 고 삼투성에 의한 탈수효과로 미생물의 생육이 억제된다.

45 젤라틴의 응고에 관한 설명으로 틀린 것은?

① 젤라틴의 농도가 높을수록 빨리 응고된다.
② 설탕의 농도가 높을수록 응고가 방해된다.
③ 염류는 젤라틴의 응고를 방해한다.
④ 단백질의 분해효소를 사용하면 응고력이 약해진다.

해설
염류는 젤라틴의 응고를 향상시킨다.

46 샌드위치를 구성하는 요소 중 스프레드에 대한 설명 중 맞지 않는 것은?

① 스프레드는 그 자체만으로도 샌드위치의 특별한 질감과 맛을 준다.
② 스프레드에 첨가되는 내용물이 많을수록 깊은 맛을 낸다.
③ 버터나 마요네즈와 같은 기름기가 있는 스프레드는 빵이 눅눅해지는 것을 방지해준다.
④ 스프레드는 재료가 서로 잘 붙을 수 있게 하는 역할을 한다.

해설
스프레드에 첨가되는 내용물이 과하면 본래의 맛을 저해한다.

47 생선에 레몬즙을 뿌렸을 때 나타나는 현상이 아닌 것은?

① 신맛이 가해져서 생선이 부드러워진다.
② 생선의 비린내가 감소한다.
③ pH가 산성이 되어 미생물의 증식이 억제된다.
④ 단백질이 응고된다.

해설
※ 생선에 레몬즙을 뿌리면,
- 생선살의 pH가 단백질의 등전점에 가까워지며 살이 단단해진다.
- 먹기 직전에 뿌리는 것이 좋다.

48 치즈 제조에 사용되는 우유단백질을 응고시키는 효소는?

① 레닌(Rennin, 카제인(Casein)
② 아밀라아제(Amylase)
③ 말타아제(Maltase)
④ 프로테아제(Protease)

해설
치즈는 우유에 레닌(Rennin)이나 산으로 우유단백질인 카제인(Casein)을 응고한 것이다.

49 조리에 사용하는 냉동식품의 특성이 아닌 것은?

① 완만 동결하여 조직이 좋다.
② 미생물 발육을 저지하여 장기간 보존이 가능하다.
③ 저장 중 영양가 손실이 적다.
④ 산화를 억제하여 품질 저하를 막는다.

해설
식품을 급속 냉동하는 것은 바람직하며, 급속 냉동은 얼음을 미세하게 결정시키므로 단백질의 변패, 식품 조직 파괴 및 드립(Drip)현상이 적어 식품 자체의 상태를 유지할 수 있기 때문이다.

50 대상집단의 조직체가 급식운영을 직접 하는 형태는?

① 준 위탁급식　② 위탁급식
③ 직영급식　④ 협동조합급식

해설
- 위탁급식 : 급식경영 전문업체에 위탁하는 방식이다.
- 협동조합급식 : 경영체의 계열회사인 급식부가 경영하는 경우 급식시설의 이용자가 협력하여 조합을 결성하는 방식이다.

51 눈 보호를 위해 가장 좋은 인공조명 방식은?

① 직접조명 ② 간접조명
③ 반직접조명 ④ 전반확산조명

해설
간접조명은 눈을 보호할 수 있는 인공조명 방식이다.

52 디피티(D.P.T) 기본접종과 관계없는 질병은?

① 디프테리아 ② 풍진
③ 백일해 ④ 파상풍

해설
◈ 디피티(D.P.T)
- D : 디프테리아(Diphtheriae)
- P : 백일해(Pertussis)
- T : 파상풍(Tetanus)

53 사람이 예방접종을 통하여 얻는 면역은?

① 선천면역 ② 자연수동면역
③ 자연능동면역 ④ 인공능동면역

해설
◈ 후천성 면역

능동 면역	자연능동면역	질병 감염 후 획득한 면역
	인공능동면역	예방접종 후 획득한 면역
수동 면역	자연수동면역	모체로부터 태반이나 수유를 통해 얻어지는 면역
	인공수동면역	항체를 접종 후 얻어지는 면역

54 국소진동으로 인한 질병 및 직업병의 예방대책이 아닌 것은?

① 보건교육 ② 완충장치
③ 방열복 착용 ④ 작업시간 단축

해설
방열복은 고온환경에서 열중증(열사병, 열경련 등)과 화상을 방지하기 위해 사용하는 보호구이다.

55 무구조충(민촌충) 감염의 올바른 예방대책은?

① 게나 가재의 가열 섭취
② 음료수의 소독
③ 채소류의 가열 섭취
④ 소고기의 가열 섭취

해설
무구조충(민촌충)은 쇠고기를 생식하였을 경우에 감염되며 예방대책은 날로 먹지 않고 충분히 익혀 먹는 것임

56 중금속과 중독 증상의 연결이 잘못된 것은?

① 카드뮴 – 신장기능 장애
② 크롬 – 비중격천공
③ 수은 – 홍독성 흥분
④ 납 – 섬유화 현상

해설
납 중독 : 안면창백현상, 사지의 신경마비 등이며, 유기연의 경우 빈혈, 불면증, 체온저하, 혈압저하 등을 일으킨다.

57 인분을 사용한 밭에서 특히 경피적 감염을 주의해야 하는 기생충은?

① 십이지장충 ② 요충
③ 회충 ④ 말레이사상충

해설
◈ 경피감염 기생충
십이지장충(구충)으로 예방하려면 인분을 위생처리하고 인분을 사용한 논밭에서는 장갑과 장화 등을 착용하여 피부 노출을 피함

58 쓰레기 처리방법 중 미생물까지 사멸할 수는 있으나 대기오염을 유발할 수 있는 것은?

① 소각법 ② 투기법
③ 매립법 ④ 재활용법

해설
소각법은 가장 위생적인 방법이나 대기오염, 다이옥신 등 발암물질을 발생시킨다.

59 쥐에 의하여 옮겨지는 감염병은?

① 유행성이하선염 ② 페스트
③ 파상풍 ④ 일본뇌염

해설

◈ 후천성 면역

파리	파라티푸스, 콜레라 장티푸스
이	재귀열, 발진티푸스
모기	일본뇌염, 사상충증, 황열 말라리아
진드기	유행성출혈열, 쯔쯔가무시증
쥐	유행성출혈열, 페스트, 발진열
벼룩	페스트 발진열
바퀴벌레	장타티푸스

60 샐러드용 채소에 대한 설명 중 맞지 않는 설명은?

① 서비스하기 바로 전에 신선한 상태로 준비한다.
② 순한 맛, 매운 맛, 쓴 맛, 허브나 꽃 종류 등 다양하게 활용한다.
③ 차가운 물에 채소를 담궈 두는 것은 바람직하지 않다.
④ 채소는 되도록 손을 이용하여 한 입 크기로 뜯는다.

해설

차가운 물에 채소를 담궈 흙과 모래를 제거한다.

정답

1	2	3	4	5	6	7	8	9	10
①	③	①	④	②	①	④	①	③	②
11	12	13	14	15	16	17	18	19	20
④	①	②	②	④	①	①	④	①	②
21	22	23	24	25	26	27	28	29	30
①	②	①	③	①	③	①	①	①	①
31	32	33	34	35	36	37	38	39	40
②	③	②	②	②	③	④	②	④	④
41	42	43	44	45	46	47	48	49	50
②	①	④	③	③	②	①	①	①	③
51	52	53	54	55	56	57	58	59	60
②	②	④	③	④	④	①	①	②	③

제 4 회 실전 모의고사

01 우리나라 식품위생법 등 식품위생 행정업무를 담당하고 있는 기관은?

① 환경부
② 고용노동부
③ 보건복지부
④ 식품의약품안전처

해설
식품의약품안전처 : 식품위생 행정업무를 총괄 및 관장

02 사람이 평생 동안 매일 섭취하여도 아무런 장해가 일어나지 않는 최대량으로 1일 체중 kg당 mg수로 표시하는 것은?

① 최대무작용량(NOEL)
② 1일 섭취 허용량(ADI)
③ 50% 치사량(LD_{50})
④ 50% 유효량(ED_{50})

해설
1일 섭취허용량은 사람이 한평생 매일 섭취하더라도 장해가 인정되지 않는 화학물질의 1일 섭취량을 의미한다.

03 소분업 판매를 할 수 있는 식품은?

① 전분 ② 식용유지
③ 식초 ④ 빵가루

해설
소분업 판매를 할 수 없는 식품에는 어육제품, 통·병조림제품, 레토르트식품, 전분, 장류, 식용유지, 특수용도식품, 식초 등이 있다.

04 관능을 만족시키는 식품첨가물이 아닌 것은?

① 동클로로필린나트륨
② 질산나트륨
③ 아스파탐
④ 소르빈산

해설
- 소르빈산(보존료) : 식품의 변질, 변패를 방지하기 위해 사용한다.
- 동클로로필린나트륨(착색료), 질산나트륨(발색제), 아스파탐(감미료) : 식품의 기호성을 높이고 관능을 만족시키는 첨가물이다.

05 이타이이타이병과 관계있는 중금속 물질은?

① 수은(Hg) ② 카드뮴(Cd)
③ 크롬(Cr) ④ 납(Pb)

해설
◈ 유해금속의 생체에 대한 영향
- 수은 – 미나마타병 : 언어장애, 손의 지각이상 등
- 카드뮴 – 이타이이타이병 : 골다공증, 골연화증 등
- 크롬 : 피부염, 알레르기성습진, 비염 등
- 납 : 빈혈, 두통, 혈색소 파괴 등

06 세균 번식이 잘되는 식품과 가장 거리가 먼 것은?

① 온도가 적당한 식품
② 수분을 함유한 식품
③ 영양분이 많은 식품
④ 산이 많은 식품

해설
세균 번식에 필요조건은 영양소, 수분, 온도이며 산이 많으면 세균번식이 어렵다.

07 오래된 과일이나 산성 채소 통조림에서 유래되는 화학성 식중독의 원인물질은?

① 칼슘 ② 주석
③ 철분 ④ 아연

해설
통조림에 도금된 주석(Sn)은 채소류, 과일 등의 강한 산성물질에 의해 용출되어 중독되는 화학성 식중독이다.

08 세균성 식중독과 병원성 소화기계 감염병을 비교한 것으로 틀린 것은?

	세균성 식중독	병원성 소화기계 감염병
①	많은 균량으로 발병	균량이 적어도 발병
②	2차 감염이 빈번함	2차 감염이 없음
③	식품위생법으로 관리	감염병예방법으로 관리
④	비교적 짧은 잠복기	비교적 긴 잠복기

해설

세균성 식중독은 살모넬라 외에는 2차 감염이 없고 병원성 소화기계 감염병은 2차 감염이 된다.

09 조리사 또는 영양사 면허의 취소처분을 받고 그 취소된 날부터 얼마의 기간이 경과되어야 면허를 받을 자격이 있는가?

① 1개월 ② 3개월
③ 6개월 ④ 1년

해설

조리사 또는 영양사는 면허의 취소처분을 받은 후 취소된 날부터 1년이 지나야 면허를 받을 자격이 있다.

10 생선 및 육류의 초기부패 판정 시 지표가 되는 물질에 해당되지 않는 것은?

① 휘발성염기질소(VBN)
② 암모니아(Ammonia)
③ 트리메틸아민(Trimethylamine)
④ 아크롤레인(Acrolein)

해설

- 암모니아, 트리메틸아민 등 휘발성 염기
  : 육류와 생선류의 신선도 저하와 함께 증가한다. 이들 휘발성 염기질소량을 측정하여 선도를 판정한다.
- 아크롤레인
  : 기름을 가열하면 발연점에 도달하여 청백색의 연기와 함께 자극성적인 냄새를 내는 성분

11 중금속에 대한 설명으로 옳은 것은?

① 비중이 4.0 이하의 금속을 말한다.
② 생체기능유지에 전혀 필요하지 않다.
③ 다량이 축적될 때 건강장해가 일어난다.
④ 생체와의 친화성이 거의 없다.

해설

◈ 중금속
- 비중이 4.0 이상인 금속
- 아연, 철, 구리, 코발트, 등은 정상적인 생체기능을 유지하는데 필수적인 금속
- 일반적으로 다량이 축적되면 건강장해가 일어난다.

12 식품위생법상 출입·검사·수거에 대한 설명 중 틀린 것은?

① 관계 공무원은 영업소에 출입하여 영업에 사용하는 식품 또는 영업시설 등에 대하여 검사를 실시한다.
② 관계 공무원은 영업상 사용하는 식품 등을 검사를 위하여 필요한 최소량이라 하더라도 무상으로 수거할 수 없다.
③ 관계 공무원은 필요에 따라 영업에 관계되는 장부 또는 서류를 열람 할 수 있다.
④ 출입·검사·수거 또는 열람하려는 공무원은 그 권한을 표시하는 증표를 지니고 이를 관계인에 내보여야 한다.

해설

② 관계 공무원은 영업상 사용하는 식품 등을 검사를 위해 필요한 최소량이라도 식품 등의 무상 수거를 할 수 있다.

13 일반음식점의 모범업소의 지정기준이 아닌 것은?

① 화장실에 1회용 위생종이 또는 에어타월이 비치되어 있어야 한다.
② 주방에는 입식조리대가 설치되어 있어야 한다.
③ 1회용 물컵을 사용하여야 한다.
④ 종업원은 청결한 위생복을 입고 있어야 한다.

해설

일반음식점의 모범업소의 지정기준은 1회용 물품(숟가락, 젓가락, 물컵 등)을 사용하지 아니하여야 한다.

14 바지락 속에 들어 있는 독 성분은?

① 베네루핀(Venerupin)
② 솔라닌(Solanine)
③ 무스카린(Muscarine)
④ 아마니타톡신(Amanitatoxin)

해설
- 감자 : 솔라닌
- 독버섯 : 아마니타톡신, 무스카린

15 다음 중 잠복기가 가장 짧은 식중독은?

① 황색포도상구균 식중독
② 살모넬라균 식중독
③ 장염 비브리오 식중독
④ 장구균 식중독

해설
황색포도상구균 식중독은 잠복기가 식후 3시간으로 가장 짧다.

16 어류의 염장법 중 건염법(마른간법)에 대한 설명 중 틀린 것은?

① 식염의 침투가 빠르다.
② 품질이 균일하지 못하다.
③ 선도가 낮은 어류로 염장을 할 경우 생산량이 증가한다.
④ 지방질의 산화로 변색이 쉽게 일어난다.

해설
◈ 마른간법
- 직접 식염을 넣어 염장하는 방법.
- 장점 : 설비가 필요 없고 식염의 침투가 빨라 염장 초기부패가 적고, 염장이 잘못되었을 경우에 피해를 부분적으로 막을 수 있다.
- 단점 : 소금의 삼투가 균일하지 않아 제품의 품질이 균일하지 못하고 염장 중에 공기와 접촉되므로 지방질의 산화로 변색이 일어날 수 있다.

17 대두를 구성하는 콩 단백질의 주성분은?

① 글리아딘 ② 글루테닌
③ 글루텐 ④ 글리시닌

해설
대두의 주 단백질은 글리시닌(Glycinin)이다.

18 1g당 발생하는 열량이 가장 큰 것은?

① 당질 ② 단백질
③ 지방 ④ 알코올

해설
탄수화물-4kcal, 단백질-4kcal, 지방-9kcal, 알코올-7kcal 등

19 가열에 의해 고유의 냄새성분이 생성되지 않는 것은?

① 장어구이 ② 스테이크
③ 커피 ④ 포도주

해설
포도주는 가열하면 알코올이나 향기성분이 증발하여 고유의 냄새성분은 사라진다.

20 색소를 보존하기 위한 방법 중 틀린 것은?

① 녹색채소를 데칠 때 식초를 넣는다.
② 매실지를 담글 때 소엽(차조기 잎)을 넣는다.
③ 연근을 조릴 때 식초를 넣는다.
④ 햄 제조 시 질산칼륨을 넣는다.

해설
녹색채소의 클로로필(chlorophyll) 색소는 산성용액에서 조리하면 클로로필의 마그네슘이온(Mg^{2+})이 수소이온(H^{+})으로 변화되어 갈색의 페오피틴(pheophytin)이 형성되어 채소가 누런 갈색으로 변한다.

21 고기가 들어가지 않는 스프, 메인, 기타 요리 등에 널리 사용되는 스톡을 무엇이라고 하는가?

① 비프스톡 ② 치킨스톡
③ 야채스톡 ④ 생선스톡

해설
야채스톡은 큰 팬에 채소를 뒤집어 가며 로스트 한 후 물, 와인, 향채 주머니를 넣어 서서히 끓여내는 스톡이다. (35분~40분 정도)

22 맥아당은 어떤 성분으로 구성되어 있는가?

① 포도당 2분자가 결합된 것
② 과당과 포도당 각 1분자가 결합된 것
③ 과당 2분자가 결합된 것
④ 포도당과 전분이 결합된 것

해설

- 맥아당(엿당 : Maltose) : 포도당+포도당으로 혼합된 이당류
- 엿기름에 많이 들어있으며 물엿의 주성분이다.

23 탄수화물의 조리가공 중 변화되는 현상과 가장 관계 깊은 것은?

① 거품 생성 ② 호화
③ 유화 ④ 산화

해설

◈ 호화
탄수화물의 조리과정 중에 변화하는 현상으로 전분에 물을 넣고 가열하면 물 분자가 전분과 혼합하여 팽창하며 반투명의 콜로이드 상태가 되는 현상이다.

24 브로멜린(Bromelin)이 함유되어 있어 고기를 연화시키는 이용되는 과일은?

① 사과 ② 파인애플
③ 귤 ④ 복숭아

해설

파인애플 속에 들어있는 브로멜린(Bromelin)은 단백질 분해효소를 하는 기능을 가지고 있어 고기를 연하게 하고, 이외에 파파야(파파인), 무화과(피신), 배(프로테아제), 키위(액티니딘) 등이 있다.

25 알칼리성 식품의 성분에 해당하는 것은?

① 유즙의 칼슘(Ca) ② 곡류의 염소(Cl)
③ 육류의 인(P) ④ 생선의 황(S)

해설

식품 연소 시 최종적으로 남는 무기질에 따라 구분함
- 산성 식품 : 인, 황, 염소 등
- 알칼리성 식품 : 칼슘, 칼륨, 나트륨, 마그네슘 등

26 다음 중 효소적 갈변반응에 의해 색을 나타내는 식품은?

① 분말 오렌지 ② 간장
③ 캐러멜 ④ 홍차

해설

홍차는 발효 과정에서 폴리페놀 산화효소에 의해 갈변이 된다.

27 생선 육질이 쇠고기 육질보다 연한 것은 주로 어떤 성분의 차이에 의한 것인가?

① 글리코겐(glycogen)
② 헤모글로빈(hemoglobin)
③ 포도당(glucose)
④ 콜라겐(collagen)

해설

생선이 쇠고기 육질보다 연한 것은 콜라겐(collagen)과 엘라스틴(elastin)의 함량이 적기 때문이다.

28 단맛성분에 소량의 짠맛성분을 혼합할 때 단맛이 증가하는 현상은?

① 맛이 상쇄현상 ② 맛의 억제현상
③ 맛의 변조현상 ④ 맛의 대비현상

해설

- 맛의 변조현상 : 한 가지 맛을 느낀 직후 다른 맛을 보면 기존식품의 맛이 다르게 느껴지는 현상.
- 맛의 상쇄현상 : 두 종류의 정미 성분이 혼재해 있을 경우 각각의 맛을 느낄 수 없고 조화된 맛을 느끼는 경우를 말한다.
- 맛의 억제현상 : 서로 다른 정미 성분이 혼합되었을 때 주된 정미 성분의 맛이 약화되는 현상을 말한다.

29 어떤 단백질의 질소함량이 18%라면 이 단백질의 질소계수는 약 얼마인가?

① 5.56 ② 6.30
③ 6.47 ④ 6.67

해설

※ 질소계수
〈100/질소함량〉의 공식으로 100/18이면, = 5.555 ≒ 5.56

30 지방의 경화에 대한 설명으로 옳은 것은?

① 물과 지방이 서로 섞여 있는 상태이다.
② 불포화지방산에 수소를 첨가하는 것이다.
③ 기름을 7.2℃까지 냉각시켜서 지방을 여과하는 것이다.
④ 반죽 내에서 지방층을 형성하여 글루텐 형성을 막는 것이다.

해설
◈ 지방의 경화(Hardening of oil)
불포화지방산에 Ni(니켈)과 Pt(백금) 등의 촉매를 이용하여 분자상의 H2(수소)를 첨가하여 포화지방산으로 변화시키는 것으로 마가린과 쇼트닝이 있다.

31 다음 중 버터 대용품으로 생산되고 있는 식물성 유지는?

① 쇼트닝 ② 마가린
③ 마요네즈 ④ 땅콩버터

해설
마가린은 천연버터와 비슷한 가공유지로 정제된 식물성 기름에 수소를 첨가하고 니켈을 촉매제로 가공한 것으로 버터와 풍미가 비슷하다

32 원가계산의 목적으로 옳지 않은 것은?

① 원가의 절감 방안을 모색하기 위해서
② 제품의 판매가격을 결정하기 위해서
③ 경영손실을 제품가격에서 만회하기 위해서
④ 예산편성의 기초자료로 활용하기 위해서

해설
◈ 원가계산의 목적
판매가격을 결정, 경영능률을 증진시키기 위한 예산편성, 원가절감 등이 있다.

33 차가운 전채요리에 속하는 것은?

① 훈제연어 ② 팀발
③ 파이 ④ 부셰

해설
팀발, 파이, 부셰는 더운 전채요리이다.

34 공중보건에 대한 설명으로 틀린 것은?

① 공중보건의 최소단위는 지역사회이다.
② 환경위생 향상, 감염병 관리 등이 포함된다.
③ 주요 사업대상은 개인이 질병치료이다.
④ 목적은 질병예방, 수명연장, 정신적·신체적 효율의 증진이다.

해설
- 공중보건의 3대 요소 : 질병예방, 수명연장, 건강증진이다
- 공중보건의 대상 : 개인이 아닌 인간집단으로 지역사회가 최소단위이다.

35 조리장의 입지조건으로 적당하지 않은 곳은?

① 급·배수가 용이하고 소음, 악취, 분진, 공해 등이 없는 곳
② 사고발생 시 대피하기 쉬운 곳
③ 조리장이 지하층에 위치하여 조용한 곳
④ 재료의 반입, 오물의 반출이 편리한 곳

해설
조리장은 통풍 및 채광이 용이한 곳에 설치해야 한다. 지하층은 적당하지 않다.

36 젤라틴과 한천에 관한 설명으로 틀린 것은?

① 한천은 보통 28~35℃에서 응고되는데 온도가 낮을수록 빨리 굳는다.
② 한천은 식물성 급원이다
③ 젤라틴은 젤리, 양과자 등에서 응고제로 쓰인다.
④ 젤라틴에 생 파인애플을 넣으면 단단하게 응고한다.

해설
젤라틴의 응고력은 등전점인 pH 4.7 부근에서 커지고 산을 첨가하면 pH가 등전점 이하로 떨어져 응고력이 약해지게 된다.

37 샌드위치에 사용하는 빵에 대한 설명 중 틀린 것은?

① 식빵, 풀먼식빵, 베이글, 크로와상 등의 주로 사용된다.
② 빵에 내용물을 넣을 때 중심부만 가득 채운다.
③ 통밀로 만든 빵이나 조직이 치밀하지 못한 빵은 썰기가 어렵다.
④ 표면이 치밀한 풀먼 브레드는 잘 썰어지므로 한입에 들어가는 샌드위치에 적합하다.

해설
빵에 내용물을 넣을 때는 빵의 모서리까지 고르게 펴서 채운다.

38 밀가루 반죽 시 넣는 첨가물에 관한 설명으로 옳은 것은?

① 유지는 글루텐 구조형성을 방해하여 반죽을 부드럽게 한다.
② 소금은 글루텐 단백질을 연화시켜 밀가루 반죽의 점탄성을 떨어뜨린다.
③ 설탕은 글루텐 망사구조를 치밀하게 하여 반죽을 질기고 단단하게 한다.
④ 달걀을 넣고 가열하면 단백질의 연화작용으로 반죽이 부드러워진다.

해설
◈ 밀가루 반죽 시 넣는 첨가물에 대한 설명
- 소금은 글루텐의 망상구조를 치밀하게 하여 반죽을 질기고 단단하게 한다.
- 설탕은 단백질의 연화작용으로 인해 반죽이 부드러워진다.
- 달걀 첨가 시 가열에 의해 달걀 단백질이 응고되면서 글루텐의 형성을 도와 제품의 모양, 맛, 색을 좋게 한다.

39 아래의 조건의 당질 함량을 기준으로 고구마 180g을 쌀로 대치하려면 필요한 쌀의 양은?

- 고구마 100g의 당질 함량 29.2g - 쌀 100g의 당질 함량 31.7g

① 165.8g ② 170.6g
③ 177.5g ④ 184.7g

해설
※ 대체식품량
(원래식품량 × 원래식품 함량) / 대체식품 함량
= (180g × 29.2%) / 31.7% = 165.8g

40 샐러드 조리 시 채소의 수분을 빼는 조리 도구의 명칭은?

① spinner ② timbales
③ skimmer ④ rondeaus

해설
- timbales : 더운전채요리
- skimmer : 그물모양의 국자
- rondeaus : 낮고 넓은 냄비

41 우유를 데울 때 가장 좋은 방법은?

① 냄비에 담고 끓기 시작할 때까지 강한 불로 데운다.
② 이중냄비에 넣고 젓지 않고 데운다.
③ 냄비에 담고 약한 불에서 젓지 않고 데운다.
④ 이중냄비에 넣고 저으면서 데운다.

해설
우유를 데울 때는 온도를 주의하고 이중냄비(중탕)를 사용하여 가볍게 저어가면서 데워야 한다. 우유를 60~65℃로 가열하면 우유 중의 단백질과 지질 무기질이 흡착되어 표면에 엷은 피막이 생기기 때문이다.

42 아래 〈보기〉 중 단체급식 조리장을 신축할 때 우선적으로 고려할 사항 순으로 배열된 것은?

가. 위생	나. 경제	다. 능률

① 다 → 나 → 가 ② 나 → 가 → 다
③ 가 → 다 → 나 ④ 나 → 다 → 가

해설
조리장을 신축 또는 개조할 경우는 위생적일 것, 능률적일 것, 경제적일 것 등의 순서대로 고려해야 한다.

43 식품의 감별법 중 틀린 것은?

① 쌀알은 투명하고 앞니로 씹었을 때 강도가 센 것이 좋다.
② 생선은 안구가 돌출되어 있고 비늘이 단단하게 붙어 있는 것이 좋다.
③ 닭고기의 뼈(관절) 부위가 변색된 것은 변질된 것으로 맛이 없다.
④ 돼지고기의 색이 검붉은 것은 늙은 돼지에서 생산된 고기일 수 있다.

해설

냉동한 닭고기를 조리할 때 닭 뼈가 짙은 갈색으로 변색되는데 이는 냉동과 해동이 닭 뼈의 골수의 적혈구를 파괴시켜 짙은 적색으로 나타난 것이 다시 조리를 하는 과정에 짙은 갈색으로 변색 된 것이어서 인체에는 무해하다.

44 다음 중 신선한 달걀은?

① 달걀을 흔들어서 소리가 나는 것
② 삶았을 때 난황의 표면이 암녹색으로 쉽게 변하는 것
③ 껍질이 매끈하고 윤기 있는 것
④ 깨보면 많은 양의 난백이 난황을 에워싸고 있는 것

해설

◈ 달걀의 신선도 판정방법
- 기실의 크기가 작은 것이 좋다.
- 6% 정도의 소금물에 가라앉는 것이 좋다.
- 오래된 달걀을 삶았을 때 황화수소가 쉽게 발생하여 난황이 암녹색으로 쉽게 변색된다.
- 껍질은 거칠고 광택이 없으며 흔들었을 때 소리가 나지 않아야 한다.
- 난황이 둥글고 농후난백이 많다.(난황계수 0.37~0.44)

45 냉동생선을 해동하는 방법으로 위생적이며 영양 손실이 가장 적은 경우는?

① 18 ~22 ℃의 실온에 둔다.
② 40℃의 미지근한 물에 담가둔다.
③ 냉장고 속에 해동한다.
④ 23~25℃의 흐르는 물에 담가둔다.

해설

높은 온도에서 해동하면 조직이 손상되어 단백질이 변성되는 드립(Drip)현상이 생기므로 냉장고 내에서 천천히 해동하는 것이 좋다.

46 단체급식의 목적이 아닌 것은?

① 피급식자의 건강의 회복, 유지, 증진을 도모한다.
② 피급식자의 식비를 경감한다.
③ 피급식자에게 물질적 충족을 준다.
④ 영양교육과 음식의 중요성을 교육함으로써 바람직한 급식을 실현한다.

해설

◈ 단체급식의 목적
건강을 증진, 영양교육, 도덕성과 사회성의 함양, 휴식처와 사교장의 제공, 식비경감 등

47 조찬용 빵 종류로서 삼각형으로 자른 식빵을 계란,우유,설탕 섞은 것에 적셔서 팬이나 그리들에 구워 설탕이나 계핏가루를 섞어서 묻히고 꿀이나 메이플시럽, 버터, 계절과일을 곁들이는 것은?

① 팬 케이크(Pan Cake)
② 와플(Waffle)
③ 프렌치 토스트(French Toast)
④ 시나몬 토스트(Cinnamon Toast)

48 수분 70g, 당질 40g, 섬유질 7g, 단백질 5g, 무기질 4g, 지방 3g이 들어있는 식품의 열량은?

① 165kcal ② 178kcal
③ 198kcal ④ 207kcal

해설

식품이 가지고 있는 열량은 당질 1g 당 4kcal, 단백질 1g 당 4kcal, 지방 1g 당 9kcal가 발생되므로,
(40×4) + (5×4) + (3×9)
= 160 + 20 + 27
= 207

49 조미의 기본 순서로 가장 옳은 것은?

① 설탕 → 소금 → 간장 → 식초
② 설탕 → 식초 → 간장 → 소금
③ 소금 → 식초 → 간장 → 설탕
④ 간장 → 설탕 → 식초 → 소금

해설
◈ 조미료의 사용순서
분자량이 적을수록 빨리 침투하므로 분자량이 큰 것을 먼저 넣어야 제대로 조미료가 침투되므로 설탕(342.3) – 소금(58.5) – 간장 – 식초의 순으로 한다.

50 채소류로부터 감염되는 기생충은?

① 요충, 유구조충
② 십이지장충, 선모충
③ 회충, 무구조충
④ 동양모양선충, 편충

해설
◈ 매개체에 따른 기생충
– 육류 매개체 : 무구조충(소), 유구조충(돼지), 선모충(돼지, 개) 등
– 어패류 매개체 : 폐디스토마, 간디스토마 등
– 채소 매개체 : 회충, 동양모양선충, 구충, 요충, 편충 등

51 일반적인 스프의 양보다 많고 농도는 걸쭉해서 스튜(Stew)에 가깝고 수프만으로도 하나의 요리가 되어 바쁜 일상생활에서 시간을 절약하여 먹기 편한 장점이 있는 수프는?

① 스페셜 수프　② 식사대용 수프
③ 차가운 수프　④ 비스퀴 스프

해설
– 스페셜 수프 : 특정지역에 기원함
– 차가운 수프 : 가즈파쵸 수프, 찬 감자 수프 등
– 비스퀴 스프 : 갑각류의 껍질을 으깬 후 채소와 함께 끓인 수프

52 주로 크림소스에 어울리는 파스타 면 종류는 어떤 것인가?

① 마카로니　② 링귀네
③ 푸실리　④ 펜네

해설
크림소스에 어울리는 파스타 면은 주로 길고 넓적한 파스타가 잘 어울린다.(스파게티, 링귀네, 페투치네 등) 마카로니, 푸실리, 펜네 등은 주로 고기소스나 야채가 들어간 소스가 잘 어울린다.

53 생균(Live Vaccine)을 사용하는 예방접종으로 면역이 되는 질병은?

① 파상풍　② 콜레라
③ 폴리오　④ 백일해

해설
◈ 백신과 질병
– 생균 백신 : 홍역, 결핵, 폴리오(경구)
– 사균 백신 : 콜레라, 폴리오(경피), 장티푸스, 백일해
– 순화 독소 : 디프테리아, 파상풍

54 음식물이나 식수에 오염되어 경구적으로 침입되는 감염병이 아닌 것은?

① 유행성이하선염　② 파라티푸스
③ 세균성 이질　④ 폴리오

해설
– 소화기계 감염병 : 병원체는 환자, 보균자의 분변으로 배설되어 음식물이나 식수로 오염되어 경구 침입하는 감염병. 장티푸스, 세균성이질, 아메바성이질, 소아마비(폴리오), 파라티푸스, 콜레라 등이 있다.
– 유행성이하선염은 병원체가 바이러스로 호흡기계 감염병이다.

55 주로 데미글라스로 육류에 사용되며 브라운 스톡과 브라운 루, 미르포아와 토마토를 주재료로 하는 소스의 명칭은?

① 벨루테 소스　② 베샤멜 소스
③ 브라운 소스　④ 홀렌다이즈 소스

해설
– 벨루테 소스 : 화이트 스톡이나 생선스톡에 루(roux)를 사용함
– 베샤멜 소스 : 화이트 루(roux)에 우유를 넣어 농도를 조절함
– 홀렌다이즈 소스 : 계란 노른자, 정제 버터, 허브 에센스를 사용

56 돼지고기를 날 것으로 먹거나 불완전하게 가열하여 섭취할 때 감염될 수 있는 기생충은?

① 유구조충
② 무구조충
③ 광절열두조충
④ 간디스토마

해설

◈ 기생충과 중간숙주와의 관계
- 무구조충 : 소
- 광절열두조충 : 제1중간숙주(물벼룩)–제2중간숙주(담수어 : 연어, 송어)
- 간디스토마 : 제1중간숙주(왜우렁이)–제2중간숙주(담수어 : 붕어, 잉어)

57 다음 중 습열식 조리 방법(Moist–Heat Cooking Method)에 해당하는 조리방법은?

① Grilling ② Roasting
③ Baking ④ Boilling

해설

Grilling, Roasting, Baking은 건열식 조리방법이다.

58 인수공통감염병으로 그 병원체가 세균인 것은?

① 일본뇌염 ② 공수병
③ 광견병 ④ 결핵

해설

◈ 인수 공통 감염병
- 동물과 사람 간에 서로 전파되는 병원체에 의하여 발생되는 감염병
- 결핵 : 세균
- 일본뇌염, 공수병(광견병) : 바이러스

59 매개 곤충과 질병이 잘못 연결된 것은?

① 이 – 발진티푸스
② 쥐벼룩 – 페스트
③ 모기 – 사상충증
④ 벼룩 – 렙토스피라증

해설

이	재귀열, 발진티푸스
모기	말라리아, 일본뇌염, 사상충증, 황열
진드기	유행성출혈열, 쯔쯔가무시증
쥐	유행성출혈열, 페스트, 발진열, 렙토스피라증
벼룩	발진열, 페스트
바퀴벌레	장타티푸스

60 적외선에 속하는 파장은?

① 200nm ② 400nm
③ 600nm ④ 800nm

해설

적외선(=열선)은 3파장(자외선, 가시광선, 적외선) 중 가장 긴 파장으로 780nm 이상을 말한다.

정답

1	2	3	4	5	6	7	8	9	10
④	②	④	④	②	④	②	②	④	④
11	12	13	14	15	16	17	18	19	20
③	②	③	①	①	③	④	③	④	①
21	22	23	24	25	26	27	28	29	30
③	①	②	②	①	④	④	④	①	②
31	32	33	34	35	36	37	38	39	40
②	③	①	③	③	④	②	①	①	①
41	42	43	44	45	46	47	48	49	50
④	③	③	④	③	③	③	④	①	④
51	52	53	54	55	56	57	58	59	60
②	②	③	①	③	①	④	④	④	④

제 5 회 실전 모의고사

01 카드뮴이나 수은 등의 중금속 오염 가능성이 가장 큰 식품은?

① 육류 ② 어패류
③ 식용유 ④ 통조림

해설
카드뮴이나 수은등에 오염된 공장폐수와 생활 오수로 강, 호수 및 바다를 오염시켜서 어패류에 중금속이 축적된다.

02 도마의 사용방법에 관한 설명 중 잘못된 것은?

① 합성세제를 사용하여 43~45℃의 물로 씻는다.
② 염소소독, 열탕살균, 자외선살균 등을 실시한다.
③ 식재료 종류별로 전용의 도마를 사용한다.
④ 세척, 소독 후에는 건조시킬 필요가 없다.

해설
도마는 세척 및 소독 후 반드시 건조하여 세균이 번식하지 않도록 관리하여야 한다.

03 식품 부패 시 생성되는 물질과 거리가 먼 것은?

① 암모니아(Ammonia)
② 트리메틸아민(Trimethylamine)
③ 글리코겐(Glycogen)
④ 아민(Amine)류

해설
- 식품 부패 시 생성되는 물질 : 암모니아, 트리메틸아민 등의 아민류, 황화수소 등이며 불쾌취와 악취를 생성
- 글리코겐(Glycogen)
  동물성 탄수화물로 동물체 내에서 섭취된 당은 간장에서 글리코겐으로 변화되어 쌓여지고 필요에 따라 포도당으로 분해되어 혈액을 통해 각 조직으로 가서 에너지원으로 이용

04 살모넬라균에 의한 식중독의 특징 중 틀린 것은?

① 장독소(Enterotoxin)에 의해 발생한다.
② 잠복기는 보통 12~24시간이다.
③ 주요증상은 메스꺼움, 구토, 복통, 발열이다.
④ 원인식품은 대부분 동물성 식품이다.

해설
장독소(Enterotoxin : 엔테로톡신)는 독소형 식중독인 포도상구균식중독이다.

05 식품위생법상 식품 등의 위생적 취급에 관한 기준으로 틀린 것은?

① 식품 등의 보관·운반·진열 시에는 식품 등의 기준 및 규격이 정하고 있는 보존 및 유통기준에 적합하도록 관리하여야 한다.
② 식품 등의 제조·가공·조리에 직접 사용되는 기계·기구 및 음식기는 세척·살균하는 등 항상 청결하게 유지관리 하여야 하며, 어류·육류·채소류를 취급하는 칼, 도마는 공통으로 사용한다.
③ 식품 등의 제조·가공·조리 또는 포장에 직접 종사하는 자는 위생모를 착용하는 등 개인위생관리를 철저히 하여야 한다.
④ 제조·가공(수입품 포함)하여 최소판매 단위로 포장된 식품 또는 식품첨가물을 영업허가 또는 신고하지 아니하고 판매의 목적으로 포장을 뜯어 분할하여 판매하여서는 아니 된다.

해설
위생적인 취급에 관한 사항에서 조리 기구(칼과 도마)나 용기, 앞치마, 고무장갑 등은 원료나 조리과정에서의 교차오염을 방지하기 위하여 각각 구분하여 사용해야 한다.

06 통조림관의 주성분으로 과일이나 채소류 통조림에 의한 식중독을 일으키는 것은?

① 주석 ② 아연
③ 구리 ④ 카드뮴

해설
통조림에 도금된 주석(Sn)은 채소류, 과일 등의 강한 산성물질에 의해 용출되어 중독되는 식중독이다.

07 다음 중 식품위생법상 식품위생의 대상은?

① 식품, 약품, 기구, 용기, 포장
② 조리법, 조리시설, 기구, 용기, 포장
③ 조리법, 단체급식, 기구, 용기, 포장
④ 식품, 식품첨가물, 기구, 용기, 포장

해설
식품위생법상 식품위생의 대상은 식품, 식품첨가물, 기구 또는 용기・포장을 대상으로 하는 음식에 관한 위생을 말한다.

08 식품접객업소의 조리판매 등에 대한 기준 및 규격에 의한 조리용 칼・도마 식기류의 미생물 규격은?(단, 사용 중의 것은 제외한다.)

① 살모넬라 음성, 대장균 양성
② 살모넬라 음성, 대장균 음성
③ 황색포도상구균 양성, 대장균 음성
④ 황색포도상구균 음성, 대장균 양성

해설
식품접객업소의 조리용 칼·도마 식기류, 숟가락, 젓가락, 등(사용 중의 것은 제외)은 살모넬라 음성, 대장균 음성이어야 한다. 행주(사용 중인 것은 제외)도 대장균 음성이어야 한다.

09 식품에 오염된 미생물이 증식하여 생성한 독소에 의해 유발되는 대표적인 식중독은?

① 황색 포도상구균 식중독
② 살모넬라균 식중독
③ 장염 비브리오 식중독
④ 리스테리아 식중독

해설
- 독소형 : 포도상구균 식중독과 클로스티리디움 보툴리누스 식중독 등
- 감염형 : 살모넬라, 장염비브리오, 병원성대장균 등

10 복어와 모시조개 섭취 시 식중독을 유발하는 독성물질을 순서대로 나열한 것은?

① 엔테로톡신(Enterotoxin), 사포닌(Saponin)
② 엔테로톡신(Enterotoxin), 아플라톡신(Aflatoxin)
③ 테트로도톡신(Tetrodotoxin), 듀린(Dhurrin)
④ 테트로도톡신(Tetrodotoxin), 베네루핀(Venerupin)

해설
◈ 식품과 독성분
- 복어 : 테트로도톡신
- 모시조개, 굴, 바지락 : 베네루핀

11 곰팡이 독소와 독성을 나타내는 곳을 잘못 연결한 것은?

① 오크라톡신(Ochratoxin) – 간장독
② 아플라톡신(Aflatoxin) – 신경독
③ 시트리닌(Citrinin) – 신장독
④ 스테리그마토시스틴(Sterigmatocystin) – 간장독

해설
◈ 아플라톡신
쌀, 땅콩, 보리 등의 탄수화물이 풍부한 곡류와 콩류에 침입하여 번식하는 진균독으로 간에 장애를 주는 간장독이다.

12 식품과 독성분의 연결이 틀린 것은?

① 매실 – 베네루핀(Venerupin)
② 섭조개 – 삭시토신(Saxitoxin)
③ 독버섯 – 무스카린(Muscarine)
④ 독보리 – 테물린(Temuline)

해설
- 매실 : 아미그달린
- 굴, 모시조개, 바지락 등 : 베네루핀

13 다음 중 과채, 식육 가공 등에 사용하여 식품 중 색소와 결합하여 식품 본래의 색을 유지하게 하는 식품첨가물은?

① 식용타르색소 ② 천연색소
③ 발색제 ④ 표백제

해설

◈ 발색제
식품의 색소와 결합하여 색을 안정시키거나 선명하게 발색을 촉진시키는 식품첨가물

14 식품위생법상 판매를 목적으로 하거나 영업상 사용하는 식품 및 영업시설 등 검사에 필요한 최소량의 식품 등을 무상으로 수거할 수 없는 자는?

① 식품의약품안전처장
② 시・도지사
③ 시장・군수・구청장
④ 국립의료원장

해설

식품의약품안전처장, 시・도지사 또는 시장・군수・구청장 등은 식품 등의 위해 방지, 위생관리 및 영업질서 유지를 위하여 출입・검사・수거 등의 조치를 할 수 있다.

15 다음 중 수출을 목적으로 하는 식품 또는 식품첨가물의 기준과 규격은 식품위생법의 규정 외에 어떤 기준과 규칙에 의할 수 있는가?

① 수입자가 요구하는 기준과 규격
② 국립검역소장이 정하여 고시한 기준과 규격
③ FDA의 기준과 규격
④ 산업통상자원부장관의 별도 허가를 득한 기준과 규격

해설

수출할 식품 또는 식품첨가물의 기준과 규격은 수입자가 요구하는 기준, 규격 등을 따라야 한다.

16 다음 중 과일, 채소의 호흡작용을 조절하여 저장하는 방법은?

① 건조법 ② 냉장법
③ 통조림법 ④ 가스저장법

해설

◈ 가스저장법(CA 저장)
과일이나 채소의 호흡작용을 조절하기 위해 이산화탄소(CO_2)나 질소(N_2)가스를 주입해 미생물 생육과 번식을 억제해 장기간 저장하는 방법

17 달걀 저장 중에 일어나는 변화로 옳은 것은?

① pH 저하 ② 중량 감소
③ 난황계수 증가 ④ 수양난백 감소

해설

◈ 달걀의 저장 중의 변화
- 암모니아 발생하여 pH 증가(알칼리화)한다.
- 오래된 달걀은 중량이 감소한다.
- 난황계수는 오래될수록 수치가 감소한다.
- 오래된 달걀은 수양난백이 증가하여 거품이 잘 생성된다.

18 두류 가공품 중 발효과정을 거치는 것은?

① 두유 ② 피넛 버터
③ 유부 ④ 된장

해설

두류가공품 중 장류(청국장, 된장, 고추장, 간장)는 발효와 숙성과정을 거쳐 완성된 식품

19 영양소와 급원식품의 연결이 옳은 것은?

① 동물성 단백질 – 두부, 쇠고기
② 비타민 A – 당근, 미역
③ 필수지방산 – 대두유, 버터
④ 칼슘 – 우유, 치즈

해설

◈ 영양소와 급원식품
- 동물성 단백질 : 쇠고기, 돼지고기, 오리고기, 닭고기, 생선 등
두부는 식물성 단백질이다.

- 비타민 A : 당근, 시금치, 김, 파래, 쇠간, 호박 등 미역에는 요오드가 풍부
- 필수지방산 : 옥수수기름, 낙화생기름 등 필수지방산은 불포화지방산에 많이 들어있고 대부분이 식물성 지방이고 버터는 동물성 지방으로 포화지방산이 많다.

20 사과를 깎아 방치했을 때 나타나는 갈변 현상과 관계없는 것은?

① 산화효소 ② 산소
③ 페놀류 ④ 섬유소

해설

◈ 사과의 갈변
- 사과를 깎아 방치했을 때 효소적으로 상처받은 조직이 공기 중에 노출되면 산화효소에 의해 페놀화합물이 산소의 존재 하에 산화되어 멜라닌(갈색 색소)으로 전환되기 때문이다.
- 섬유소는 고등식물의 세포벽의 주성분인 다당류의 일종이다.

21 생식기능 유지와 노화 방지의 효과가 있고 화학명이 토코페롤(Tocopherol)인 비타민은?

① 비타민 A ② 비타민 C
③ 비타민 B ④ 비타민 E

해설

◈ 비타민 E(토코페롤)
항산화제로 생식기능 유지, 노화 방지의 효과가 있으며 결핍 시 사람에게는 빈혈, 노화 촉진 동물에게는 불임증이 올 수 있다.

22 다음 중 우리나라에서 간장에 사용할 수 있는 보존료는?

① 프로피온산(Propionic acid)
② 이초산나트륨(Sodium diacetate)
③ 안식향산(Benzoic acid)
④ 소르빈산(Sorbic acid)

해설

◈ 보존료 사용 대상 식품

프로피온산	빵, 케이크류, 과자
이초산나트륨	빵류, 소스류, 스프류, 견과류, 식용유지, 캔디류, 식육가공품 등
안식향산	간장, 잼류, 청량음료
소르빈산	식육 및 어육 가공품, 된장, 고추장, 케찹, 과실주 등

23 젤라틴의 원료가 되는 식품은?

① 한천 ② 과일
③ 동물의 연골 ④ 쌀

해설

젤라틴(gelatin) : 동물의 뼈, 가죽, 연골, 힘줄 등을 구성하는 천연단백질인 콜라겐을 가수분해하여 얻어지는 유도단백질의 일종

24 다음 중 알리신(Allicin)이 가장 많이 함유된 식품은?

① 마늘 ② 사과
③ 고추 ④ 무

해설

알리신(Allicin)은 마늘의 매운 성분이며 비타민 B_1의 흡수를 도와준다.

25 다음 당류 중 케톤기를 가진 것은?

① 프락토오스(Fructose)
② 만노오스(Mannose)
③ 갈락토오스(Galactose)
④ 글루코오스(Glucose)

해설

- 케토오스 : 단당류 중 케톤기(=CO)를 갖는 당, 과당(Fructose)
- 알도오스 : 단당류 중 알데히드기(-CHO)를 갖는 당, 과당을 제외한 모든 단당류

26 양식 기본썰기 방법 중 하나로 무, 감자, 당근 등의 채소를 주사위 모양으로 써는 방법은?

① 브뤼누아즈(Bruniise)
② 콩카세(Concasse)
③ 줄리엔(Julienne)
④ 다이스(Dice)

해설

- 브뤼누아즈(Bruniise) : 무, 감자, 당근 등의 채소를 0.3cm×0.3cm의 작은 네모 썰기로 정육면체 형태로 써는 방법
- 콩카세(Concasse) : 토마토를 0.5cm 크기의 정사각형으로 써는 방법
- 줄리엔(Julienne) : 무, 감자, 당근 등의 채소를 네모 막대형 모양으로 써는 방법

27 염지에 의해서 원료육의 미오글로빈으로부터 생성되며 비가열 식육제품인 햄 등의 고정된 육색을 나타내는 것은?

① 니트로소헤모글로빈(Nitrosohemoglobin)
② 옥시미오글로빈(Oxymyoglobin)
③ 니트로소미오글로빈(Nitrosomyoglobin)
④ 메트미오글로빈(Metmyoglobin)

해설

◈ 육가공품의 발색과정
원료육의 큐어링(curing : 염지)중에 아질산으로부터 생성된 산화질소와 환원형미오글로빈이 결합해서 적색의 니트로소미오글로빈(Nitrosomyoglobin)을 형성함

28 다음 중 레토르트식품의 가공과 관계없는 것은?

① 통조림 ② 파우치
③ 플라스틱 필름 ④ 고압솥

해설

레토르트식품은 조리 가공한 식품을 플라스틱필름이나 금속박 등 파우치에 넣어 밀봉한 후 고압솥(레토르트)에 넣어 가열, 살균하여 장기가 보관할 수 있는 것으로 금속용기를 사용하는 통조림과는 구별된다.

29 하루 필요 열량이 2,700kcal일 때, 이 중 14%에 해당하는 열량을 지방에서 얻으려 할 때 지방의 양은?

① 36g ② 42g
③ 81g ④ 94g

해설

- 1일 필요량 2,700kcal 중 14%의 열량을 지방에서 얻으려 할 때는 2,700kcal × 0.14 = 378kcal
- 1일 378kcal를 지방에서 얻으려면 지방은 1g당 9kcal의 열량을 내므로 378 ÷ 9 = 42이다.

30 전분의 호정화를 이용한 식품은?

① 식혜 ② 치즈
③ 맥주 ④ 뻥튀기

해설

◈ 전분의 호정화(텍스트린화)
전분에 수분을 가하지 않고 160℃ 이상으로 가열하면 여러 단계의 가용성 전분을 거쳐 텍스트린(호정)으로 분해되는 것으로 미숫가루, 팝콘, 뻥튀기(튀밥), 루(roux) 등이 있으며 물에 잘 녹아 소화도 용이해진다.

31 주로 데미글라스로 육류에 사용되며 브라운 스톡과 브라운 루, 미르포와와 토마토를 주재료로 하는 소스의 명칭은?

① 벨루테 소스
② 베샤멜 소스
③ 브라운 소스
④ 홀렌다이즈 소스

해설

- 벨루테 소스 : 화이트 스톡이나 생선스톡에 루(roux)를 사용
- 베샤멜 소스 : 화이트 루(roux)에 우유를 넣어 농도를 조절
- 홀렌다이즈 소스 : 계란 노른자, 허브 에센스, 정제 버터를 사용

32 조리 시 나타나는 현상과 그 원인 색소의 연결이 옳은 것은?

① 산성성분이 많은 물로 지은 밥의 색이 누렇다. - 클로로필계
② 식초를 가한 양배추의 색이 짙은 갈색이다. - 플라보노이드계
③ 커피를 경수로 끓여 그 표면이 갈색이다. - 탄닌계
④ 데친 시금치의 나물이 누렇게 되어 있다. - 안토시아닌계

해설

커피나 차를 경수로 끓이면 물의 칼슘과 마그네슘 성분이 탄닌과 결합하여 갈색의 침전물질을 형성하여 커피의 맛은 좋지 않다.

33 감자의 효소적 갈변 억제 방법이 아닌 것은?

① 아스코르빈산 첨가　② 아황산 첨가
③ 질소 첨가　④ 물에 침지

해설
- 감자의 효소적 갈변 억제방법 : 물에 담가 두기, 고온 처리로 효소의 불활성화, 아스코르빈산 첨가, 산소와의 접촉 차단, 아황산 등 환원성물질 첨가 등
- 질소 첨가 : CA저장에서 과일이나 채소의 호흡을 조절해 장기간 저장할 때 필요

34 호화와 노화에 대한 설명으로 옳은 것은?

① 쌀과 보리는 물이 없어도 호화가 잘된다.
② 떡의 노화는 냉장고보다 냉동고에서 더 잘 일어난다.
③ 호화된 전분을 80℃ 이상에서 급속히 건조하면 노화가 촉진된다.
④ 설탕의 첨가는 노화를 지연시킨다.

해설
◈ 호화와 노화
① 쌀과 보리는 물이 많을수록 호화가 잘된다.
② 떡의 노화는 냉장고에서 더 잘 일어난다.
③ 호화된 전분을 수분함량 10~15%로 건조 또는 60℃ 이상에서 건조 및 보관하면 노화가 억제된다.

35 육류의 가열 변화에 의한 설명으로 틀린 것은?

① 생식할 때보다 풍미와 소화성이 향상된다.
② 근섬유와 콜라겐은 45℃에서 수축하기 시작한다.
③ 가열한 고기의 색은 메트미오글로빈(Metmyo globin)이다.
④ 고기의 지방은 근 수축과 수분 손실을 적게 한다.

해설
육류의 콜라겐 수축은 50~60℃에서 일어나고 80℃가 넘으면 콜라겐이 젤라틴으로 용해돼 근육섬유를 한 가닥씩 풀어주어 고기가 연해진다.

36 식단 작성 시 고려할 사항으로 틀린 것은?

① 피 급식자의 영양소요량을 충족 시켜야 한다.
② 좋은 식품의 선택을 위해서 식재료 구매는 예산의 1.5배 정도로 계획한다.
③ 급식인원수와 형태(단일식단, 복수식단)를 고려해야한다.
④ 기호에 따른 양과 질, 변화, 계절을 고려해야 한다.

해설
식단을 작성 시 예산에 맞게 재료를 선택, 구입하여야 한다.

37 전채요리 중에서 가금류를 이용한 조리법에 어울리지 않는 것은?

① 훈제　② 로스트
③ 테린　④ 타르타르

해설
타르타르 조리법은 주로 어패류를 이용한 조리법을 주로 쓴다.

38 단체급식소에서 식품구입량을 정하여 발주하는 식으로 옳은 것은?

① 발주량 $= \dfrac{\text{1인분 순사용량}}{\text{가식률}} \times 100 \times \text{식수}$

② 발주량 $= \dfrac{\text{1인분 순사용량}}{\text{가식률}} \times 100$

③ 발주량 $= \dfrac{\text{1인분 순사용량}}{\text{폐기율}} \times 100 \times \text{식수}$

④ 발주량 $= \dfrac{\text{1인분 순사용량}}{\text{폐기율}} \times 100$

해설
◈ 발주량 공식

발주량 $= \dfrac{\text{1인분 순사용량}}{\text{가식률}} \times 100 \times \text{식수}$

39 냉동 보관에 대한 설명으로 틀린 것은?

① 냉동된 닭을 조리할 때 뼈가 검게 변하기 쉽다.
② 떡의 장시간 노화 방지를 위해서는 냉동 보관하는 것이 좋다.
③ 급속 냉동 시 얼음 결정이 크게 형성되어 식품의 조직 파괴가 크다.
④ 서서히 동결하면 해동 시 드립(Drip)현상을 초래하여 식품의 질을 저하시킨다.

해설

급속 냉동 시 얼음 결정이 작게 형성되므로 식품 조직 파괴가 적다.

40 쌀 전분을 빨리 α화 하려고 할 때 조치사항은?

① 아밀로펙틴 함량이 많은 전분을 사용한다.
② 수침시간을 짧게 한다.
③ 가열온도를 높인다.
④ 산성의 물을 사용한다.

해설

◈ 전분의 호화(α화)에 영향을 미치는 인자
- 아밀로오스 함량이 많을수록
- 알칼리성일 때
- 전분의 입자가 클수록 빨리 호화된다.
- 수분함량이 많을수록
- 가열온도가 높을수록

41 생선을 씻을 때 주의사항으로 틀린 것은?

① 물에 소금을 10% 정도 타서 씻는다.
② 냉수를 사용한다.
③ 체표면에 점액을 잘 씻도록 한다.
④ 어체에 칼집을 낸 후에는 씻지 않는다.

해설

생선을 씻을 때 냉수나 2~3%의 소금물로 씻어야 하며 소금 농도가 높으면 삼투압현상으로 감칠맛이 감소하여 맛이 저하된다.

42 전분의 효소를 작용시키면 가수분해되어 단맛이 증가하여 조청, 물엿이 만들어지는 과정은?

① 호화　② 노화
③ 호정화　④ 당화

해설

◈ 전분의 가수분해(당화)
전분에 효소를 이용해 가수분해하거나 산을 첨가하여 가열하면 단맛이 증가한다. 이를 "당화"라고 하며 이 조리법을 이용하여 조청, 물엿이 만들어진다.

43 유지를 가열할 때 유지 표면에서 엷은 푸른 연기가 나기 시작할 때의 온도는?

① 팽창점　② 연화점
③ 용해점　④ 발연점

해설

◈ 발연점
기름을 가열하면 일정한 온도에서 열분해를 일으켜 지방산과 글리세롤로 분리되어 푸른 연기가 시작하는 온도를 말하며 튀김용 유지는 발연점이 높아야 한다.

44 녹색 채소를 데칠 때 소다를 넣을 경우 나타나는 현상이 아닌 것은?

① 채소의 질감이 유지된다.
② 채소의 색을 푸르게 고정시킨다.
③ 비타민 C가 파괴된다.
④ 채소의 섬유질을 연화시킨다.

해설

녹색채소의 클로로필 색소는 알칼리(소다)를 첨가하면 색이 푸르게 되지만 비타민 C가 파괴되어 섬유질이 연화되어 질감이 떨어진다.

45 샌드위치를 완성할 때 주의사항으로 맞지 않는 것은?

① 전용 빵칼을 이용해서 자르는 것이 좋다.
② 샌드위치는 가능한 서비스하기 직전에 자르는 것이 좋다.
③ 써는 모양은 삼각형, 정사각형, 직사각형, 다이아몬드형 등 다양하다.
④ 샌드위치를 자르는 목적은 시각적으로 보기 좋고 예쁘게 하는 것이 가장 크다.

해설
샌드위치를 자르는 가장 큰 목적은 먹기 편하도록 하기 위함이며, 시각적으로도 보기 좋게 하기 위해서이다.

46 조리용 기기의 사용법이 틀린 것은?

① 필러(Peeler) : 채소 다지기
② 슬라이서(Slicer) : 일정한 두께로 썰기
③ 세미기 : 쌀 세척하기
④ 블랜더(Blenader) : 액체 교반하기

해설
필러(Peeler)는 무, 당근, 아스파라거스 등의 채소 껍질을 벗기는 데 사용

47 감염병의 병원체를 내포하고 있어 감수성 숙주에게 병원체를 전파시킬 수 있는 근원이 되는 모든 것을 의미하는 용어는?

① 미생물 ② 감염원
③ 병원소 ④ 감염경로

해설
감염원 : 감염병의 병원체와 증식하여 다른 숙주에게 전파시킬 수 있는 병원소를 모두 포함하는 용어이다.

48 다음 중 양식조리 드레싱에 주로 사용되지 않는 오일은?

① 들기름 ② 올리브유
③ 포도씨유 ④ 카놀라유

해설
들기름은 주로 한식조리에 이용한다.

49 고기를 연화시키고 생강, 키위, 무화과 등을 사용할 때 관련된 설명으로 틀린 것은?

① 단백질의 분해를 촉진시킴으로써 연화시키는 방법이다.
② 두꺼운 로스트용 고기에 적당하다.
③ 즙을 뿌린 후 포크로 찔러주고 일정시간 둔다.
④ 가열 온도가 85℃ 이상이 되면 효과가 없다.

해설
고기 연화 시 사용하는 생강, 무화과, 키위 등은 고기의 단백질 분해하여 연화시키는 방법으로 작거나 얇게 썬 고기에 효과적이고, 덩어리기 큰 고기의 경우 단백질 분해효소를 뿌려주고 포크로 고기의 내부로 찔러 넣는 방법이 이용된다. 다만 가열온도가 85℃ 이상이 되면 불활성화되어 효과가 없다.

50 다음 육류 부위 중 스테이크에 적합하지 않은 부위는?

① 갈비살 ② 앞다리살
③ 등심 ④ 안심

해설
앞다리살은 주로 스프와 스톡을 조리하는 데 적합한 부위이다.

51 다수인이 밀집한 장소에서 발생하며 화학적 조성이나 물리적 조성의 큰 변화를 일으켜 불쾌감, 두통, 권태, 현기증, 구토 등의 생리적 이상을 일으키는 현상은?

① 빈혈
② 일산화탄소 중독
③ 분압 현상
④ 군집독

해설
◈ 군집독
- 사람이 많은 장소의 실내공기가 화학적 조성이나 물리적 조성의 변화로 인하여 불쾌감, 현기증, 구토, 두통, 권태 등의 생리적 이상을 일으키는 것을 말한다.
- 원인은 산소 부족, 고온, 고습, 이산화탄소 증가 등 유해 가스 및 취기 등에 의해 복합적으로 발생한다.
- 불쾌감, 구토, 두통, 현기증 등의 증상인 나타난다.

52 습열식 조리 방법으로 설탕이나 버터, 육즙 등을 농축시켜 음식을 코팅시키는 방법은?

① 보일링(Boiling)
② 포칭(Poaching)
③ 스티밍(Steaming)
④ 글레이징(Glazing)

해설

- 보일링(Boiling) : 식재료를 물이나 액체에 넣고 끓이는 방법
- 포칭(Poaching) : 삶기
- 스티밍 (Steaming) ; 수증기의 대류를 이용하는 방법. 찌기

53 작업장의 조명 불량으로 발생될 수 있는 질환이 아닌 것은?

① 결막염 ② 안정피로
③ 안구진탕증 ④ 근시

해설

- 조명 불량에 의한 질병 : 안정피로, 근시, 안구진탕증 등
- 결막염 : 세균, 진균, 바이러스 등의 감염성 결막염과 외부물질에 의한 알레르기성 반응의 비감염성 결막염이 있다.

54 감염경로와 질병과의 연결이 틀린 것은?

① 음식물 감염 – 폴리오
② 비말 감염 – 인플루엔자
③ 우유 감염 – 결핵
④ 공기 감염 – 공수병

해설

◈ 공수병(광견병)
사람과 개에게 공통으로 발생한다. 피부점막으로 바이러스가 침입하여 발생하는 전염병

55 하수 오염도 측정 시 생화학적 산소요구량(BOD)을 결정하는 가장 중요한 인자는?

① 물의 경도
② 수중의 유기물량
③ 하수량
④ 수중의 광물질량

해설

◈ 생화학적 산소요구량(BOD)
호기성 미생물이 일정기간 동안 물속에 있는 유기물을 분해할 때 사용하는 산소의 양을 말한다. 물의 오염된 정도를 나타내며 20℃에서 5일간 측정한다.

56 직업병과 관련 원인의 연결이 틀린 것은?

① 미나마타병 – 수은
② 난청 – 소음
③ 진폐증 – 석면
④ 잠함병 – 자외선

해설

잠함병은 깊은 물속에서 압력이 높아 질소가 체외로 빠져나가지 못해 통증을 유발하는 직업병이다.

57 고온작업환경에서 작업할 경우 말초혈관의 순환장애로 혈관신경의 부조절, 심박출량 감소가 생길 수 있는 열중증은?

① 열허탈증 ② 열경련
③ 열쇠약증 ④ 울열증

해설

◈ 고온환경(이상고온)환경에 의한 질병
- 열허탈증 : 말초혈관의 순환장애로 혈관신경의 부조절, 심박출량 감소
- 열경련 : 과도한 염분(나트륨) 손실
- 열쇠약증 : 비타민 B_1결핍
- 울열증(열사병) : 체온이 40℃ 이상으로 체온조절 장애

58 먹는 물에서 다른 미생물이나 분변오염을 추측할 수 있는 지표는?

① 대장균 ② 탁도
③ 경도 ④ 증발잔류량

해설

대장균은 식품이나 물에서 다른 미생물이나 분변오염을 추측할 수 있는 위생지표 세균으로 50ml에서 검출되지 아니하여야 한다.

59 음식물로 매개될 수 있는 감염병이 아닌 것은?

① 유행성 감염 ② 폴리오
③ 일본뇌염 ④ 콜레라

해설

일본뇌염은 모기로 인해 매개되는 감염병이다.

60 쥐와 관계가 가장 적은 감염병은?

① 발진티푸스
② 신증후군출혈열(유행성출혈열)
③ 페스트
④ 렙토스피라증

해설

발진티푸스는 이로 인해 매개되는 급성감염병으로 두통, 발열, 발진 등의 증상이 나타남

정답

1	2	3	4	5	6	7	8	9	10
②	④	③	①	②	①	④	②	①	④
11	12	13	14	15	16	17	18	19	20
②	①	③	④	①	④	②	④	④	④
21	22	23	24	25	26	27	28	29	30
④	③	③	①	①	④	③	①	②	④
31	32	33	34	35	36	37	38	39	40
③	③	③	④	②	②	④	①	③	③
41	42	43	44	45	46	47	48	49	50
①	④	④	①	④	①	②	①	②	②
51	52	53	54	55	56	57	58	59	60
④	④	①	④	②	④	①	①	③	①

3

실 기 편

PART 1 스톡 조리

PART 2 전채 조리

PART 3 샌드위치 조리

PART 4 샐러드 조리

PART 5 조식 조리

PART 6 수프 조리

PART 7 육류 조리

PART 8 파스타 조리

PART 9 소스 조리

브라운 스톡
(Brown Stock)

▣ 재료 준비

소뼈 150g(2~3cm 정도, 자른 것), 양파 중(150g 정도) 1/2개, 당근 40g(둥근 모양이 유지되게 등분), 셀러리 30g, 검은통후추 4개, 토마토 중(150g 정도) 1개, 파슬리(잎, 줄기 포함) 1줄기, 월계수잎 1잎, 정향 1개, 버터(무염) 5g, 식용유 50ml, 면실 30cm, 다임(dry) 2g(fresh), 다시백 1개(10×12cm)

▣ 요구사항

주어진 재료를 사용하여 다음과 같이 브라운 스톡을 만드시오.

❶ 스톡은 맑고 갈색이 되도록 하시오.
❷ 소뼈는 찬물에 담가 핏물을 제거한 후 구워서 사용하시오.
❸ 향신료로 사세 데피스(sachet d'epice)를 만들어 사용하시오.
❹ 완성된 스톡의 양이 200ml 정도 되도록 하여 볼에 담아내시오.

만드는 법

❶ 채소(양파, 당근, 셀러리)는 채 썬다.

❷ 소뼈를 찬물에 담가 핏물 제거 후 갈색이 나도록 프라이팬에 볶는다.

❸ 채소도 갈색이 나도록 프라이팬에 볶는다.

❹ 냄비에 소뼈, 볶은 채소를 넣고 찬물을 넣어준다.

❺ 월계수잎, 페페콘, 정향, 파슬리 줄기, 타임을 이용해 사세데피스를 만들어 ❹에 넣고 불을 조절하여 약한 불에서 계속 끓이며 거품을 수시로 걷어낸다.

❻ 완성이 되면 체 위에 면보를 얹고 맑게 거른다.

요리달인의 합격비법

◈ 소뼈는 찬물에 담가 핏물을 제거한다.
◈ 스톡은 맑은 보리차색이 되도록 한다.
◈ 200ml(1C) 이상은 반드시 제출하도록 한다.

샐러드 부케를 곁들인 참치타르타르
(Tuna Tartar with Salad Bouquet)

시험시간 30분

▣ 재료 준비

붉은색 참치살 80g(냉동지급), 양파 중(150g 정도) 1/8개, 그린올리브 2개, 케이퍼 5개, 올리브오일 25ml, 레몬 1/4개{길이(장축)로 등분}, 핫소스 5ml, 처빌 2줄기(fresh), 소금(꽃소금) 5g, 흰후춧가루 3g, 차이브 5줄기{fresh(실파로 대체 가능)}, 롤라로사(lollo rossa) 2잎(잎상추로 대체 가능), 그린치커리 2줄기(fresh), 붉은색 파프리카(5~6cm 정도 길이, 150g 정도) 1/4개, 노란색 파프리카(5~6cm 정도 길이, 150g 정도) 1/8개, 오이(가늘고 곧은 것, 20cm 정도, 길이로 반을 갈라 10등분) 1/10개, 파슬리(잎, 줄기 포함) 1줄기, 딜 3줄기(fresh), 식초 10ml

▣ 요구사항

주어진 재료를 사용하여 다음과 같이 샐러드 부케를 곁들인 참치타르타르를 만드시오.

❶ 참치는 꽃소금을 사용하여 해동하고, 3~4mm 정도의 작은 주사위 모양으로 썰어 양파, 그린올리브, 케이퍼, 처빌 등을 이용하여 타르타르를 만드시오

❷ 채소를 이용하여 샐러드 부케를 만드시오.

❸ 참치타르타르는 테이블스푼 2개를 사용하여 퀜넬(quenelle) 형태로 3개를 만드시오.

❹ 비네그레트는 양파 붉은색과 노란색의 파프리카, 오이를 가로세로 2mm 정도의 작은 주사위 모양으로 썰어서 사용하고 파슬리와 딜은 다져서 사용하시오.

만 드 는 법

❶ 냉동참치는 옅은 소금물에 해동시킨 후 면보에 감싸서 수분을 제거한다.

❷ 참치살은 3~4mm정도의 작은 주사위 모양으로 자른다.
양파찹, 그린올리브찹, 케이퍼찹, 처빌찹, 레몬즙, 올리브오일, 핫소스를 넣고 잘 섞은 후 소금, 후추로 간한다.
스푼 두 개를 맞대어 퀜넬형태로 모양을 잡는다.

❸ 비네그레트 드레싱 만들기 : 양파, 노란색 파프리카, 붉은색 파프리카, 오이를 2mm 다이스 모양으로 썰고, 둥근 볼에 소금, 후추, 식초, 다진 딜과 파슬리를 넣고 잘 섞은 다음 올리브 오일을 서서히 부어주면서 거품기로 잘 혼합해준다.

❹ 채소 부케 만들기 : 채소의 물기를 제거한 다음, 붉은색 파프리카는 5~6cm 크기의 채로 썰고, 붉은색 파프리카와 그린 비타민, 그린 치커리, 롤라로사로 감싸준다. 이때, 그냥 놓으면 흩어지기 때문에 끓는 물에 데쳐낸 차이브(실파)를 이용하여 동그랗게 묶어준다.(오이로 속을 파서 기둥을 만들어서 데코 해도 됨)

❺ 그릇에 담기 : 그릇에 퀜넬 모양의 참치 3개를 접시에 보기 좋게 담고 중간지점에 채소 부케(채소다발)를 놓는다. 참치 퀜넬 주변으로 채소 비네그레트 드레싱을 빙 둘러서 뿌린다.

요리달인의 합격비법

◈ 참치는 완전히 녹여서 써는 것보다 덜 해동되었을 때 다이스로 자르는 것이 좋다.

쉬림프 카나페
(Shrimp Canape)

▣ 재료 준비

새우 4마리(30~40g/마리당), 식빵(샌드위치용) 1조각(제조일로부터 하루 경과한 것), 달걀 1개, 파슬리(잎, 줄기 포함) 1줄기, 버터(무염) 30g, 토마토 케첩 10g, 소금(정제염) 5g, 흰후춧가루 2g, 레몬 1/8개(길이(장축)로 등분), 이쑤시개 1개, 당근 15g(둥근 모양이 유지되게 등분), 셀러리 15g, 양파 중(150g 정도) 1/8개

▣ 요구사항

주어진 재료를 사용하여 다음과 같이 쉬림프카나페를 만드시오.

❶ 새우는 내장을 제거한 후 미르포아(Mirepoix)를 넣고 삶아서 껍질을 제거하시오.

❷ 달걀은 완숙으로 삶아 사용하시오.

❸ 식빵은 직경 4cm 정도의 원형으로 하고, 쉬림프카나페는 4개 제출하시오.

만드는 법

❶ 소금을 넣은 물에 달걀을 넣고 굴리면서 끓기 시작할 때부터 약 15분간 노른자가 중심에 오도록 삶아 찬물에 담가 식힌다.

❷ 새우를 깨끗이 씻어 두 번째 마디에 이쑤시개를 넣어 등쪽 내장을 제거 후 끓는 물에 미르포아(양파, 당근, 셀러리)를 넣고 익혀 식으면 껍질과 꼬리를 제거한 후 등쪽에 칼집을 넣어 꼬리쪽이 올라오도록 세워준다.

❸ 빵은 4cm 원형으로 잘라 후라이팬에서 구워준다.

❹ ❶의 달걀은 0.5cm 두께로 4개 썰어둔다.

❺ 빵의 한 면에 버터를 바르고 달걀을 올린 뒤 소금, 후추를 뿌려준 후 달걀 위에 손질한 새우를 얹고 토마토 케첩과 파슬리로 장식한다.

푸드스토리(Food Story)

카나페는 애피타이저(Appetizer)라고도 하며 원래는 식전에 식욕을 돋우기 위한 음식이지만 간단한 칵테일파티에 술안주용으로도 사용된다.

요리달인의 합격비법

◈ 파슬리는 찬물에 담가두어야 시들지 않게 사용할 수 있다.
◈ 식빵을 먼저 사각으로 4등분 한 후 가장자리를 돌려 깎아주면 원형 만들기가 수월하다.

프렌치 프라이드 쉬림프
(French Fried Shrimp)

시험시간 25분

▣ 재료 준비

새우 4마리(50~60g), 밀가루(중력분) 80g, 백설탕 2g, 달걀 1개, 소금(정제염) 2g, 흰후춧가루 2g, 식용유 500ml, 레몬{길이(장축)로 등분} 1/6개, 파슬리(잎, 줄기 포함) 1줄기, 냅킨(흰색, 기름제거용) 2장, 이쑤시개 1개

▣ 요구사항

주어진 재료를 사용하여 다음과 같이 프렌치 프라이드 쉬림프를 만드시오.

❶ 새우는 꼬리 쪽에서 1마디 정도 껍질을 남겨 구부러지지 않게 튀기시오.

❷ 새우튀김은 4개를 제출하시오.

❸ 레몬과 파슬리를 곁들이시오.

만드는 법

❶ 새우는 깨끗이 씻어 두 번째 마디에 이쑤시개를 넣어 내장을 제거하고 꼬리 한마디만 남긴 후 나머지 껍질을 벗긴다. 꼬리에 있는 물주머니를 제거한다.

❷ 배쪽에 어슷하게 칼집을 넣은 후 일자가 되도록 손으로 눌러 배 부분을 펴준 후 소금, 흰 후추를 뿌린다.

❸ 달걀을 흰자, 노른자로 분리한 후 흰자는 거품기로 쳐서 단단한 거품을 만든다.

❹ 볼에 밀가루(3T), 설탕약간, 달걀노른자(1T), 달걀흰자(3T), 물 약간을 넣어 섞어준다.

❺ 손질한 새우에 밀가루를 입힌 후 ❹의 반죽을 입힌다.

❻ 180도로 예열된 기름에 ❺를 튀겨낸다.

❼ 레몬웨지와 파슬리를 가니쉬로 담고 ❻을 담아낸다.

요리달인의 합격비법

◈ 새우는 반드시 배쪽에 칼집을 넣고 일자로 펴준 후 튀겨야 구부러지지 않는다.
◈ 튀김옷 반죽이 너무 묽지 않도록 농도에 주의한다.

BLT 샌드위치
(BLT Sandwich)

시험시간 30분

▣ 재료 준비

식빵(샌드위치용) 3조각, 양상추 20g(2잎 정도, 잎상추로 대체 가능), 토마토 중(150g 정도) 1/2개(둥근 모양이 되도록 잘라서 지급), 베이컨(길이 25~30cm) 2조각, 마요네즈 30g, 소금(정제염) 3g, 검은 후춧가루 1g

▣ 요구사항

주어진 재료를 사용하여 다음과 같이 BLT 샌드위치를 만드시오.

❶ 빵은 구워서 사용하시오.
❷ 토마토는 0.5cm 정도의 두께로 썰고, 베이컨은 구워서 사용하시오.
❸ 완성품은 모양 있게 썰어 전량을 제출하시오.

만 드 는 법

❶ 빵을 토스트한다.(프라이팬에 빵의 양면을 노릇하게 구워 식힌다.)

❷ 베이컨은 프라이팬에 구워준 후 키친타올로 기름기를 제거한다.

❸ 양상추는 물에 담갔다 건져 물기를 제거한다.

❹ 토마토는 0.5cm 원형으로 슬라이스해서 약간의 소금을 뿌려 둔다.

❺ 빵 한쪽의 한 면에 마요네즈를 골고루 바른 후 양상추를 얹고 그 위에 베이컨을 얹고 후추 약간을 뿌린 후 마요네즈 바른 빵 한쪽을 베이컨 위에 얹고 양상추, 토마토를 얹은 다음, 한 면에 마요네즈를 바른 빵 한쪽을 덮은 뒤 잠시 살짝 눌렀다가 네 면의 가장자리를 잘라내고 모양 있게 잘라 접시에 담는다.

푸드스토리(Food Story)

BLT샌드위치는 베이컨, 레터스, 토마토의 머릿글자를 따서 이름 지어진 샌드위치이다.

요리달인의 합격비법

◈ 식빵은 팬에 기름을 두르지 않고 약불에서 토스트한다.
◈ 샌드위치를 썰 때 빵이 눌리지 않도록 가장자리를 잡고 4조각으로 썰어준다.

햄버거 샌드위치 (Hamburger Sandwich)

▣ 재료 준비

소고기(살코기, 방심) 100g, 양파 중(150g 정도) 1개, 빵가루(마른 것) 30g, 셀러리 30g, 소금(정제염) 3g, 검은후춧가루 1g, 양상추 20g, 토마토 중(150g 정도) 1/2개(둥근 모양이 되도록 잘라서 지급), 버터(무염) 15g, 햄버거 빵 1개, 식용유 20ml, 달걀 1개

▣ 요구사항

주어진 재료를 사용하여 다음과 같이 햄버거 샌드위치를 만드시오.

❶ 빵은 버터를 발라 구워서 사용하시오.
❷ 고기는 미디움웰던(medium wellden)으로 굽고, 구워진 고기의 두께는 1cm 정도로 하시오.
❸ 토마토, 양파는 0.5cm 정도의 두께로 썰고 양상추는 빵 크기에 맞추시오.
❹ 샌드위치는 반으로 잘라내시오.

만드는 법

❶ 양상추는 찬물에 담그고, 양파, 토마토는 0.5cm 두께로 링으로 썬다.

❷ 남은 양파, 셀러리는 곱게 다진 다음 볶아서 식힌다.

❸ 소고기는 곱게 다진다.

❹ 볼에 소고기 다진 것, ❷와 빵가루, 달걀, 소금, 후추를 넣고 끈기 있게 잘 섞어 치댄 후 0.8cm 정도 두께의 원형으로 만든다.

❺ 빵은 안쪽에 버터를 바른 후 팬에서 구워준다.

❻ 팬에 식용유를 두르고 ❹를 올려 충분히 익도록 앞뒤로 구워 준다.

❼ 버터를 바른 빵 안쪽에 양상추, 고기, 양파, 토마토, 빵의 순서로 포갠 후 반(1/2등분)으로 잘라 접시에 담는다.

요리달인의 합격비법

◈ 고기가 익으면 원래 크기보다 줄어들기 때문에 빵 크기보다 약간 크게 하고, 두께는 원래보다 구웠을 때 두꺼워지므로 요구사항보다 약간 얇게 빚어둔다.(두께 0.8cm 정도)

◈ 불이 세면 겉만 타고 속은 익지 않으므로 중약불에서 한 면을 익힌 후 뒤집어서 뚜껑을 덮고 약불에서 익혀주는 것이 좋다.

시저 샐러드 (Caesar Salad)

시험시간 35분

▣ 재료 준비

달걀 60g 2개(상온에 보관한 것), 디존 머스터드 10g, 레몬 1개, 로메인 상추 50g, 마늘 1쪽, 베이컨 15g, 안초비 3개, 올리브오일(extra virgin) 20ml, 카놀라오일 300ml, 슬라이스 식빵 1개, 검은후춧가루 5g, 파미지아노 레기아노 20g(덩어리), 화이트와인식초 20ml, 소금 10g

▣ 요구사항

주어진 재료를 사용하여 다음과 같이 시저 샐러드를 만드시오.

❶ 마요네즈(100g), 시저 드레싱(100g), 시저 샐러드(전량)를 만들어 3가지를 각각 별도의 그릇에 담아 제출하시오.

❷ 마요네즈(mayonnaise)는 달걀 노른자, 카놀라오일, 레몬즙, 디존 머스터드, 화이트와인식초를 사용하여 만드시오.

❸ 시저 드레싱(caesar dressing)은 마요네즈, 마늘, 안초비, 검은후춧가루, 파미지아노 레기아노, 올리브오일, 디존 머스터드, 레몬즙을 사용하여 만드시오.

❹ 파미지아노 레기아노는 강판이나 채칼을 사용하시오.

❺ 시저 샐러드(caesar salad)는 로메인 상추, 곁들임{크루통(1cm×1cm), 구운 베이컨(폭 0.5cm), 파미지아노 레기아노}, 시저 드레싱을 사용하여 만드시오.

만드는 법

❶ 로메인 상추는 물에 담가 준비한 후 수분을 제거하여 먹기 좋은 크기로 썰어서 준비한다.

❷ 마늘과 앤초비는 다져서 준비한다.

❸ 식빵은 사방 1cm로 썬 후 마늘, 올리브오일을 뿌려 버무린 후 프라이팬에 넣어 갈색으로 크루통을 만든다.

❹ 베이컨은 1cm 크기로 잘라 놓은 후 프라이팬을 중불에 올려 베이컨을 볶아 바삭하게 만들어 키친타월에 올려 기름을 빼준다.

❺ 달걀은 흰자와 노른자를 분리한 후 볼에 달걀 노른자 2개를 휘핑한 후 카놀라 오일을 조금씩 넣으며 분리되지 않도록 휘핑한다. 화이트 와인비네거, 레몬즙, 디종머스터드, 소금을 넣어 마요네즈를 만든다.

❻ 마요네즈 100g을 완성그릇에 담은 후 남은 마요네즈에 마늘, 앤초비, 검은후추를 넣어 시저 드레싱을 완성한다.

❼ 볼에 시저 드레싱과 먹기 좋은 크기로 썬 로메인 상추를 버무려 담은 후 크루통과 볶은 베이컨, 후추를 뿌려 완성하고 그 위에 파미지아노 레지아노를 갈아서 완성하여 제출한다.

푸드스토리(Food Story)

1920년대 미국의 시저라는 요리사가 한꺼번에 밀려드는 손님으로 인해 재료가 부족해져 주방에 남은 재료를 모아 즉흥적으로 만든 것에서 시저 샐러드가 유래되었다.

요리달인의 합격비법

◈ 마요네즈가 분리되지 않도록 만들고 마요네즈를 이용해 시저 드레싱을 만든다.
◈ 마요네즈, 시저 드레싱, 시저 샐러드 3가지를 한 품목이라도 빠지지 않도록 모두 제출한다.

월도프 샐러드 (Waldorf Salad)

▣ 재료 준비

사과(200~250g 정도) 1개, 셀러리 30g, 호두 중(겉껍질 제거한 것) 2개, 레몬 1/4개{길이(장축)로 등분}, 소금(정제염) 2g, 흰후춧가루 1g, 마요네즈 60g, 양상추 20g(2잎 정도, 잎상추로 대체 가능), 이쑤시개 1개

▣ 요구사항

주어진 재료를 사용하여 다음과 같이 월도프 샐러드를 만드시오.

❶ 사과, 셀러리, 호두알을 사방 1cm 정도의 크기로 써시오.

❷ 사과의 껍질을 벗겨 변색되지 않게 하고, 호두알의 속껍질을 벗겨 사용하시오.

❸ 상추 위에 월도프 샐러드를 담아내시오.

만 드 는 법

❶ 호두는 따뜻한 물에 불려 속껍질을 벗기고 2/3는 사방 1cm 정도로 썰고, 1/3은 다진다.

❷ 셀러리도 섬유질을 제거하여 사방 1cm 정도로 썬다.

❸ 사과의 껍질과 씨를 제거하여 1cm 정도의 주사위 모양으로 자른 다음, 찬물에 레몬즙을 섞은 후 사과를 담갔다가 건져 물기를 제거한다.

❹ 볼에 사과, 셀러리, 호두를 담은 후 마요네즈, 레몬즙, 소금, 흰후추를 넣고 골고루 섞어 버무린다.

❺ 세척한 양상추는 물기를 제거한 후 완성그릇에 모양 있게 담아준 후 그 위에 ❹를 올려 담아준다.

❻ ❺ 위에 다진 호두를 얹어준다.

푸드스토리(Food Story)

월도프 샐러드는 뉴욕의 월도프 아스토리아 호텔에서 처음 만들어진 샐러드이다.

요리달인의 합격비법

◈ 사과는 너무 미리 썰어 놓으면 변색이 되므로 변색이 되지 않도록 유념하여 조리한다.
◈ 호두는 따뜻한 물에 불려야 껍질이 잘 벗겨진다.

포테이토 샐러드
(Potato Salad)

▣ 재료 준비

감자(150g 정도) 1개, 양파 중(150g 정도) 1/6개, 파슬리(잎, 줄기 포함) 1줄기, 소금(정제염) 5g, 흰후춧가루 1g, 마요네즈 50g

▣ 요구사항

주어진 재료를 사용하여 다음과 같이 포테이토 샐러드를 만드시오.

❶ 감자는 껍질을 벗긴 후 1cm 정도의 정육면체로 썰어서 삶으시오.

❷ 양파는 곱게 다져 매운맛을 제거하시오.

❸ 파슬리는 다져서 사용하시오.

만드는 법

❶ 감자는 껍질을 벗겨 사방 1㎝ 정도로 썰어 찬물에 담가둔 후 소금을 넣은 물에 삶아서 건져 식힌다.

❷ 양파는 곱게 다져서 소금물에 담갔다가 건져 면보로 물기를 제거한다.

❸ 파슬리는 곱게 다진 다음 소창에 싸서 물에 헹구어 물기를 짠다.

❹ 볼에 ❶, ❷, ❸을 넣고 마요네즈, 소금, 흰후추를 넣어 잘 섞어서 완성 접시에 담는다.

❺ ❹위에 파슬리 찹 약간을 뿌려준다.

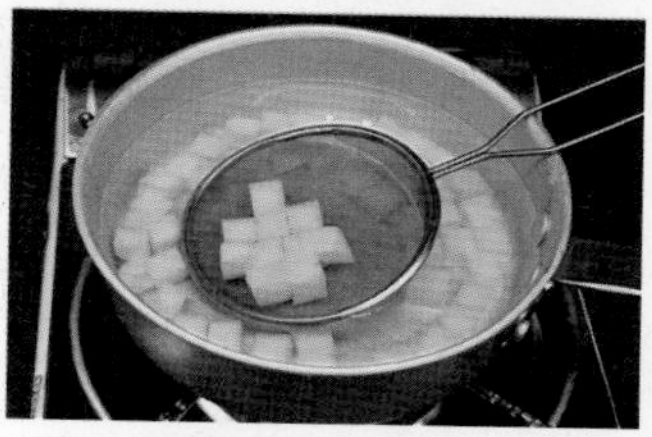

요리달인의 합격비법

감자를 삶을 때는 끓는 물에 소금 약간을 넣어 삶아주고 너무 오랫동안 삶아 감자가 부스러지지 않도록 주의한다.

해산물 샐러드
(Seafood Salad)

시험시간 30분

▣ 재료 준비

새우 3마리(30~40g), 관자살(개당 50~60g 정도) 1개(해동지급), 피홍합(길이 7cm 이상) 3개, 중합(지름 3cm 정도) 3개, 양파 중(150g 정도) 1/4개, 마늘 중(깐 것) 1쪽, 실파 1뿌리(20g), 그린치커리 2줄기, 양상추 10g, 롤라로사(lollo Rossa) 2잎(잎상추로 대체 가능), 올리브오일 20ml, 레몬 1/4개(길이(장축)로 등분), 식초 10ml, 딜 2줄기(fresh), 월계수잎 1잎, 셀러리 10g, 흰통후추 3개(검은통후추 대체 가능), 소금(정제염) 5g, 흰후춧가루 5g, 당근 15g(둥근 모양이 유지되게 등분)

▣ 요구사항

주어진 재료를 사용하여 다음과 같이 해산물 샐러드를 만드시오.

❶ 미르포아(mirepoix), 향신료, 레몬을 이용하여 쿠르부용(court bouillon)을 만드시오.
❷ 해산물은 손질하여 쿠르부용(court bouillon)에 데쳐 사용하시오
❸ 샐러드 채소는 깨끗이 손질하여 싱싱하게 하시오.
❹ 레몬 비네그레트는 양파, 레몬즙, 올리브오일 등을 사용하여 만드시오.

만드는 법

❶ 그린치커리, 롤라로사, 양상추, 그린 비타민을 깨끗하게 씻어서 물에 담가 놓는다.

❷ 쿠르부용 준비하기
마늘, 양파, 당근, 셀러리, 흰통후추, 소금, 딜 줄기, 월계수 잎, 레몬, 물 300ml 정도를 넣고 냄비에서 끓인다.

❸ 관자는 막을 제거하고, 내장을 다듬어낸다.
홍합은 껍데기에 붙어 있는 지저분한 것을 제거하고, 새우는 꼬지를 이용해 내장을 제거한다.

❹ ❷의 쿠르부용(채소육수)에 해산물을 익힌다.
식힌 후 새우는 껍질을 제거하고 세로로 1/2등분하고, 관자도 1/2로 저민다. 홍합과 중합은 껍질에서 살을 분리한다.

❺ 레몬 비네그레트 드레싱 준비하기
드레싱볼에 레몬즙을 넣고, 다진 마늘, 양파찹, 식초, 소금, 후춧가루를 거품기로 저으면서 잘 섞은 다음, 올리브 오일을 조금씩 천천히 부어주면서 거품기로 잘 섞이도록 혼합한다.

❻ ❹의 손질한 해산물에 ❺와 실파찹을 넣고 잘 버무린다.

❼ 완성 접시에 준비한 채소들을 보기 좋게 담고 그 위에 버무린 해산물을 담은 후 위에 레몬 비네그레트를 뿌려준 후 딜로 장식한다.

요리달인의 합격비법

해산물은 반드시 쿠루부용을 끓인 후 그 물에 데쳐낸다.

스페니시 오믈렛
(Spanish Omelet)

시험시간 30분

▣ 재료 준비

토마토 중(150g 정도) 1/4개, 양파 중(150g 정도) 1/6개, 청피망 중(75g 정도) 1/6개, 양송이(10g) 1개, 베이컨(길이 25~30cm) 1/2조각, 토마토케첩 20g, 검은후춧가루 2g, 소금(정제염) 5g, 달걀 3개, 식용유 20ml, 버터(무염) 20g, 생크림(조리용) 20ml

▣ 요구사항

주어진 재료를 사용하여 다음과 같이 스페니시 오믈렛을 만드시오.

❶ 토마토, 양파, 청피망, 양송이, 베이컨은 0.5cm 정도의 크기로 썰어 오믈렛 소를 만드시오.
❷ 소가 흘러나오지 않도록 하시오.
❸ 소를 넣어 나무젓가락과 팬을 이용하여 타원형으로 만드시오.

만드는 법

❶ 껍질과 씨를 제거한 토마토와 베이컨, 채소들을 사방 0.5cm 정도로 각각 썬다.

❷ 달걀에 소금, 생크림을 넣고 부드럽게 풀어 체에 걸러준다.

❸ 팬에 버터를 넣고 가열한 다음 베이컨을 넣어 볶다가 채소를 넣고 볶은 다음 토마토케첩, 소금, 후추를 넣는다.

❹ 오믈렛팬에 식용유, 버터를 넣고 가열한 다음 풀어놓은 달걀을 넣고 스크램블 에그하여 반 정도 익었을 때 3의 볶은 재료를 가운데 넣고 오믈렛팬을 기울여 타원(럭비공)형으로 만든다.

❺ 따뜻할 때 버터를 발라 윤기나게 한 후 완성 접시에 담아낸다.

푸드스토리(Food Story)

스페인식 달걀 요리로 속재료에 베이컨, 야채들을 볶아 토마토 케첩이나 페이스트를 넣고 소금, 후추로 간한 것을 달걀말이 속에 넣고 오믈렛 모양으로 만든 아침식사의 일종이다.

요리달인의 합격비법

◈ 달걀이 반 정도 익었을 때 모양을 잡아주어야 모양잡기가 수월하다.
◈ 나무젓가락 이외의 다른 도구는 일체 사용하지 않도록 주의한다.

치즈 오믈렛
(Cheese Omelet)

시험시간 20분

▣ 재료 준비

달걀 3개, 치즈(가로, 세로 8cm 정도) 1장, 버터(무염) 30g, 식용유 20ml, 생크림(조리용) 20ml, 소금(정제염) 2g

▣ 요구사항

주어진 재료를 사용하여 다음과 같이 치즈 오믈렛을 만드시오.

❶ 치즈는 사방 0.5cm 정도로 자르시오.

❷ 치즈가 들어가 있는 것을 알 수 있도록 하고, 익지 않은 달걀이 흐르지 않도록 만드시오.

❸ 나무젓가락과 팬을 이용하여 타원형으로 만드시오.

만드는 법

❶ 치즈를 0.5cm 정도의 크기로 자른다.

❷ 달걀에 소금, 생크림을 넣고 부드럽게 풀어 체에 걸러준다.

❸ 오믈렛팬에 식용유와 버터를 넣고 가열한 다음 풀어놓은 달걀을 넣고 저어 스크램블 하여 반 정도 익으면 준비한 치즈를 가운데 넣고 오믈렛팬을 기울여 타원형(럭비공 모양)으로 말아 접시에 담는다.

❹ 따뜻할 때 버터를 발라 윤기나게 한 후 완성 접시에 담아낸다.

푸드스토리(Food Story)

아침식사의 일종으로 달걀말이 속에 치즈를 잘게 썰어 오믈렛 모양을 만들기도 하고 달걀물과 섞어서 만들어 주기도 한다. 속재료 없이 만드는 것을 플레인(Plain) 오믈렛이라 한다.

요리달인의 합격비법

◈ 오믈렛은 표면이 매끄럽게 나와야 보기가 좋으며, 모양 만들어 줄 때, 오랜 시간 팬에서 익히면 색이 나므로 빠른 시간에 만들어주는 것이 좋다.
◈ 나무젓가락 이외의 다른 도구는 일체 사용하지 않도록 주의한다.

미네스트로니 수프
(Minestrone Soup)

시험시간 30분

▣ 재료 준비

양파 중(150g 정도) 1/4개, 셀러리 30g, 당근 40g (둥근 모양이 유지되게 등분), 무 10g, 양배추 40g, 버터(무염) 5g, 스트링빈스 2줄기(냉동, 채두 대체 가능), 완두콩 5알, 토마토 중(150g 정도) 1/8개, 스파게티 2가닥, 토마토 페이스트 15g, 파슬리(잎, 줄기 포함) 1줄기, 베이컨(길이 25~30cm) 1/2조각, 마늘 중(깐 것) 1쪽, 소금(정제염) 2g, 검은후춧가루 2g, 치킨스톡 200ml(물로 대체 가능), 월계수잎 1잎, 정향 1개

▣ 요구사항

주어진 재료를 사용하여 다음과 같이 미네스트로니 수프를 만드시오.

❶ 채소는 사방 1.2cm, 두께 0.2cm 정도로 써시오.
❷ 스트링빈스, 스파게티는 1.2cm 정도의 길이로 써시오.
❸ 국물과 고형물의 비율을 3 : 1로 하시오.
❹ 전체 수프의 양은 200ml 정도로 하고 파슬리 가루를 뿌려내시오.

만 드 는 법

❶ 냄비에 물을 올려 끓기 시작하면 소금 약간을 넣고 스파게티를 삶은 후 1.2cm로 자른다.

❷ 베이컨은 1.3cm 정도로 썰고 토마토는 껍질을 벗기고 씨를 제거한 후 콩카세(정사각형)으로 자른다. 양파, 당근, 무, 샐러리, 양배추는 1.2cm × 1.2cm × 0.2cm로 자른다.

❸ 마늘은 다지고, 파슬리는 다진 후 면보로 수분을 제거한 후 준비한다.

❹ 냄비에 버터를 넣고 두르고 베이컨을 넣고 볶다가 다진마늘, 무, 당근, 양배추, 셀러리를 넣고 살짝 볶다가 토마토 페이스트를 넣고 더 볶는다. 토마토를 넣고 살짝 더 볶는다.

❺ 물, 부케가르니를 넣고 끓인다. 끓이면서 거품을 제거하고 스트링빈스, 완두콩, 스파게티를 넣고 한소끔 더 끓인다.

❻ 부케가르니를 건져내고 소금, 후추로 간한 후 완성 그릇에 담아내고, 다진 파슬리를 가운데 뿌린다.

요리달인의 합격비법

◈ 모든 재료의 크기가 균일하도록 썰어주는 것이 좋다. 단, 베이컨은 볶을 때 사이즈가 줄어들므로 약간 크게 썰어도 좋다.

◈ 파스타는 끓는 물에 식용유 약간과 소금을 넣어 15분 정도 삶아서 냉수에 헹구지 말고 그대로 체에 걸러 사용한다.

비프 콘소메
(Beef Consomme)

시험시간 40분

▣ 재료 준비

소고기(살코기) 70g(갈은 것), 양파 중(150g 정도) 1개, 당근 40g(둥근 모양이 유지되게 등분), 셀러리 30g, 달걀 1개, 소금(정제염) 2g, 검은후춧가루 2g, 검은통후추 1개, 파슬리(잎, 줄기 포함) 1줄기, 월계수잎 1잎, 토마토 중(150g 정도) 1/4개, 비프 스톡(육수) 500ml(물로 대체 가능), 정향 1개

▣ 요구사항

주어진 재료를 사용하여 다음과 같이 비프 콘소메를 만드시오.

❶ 어니언 브루리(onion brulee)를 만들어 사용하시오.
❷ 양파를 포함한 채소는 채 썰어 향신료, 소고기, 달걀 흰자 머랭과 함께 섞어 사용하시오.
❸ 수프는 맑고 갈색이 되도록 하여 200ml 정도 제출하시오.

만 드 는 법

❶ 양파는 1cm 두께의 링으로 잘라 갈색으로 굽는다. (어니언브루리)당근, 샐러리, 양파는 채 썰고 토마토는 콩카세 하여 다진다.

❷ 소고기는 핏물을 제거한다.

❸ 달걀은 흰자와 노른자를 분리하여 흰자를 거품기로 충분히 저어서 휘핑한다.

❹ 흰자 거품에 채 썬 양파, 당근, 샐러리, 다진소고기, 토마토를 넣어 섞는다.

❺ 냄비에 ❹와 구운 양파, 부케가르니를 넣고 끓인다.

❻ 위에 뜬 재료를 가운데 구멍을 뚫어 잘 끓을 수 있게 해주면서 중불로 서서히 끓인다.

❼ 국물이 맑은 빛을 띠게 되면 소창에 걸러서 소금, 후추로 간을 한다.

❽ 완성 그릇에 200ml를 담아낸다.

요리달인의 합격비법

◈ 양파는 반드시 어니언 브루리를 만들어, 갈색이 나도록 충분히 구워준다.
◈ 흰자 거품과 채소 끓일 때 가운데 구멍을 내야 불순물이 잘 흡착되어 맑게 나온다.

포테이토 크림 수프
(Potato Cream Soup)

▣ 재료 준비

감자(200g 정도) 1개, 대파 1토막(흰부분 10cm), 양파 중(150g 정도) 1/4개, 버터(무염) 15g, 치킨스톡 270ml(물로 대체 가능), 생크림(조리용) 20ml, 식빵(샌드위치용) 1조각, 소금(정제염) 2g, 흰후춧가루 1g, 월계수잎 1잎

▣ 요구사항

주어진 재료를 사용하여 다음과 같이 포테이토 크림 수프를 만드시오.

❶ 크루통(crouton)의 크기는 사방 0.8cm~1cm 정도로 만들어 버터에 볶아 수프에 띄우시오.
❷ 익힌 감자는 체에 내려 사용하시오.
❸ 수프의 색과 농도에 유의하고 200ml 정도 제출하시오.

만 드 는 법

❶ 감자는 얇게 슬라이스 한 후 찬물에 담가둔다.
양파와 대파는 모두 가늘게 채 썬다.

❷ 냄비에 버터를 두른 후 양파, 대파, 감자를 넣고 볶는다.
물과 월계수잎을 넣고 감자와 채소가 무를 때까지 푹 끓인다.

❸ 식빵은 사방 1cm 크기로 썰어 프라이팬에 버터를 녹인 후
볶아 쿠루통을 만든다.

❹ ❷가 익으면 월계수잎을 건져내고 따뜻할 때 체에 내린다.

❺ ❹에 생크림을 넣고 농도를 맞춰 끓인 후 흰후추, 소금으로
간한다.

❻ 제출 전 ❺ 위에 크루통을 올린다.

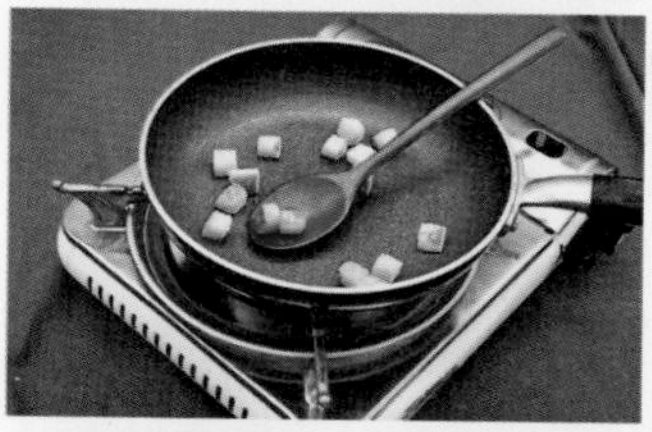

요리달인의 합격비법

◈ 감자는 얇게 썰어서 빨리 익을 수 있도록 하는 것이 좋다.
◈ 크루통을 스프에 미리 띄우면 수프를 금방 흡수해 버리기 때문에 제출하기 직전에 올리는 것이 좋다.

프렌치 어니언 수프 (French Onion Soup)

▣ 재료 준비

양파 중(150g 정도) 1개, 바게트빵 1조각, 버터(무염) 20g, 소금(정제염) 2g, 검은후춧가루 1g, 파르마산치즈가루 10g, 백포도주 15ml, 마늘 중(깐 것) 1쪽, 파슬리(잎, 줄기 포함) 1줄기, 맑은 스톡(비프스톡 또는 콘소메) 270ml(물로 대체 가능)

▣ 요구사항

주어진 재료를 사용하여 다음과 같이 프렌치 어니언 수프를 만드시오.

❶ 양파는 5㎝ 크기의 길이로 일정하게 써시오.
❷ 바게트빵에 마늘버터를 발라 구워서 따로 담아 내시오.
❸ 완성된 수프의 양은 200ml 정도 제출하시오.

만드는 법

❶ 양파는 5㎝ 길이로 가늘게 채 썬다.

❷ 두터운 냄비에 버터를 두른 후 양파를 넣고 중불에서 갈색이 날 때까지 볶는다.

❸ ❷에 백포도주를 넣고 볶다 물을 넣어 끓이면서 떠오르는 불순물을 걷어내고 소금, 후추로 간을 한다.

❹ 바게트빵은 마늘, 파슬리 가루를 섞은 버터를 발라 팬에 굽는다.

❺ 완성 그릇에 볶은 양파를 담아내고 국물 200ml를 부어준다. ❹의 바게트를 함께 제출한다.

요리달인의 합격비법

◈ 양파는 약불에서 천천히 볶아야 타지 않게 갈색으로 볶을 수 있다.
◈ 끓일 때 약불에서 끓여 국물이 탁하지 않게 한다.
◈ 마늘빵은 제출 시 스프에 띄우지 않고 따로 담아낸다.

휘시 차우더 수프
(Fish Chowder Soup)

시험시간 30분

▣ 재료 준비

대구살 50g(해동지급), 감자(150g 정도) 1/5개, 베이컨(길이 25~30cm) 1/2조각, 양파 중(150g 정도) 1/6개, 셀러리 30g, 버터(무염) 20g, 밀가루(중력분) 15g, 우유 200ml, 소금(정제염) 2g, 흰후춧가루 2g, 정향 1개, 월계수잎 1잎

▣ 요구사항

주어진 재료를 사용하여 다음과 같이 휘시 차우더 수프를 만드시오.

❶ 차우더 수프는 화이트 루(roux)를 이용하여 농도를 맞추시오.

❷ 채소는 0.7cm x 0.7cm x 0.1cm, 생선은 1cm x 1cm x 1cm 정도 크기로 써시오.

❸ 대구살을 이용하여 생선스톡을 만들어 사용하시오.

❹ 수프는 200ml 정도로 제출하시오.

만드는 법

❶ 생선은 1cm 크기로 썬다.
뜨거운 물에 데쳐 생선살을 익힌 후 국물은 면보로 걸러 휘시 스톡으로 사용한다.

❷ 베이컨은 1cm, 모든 야채는 사방 0.7㎝×0.7cm, 두께 0.1㎝로 썬다.

❸ 팬에 베이컨을 먼저 볶는다.
버터를 두른 후 채소를 넣고 볶는다.

❹ 냄비에 버터와 밀가루를 넣어 볶아 화이트 루를 만든 후 휘시 스톡을 넣어 풀어준 후 베이컨, 볶은 채소를 넣어 끓인다.

❺ 우유를 넣고 월계수, 정향을 건져내고 소금, 흰 후추로 간을 한 뒤 생선살을 넣어 섞어준다.

요리달인의 합격비법

◈ 생선살은 거의 다 끓인 후에 넣어야 살이 부스러지지 않는다.
◈ 생선살은 익으면 크기가 줄어들기 때문에 좀 더 크게 썰어주는 것이 좋다.

바베큐 폭찹
(Barbecued Pork Chop)

▣ 재료 준비

돼지갈비(살두께 5cm 이상, 뼈를 포함한 길이 10cm) 200g, 토마토케첩 30g, 우스터 소스 5ml, 황설탕 10g, 양파 중(150g 정도) 1/4개, 소금(정제염) 2g, 검은후춧가루 2g, 셀러리 30g, 핫소스 5ml, 버터(무염) 10g, 식초 10ml, 월계수잎 1잎, 밀가루(중력분) 10g, 레몬 1/6개(길이(장축)로 등분), 마늘 중(깐 것) 1쪽, 비프스톡(육수) 200ml(물로 대체 가능), 식용유 30ml

▣ 요구사항

주어진 재료를 사용하여 다음과 같이 바베큐 폭찹을 만드시오.

❶ 고기는 뼈가 붙은 채로 사용하고 고기의 두께는 1cm 정도로 하시오.

❷ 양파, 셀러리, 마늘은 다져 소스로 만드시오.

❸ 완성된 소스는 농도에 유의하고 윤기가 나도록 하시오.

만드는 법

❶ 돼지갈비는 찬물에 담가 핏물을 제거하고 물에 깨끗이 씻은 후 기름을 제거하고 넓게 펴준 후 힘줄, 뼈와 살이 붙어 있는 곳에 칼집을 넣어 소금, 후추를 뿌려둔다.

❷ 마늘은 다지고, 양파, 셀러리는 작은 주사위 모양(0.5cm)으로 썬다.

❸ ❶에 밀가루를 묻히고 팬에 식용유를 두른 후 중약불에서 돼지갈비가 90% 이상 익도록 굽는다.

❹ 냄비를 뜨겁게 한 후 버터를 넣고 양파, 셀러리, 마늘을 볶은 후 토마토케첩, 우스터 소스, 황설탕, 식초, 핫소스, 레몬즙, 월계수 잎을 넣고 끓여 돼지갈비를 넣고 푹 익힌다.

❺ 고기가 완전히 익고 소스가 조려지고 윤기가 나면 월계수잎을 건져내고 소금, 후추로 간한다.

❻ 완성 접시에 돼지갈비를 담아내고 그 위에 남은 소스를 끼얹는다.

요리달인의 합격비법

◈ 돼지갈비는 핏물을 제거한 후 손질한다.
◈ 갈비뼈와 살이 떨어지지 않도록 주의하여 손질한다.
◈ 돼지갈비는 반드시 속까지 다 익을 수 있도록 주의한다.

비프 스튜
(Beef Stew)

▣ 재료 준비

소고기(살코기) 100g(덩어리), 당근 70g(둥근 모양이 유지되게 등분), 양파 중(150g 정도) 1/4개, 셀러리 30g, 감자(150g 정도) 1/3개, 마늘 중(깐 것) 1쪽, 토마토 페이스트 20g, 밀가루(중력분) 25g, 버터(무염) 30g, 소금(정제염) 2g, 검은후춧가루 2g, 파슬리(잎, 줄기 포함) 1줄기, 월계수잎 1잎, 정향 1개

▣ 요구사항

주어진 재료를 사용하여 다음과 같이 비프 스튜를 만드시오.

❶ 완성된 소고기와 채소의 크기는 1.8cm 정도의 정육면체로 하시오.

❷ 브라운 루(Brown roux)를 만들어 사용하시오.

❸ 파슬리 다진 것을 뿌려내시오.

만 드 는 법

❶ 양파, 당근, 셀러리, 감자는 1.8cm 크기로 썰어 모서리를 다듬고 감자는 찬물에 담가 둔다.
소고기는 2cm 정도의 정육면체로 썰고, 마늘은 다진다.
파슬리는 다져 면보에 물기를 제거한 후 보슬하게 준비한다.

❷ 소고기에 소금,후추 간한 후 밀가루를 입혀 팬에 버터를 두르고 고기를 볶아 그릇에 담는다.
팬에 마늘, 감자, 샐러리, 양파 순으로 채소들을 넣고 볶아 그릇에 담는다.

❸ 팬에 버터, 밀가루를 넣고 볶아 브라운 루를 만든다.

❹ ❸에 토마토 페이스트를 넣어 살짝 볶고 물을 조금씩 넣으면서 풀어주고 볶은 채소와 소고기를 넣고 부케가르니를 넣어 끓인다.(중간에 거품을 제거한다.)

❺ 다 끓으면 소금, 후추로 간을 하고 부케가르니를 건져낸 후 그릇에 담고 파슬리찹을 뿌려준다.

요리달인의 합격비법

◈ 채소는 모서리를 다듬어서 썰어야 익혔을 때 부스러지지 않는다.
◈ 브라운 루를 볶을 때 타지 않도록 주의한다.
◈ 채소는 모두 잘 익을 수 있도록 끓여준다.

살리스버리 스테이크
(Salisbury Steak)

시험시간 40분

▣ 재료 준비

소고기(살코기) 130g(갈은 것), 양파 중(150g 정도) 1/6개, 달걀 1개, 우유 10ml, 빵가루(마른 것) 20g, 소금(정제염) 2g, 검은후춧가루 2g, 식용유 150ml, 감자(150g 정도) 1/2개, 당근 70g(둥근 모양이 유지되게 등분), 시금치 70g, 백설탕 25g, 버터(무염) 50g

▣ 요구사항

주어진 재료를 사용하여 다음과 같이 살리스버리 스테이크를 만드시오.

❶ 살리스버리 스테이크는 타원형으로 만들어 고기 앞, 뒤의 색을 갈색으로 구우시오.

❷ 더운 채소(당근, 감자, 시금치)를 각각 모양 있게 만들어 곁들여 내시오.

만드는 법

❶ 감자는 두께 1cm, 길이 5cm 정도로 썰어 찬물에 담그고, 당근은 비취 모양으로 썰어두고, 시금치는 다듬어 둔다. 양파는 다진다.

❷ 뜨거운 물에 감자를 삶고, 당근을 데치고, 소금 약간을 넣고 시금치를 데친다.

❸ 감자는 기름에 튀긴 후 소금을 뿌려준다.
시금치는 다진 양파와 함께 소금을 넣은 후 볶아준다.
당근은 설탕, 물, 버터, 소금을 넣고 윤기나게 조린다.

❹ 볼에 소고기 간 것, 볶은 양파, 빵가루, 우유, 달걀, 소금, 후추를 넣고 잘 섞이도록 치대어 타원형으로 만든다.

❺ 프라이팬이 뜨거워지면 식용유를 두르고 ❹를 넣어 앞뒤로 구워 타지 않도록 잘 익혀준다.(중불에서 약불로)

❻ 접시에 스테이크를 담고, 감자튀김, 시금치볶음, 당근을 곁들여 담는다.

요리달인의 합격비법

◈ 반죽은 오래 치대어 끈기가 있어야 익혔을 때 부서지지 않는다.
◈ 고기는 익으면 가운데가 부풀고 크기가 줄어들기 때문에 원래 두께보다 약간 얇고 크게 만든다.
◈ 처음에는 중불에서 익혀주다 약불로 줄여 겉면이 타지 않도록 주의한다.

서로인 스테이크
(Sirloin Steak)

시험시간 30분

▣ 재료 준비

소고기(등심) 200g(덩어리), 감자(150g 정도) 1/2개, 당근 70g(둥근 모양이 유지되게 등분), 시금치 70g, 소금(정제염) 2g, 검은후춧가루 1g, 식용유 150ml, 버터(무염) 50g, 백설탕 25g, 양파 중(150g 정도) 1/6개

▣ 요구사항

주어진 재료를 사용하여 다음과 같이 서로인 스테이크를 만드시오.

❶ 스테이크는 미디엄(medium)으로 구우시오.
❷ 더운 채소(당근, 감자, 시금치)를 각각 모양 있게 만들어 함께 내시오.

만드는 법

❶ 감자는 두께 1cm, 길이 5cm 정도로 썰어 찬물에 담그고, 당근은 비취모양으로 썰어두고, 시금치는 다듬어 둔다. 양파는 다진다.

❷ 뜨거운 물에 감자를 삶고, 당근을 데치고, 소금 약간을 넣고 시금치를 데친다.

❸ 감자는 기름에 튀긴 후 소금을 뿌려준다.
시금치는 다진 양파와 함께 소금을 넣은 후 볶아준다.
당근은 설탕, 물, 버터, 소금을 넣고 윤기나게 조린다.

❹ 소고기는 기름을 제거하고 힘줄을 칼로 잘근잘근 두들겨 연하게 한 후 소금, 후추 간한다.

❺ 팬에 식용유를 두른 후 센불에서 앞뒤로 구워준 후 중불로 줄여서 미디엄으로 구워준다.

❻ 접시에 서로인 스테이크를 담고, 감자튀김, 시금치볶음, 당근을 곁들여 담는다.

요리달인의 합격비법

◈ 처음엔 강불에서 앞뒤로 구워준 후 중약불로 줄여 익혀주는 것이 좋다.
◈ Medium으로 익히도록 한다.

치킨 알라킹
(Chicken a'la King)

시험시간 30분

▣ 재료 준비

닭다리(한 마리 1.2kg 정도(허벅지살 포함)) 1개, 청피망 중(75g 정도) 1/4개, 홍피망 중(75g 정도) 1/6개, 양파 중(150g 정도) 1/6개, 양송이 20g(2개), 버터(무염) 20g, 밀가루(중력분) 15g, 우유 150ml, 정향 1개, 생크림(조리용) 20ml, 소금(정제염) 2g, 흰후춧가루 2g, 월계수잎 1잎

▣ 요구사항

주어진 재료를 사용하여 다음과 같이 치킨 알라킹을 만드시오.

❶ 완성된 닭고기와 채소, 버섯의 크기는 1.8cm × 1.8cm 정도로 균일하게 하시오.
❷ 닭뼈를 이용하여 치킨 육수를 만들어 사용하시오.
❸ 화이트 루(roux)를 이용하여 베샤멜 소스(bechamel sauce)를 만들어 사용하시오.

만 드 는 법

❶ 닭고기는 포를 떠서 살만 발라내고 껍질을 버리고 살은 사방 2cm 크기로 썰고, 닭뼈는 정향, 월계수잎, 물 2컵을 이용해서 치킨스톡(chicken stock)을 만든다.

❷ 양송이는 4등분하고 양파와 청·홍피망은 1.8cm 정도의 크기로 자른 다음 버터에 살짝 볶는다.

❸ 닭살은 소금, 흰 후추로 간을 하고 버터에 볶는다.

❹ 냄비에 버터를 녹여 밀가루를 넣고 화이트 루를 만든 다음 우유를 넣어 화이트소스를 만들고, 치킨스톡을 넣어 맛을 조절한다.

❺ ❹에 익힌 닭고기, 양송이, 청·홍피망, 정향을 넣고 끓여준 후 소금, 후추로 간을 한 다음 정향은 건져내고 완성 그릇에 담는다.

요리달인의 합격비법

◈ 닭뼈는 물을 넣어 스톡을 끓이고, 닭살은 팬에 볶아 익힌다.
◈ 청·홍피망은 맨 나중에 넣어주는 것이 좋다.

치킨 커틀릿
(Chicken Cutlet)

▣ 재료 준비

닭다리(한 마리 1.2kg 정도(허벅지살 포함)) 1개, 달걀 1개, 밀가루(중력분) 30g, 빵가루(마른 것) 50g, 소금(정제염) 2g, 검은후춧가루 2g, 식용유 500ml, 냅킨(흰색, 기름제거용) 2장

▣ 요구사항

주어진 재료를 사용하여 다음과 같이 치킨 커틀릿을 만드시오.

❶ 닭은 껍질째 사용하시오.
❷ 완성된 커틀릿의 색에 유의하고 두께는 1cm 정도로 하시오.
❸ 딥팻후라이(deep fat frying)로 하시오.

만 드 는 법

❶ 닭을 깨끗이 손질하여 뼈를 발라내고 껍질째 얇게 저며 (0.7cm 정도) 칼집을 넣어 칼등으로 두드려 평평하게 만든다. 소금, 후추로 간을 한다.

❷ 달걀은 풀어서 잘 섞어준다.

❸ ❶을 밀가루, 달걀, 빵가루의 순서로 튀김옷을 입힌다.

❹ 160~180℃ 온도의 식용유에 황금색으로 튀겨낸 후 키친 타올에 올려 기름을 제거한다.

❺ 기름 제거한 ❹를 완성 그릇에 담아낸다.

요리달인의 합격비법

◈ 닭고기 손질을 할 때는 두들겨 주면서 칼끝으로 찔러서 힘줄을 끊어주어야 튀겼을 때 오그라들지 않는다.
◈ 기름온도가 너무 낮으면 커틀렛이 바삭하지 않고, 너무 높은 온도에서 튀기면 겉면만 타고 속은 익지 않는다.

스파게티 카르보나라 (Spaghetti Carbonara)

▣ 재료 준비

스파게티 면(건조 면) 80g, 올리브오일 20ml, 버터(무염) 20g, 생크림 180ml, 베이컨(길이 15~20cm) 2개, 달걀 1개, 파르마산 치즈가루 10g, 파슬리(잎, 줄기 포함) 1줄기, 소금(정제염) 5g, 검은통후추 5개, 식용유 20ml

▣ 요구사항

주어진 재료를 사용하여 다음과 같이 스파게티 카르보나라를 만드시오.

❶ 스파게티 면은 al dante(알 단테)로 삶아서 사용하시오.

❷ 파슬리는 다지고 통후추는 곱게 으깨서 사용하시오.

❸ 베이컨은 1cm 정도 크기로 썰어, 으깬 통후추와 볶아서 향이 잘 우러나게 하시오.

❹ 생크림은 달걀 노른자를 이용한 리에종(Liaison)과 소스에 사용하시오.

만드는 법

❶ 물과 소금 약간을 넣고 끓으면 스파게티 면을 넣어 알 단테의 형태로 7분간 삶아 올리브 오일에 버무린다.

❷ 베이컨은 1cm 크기로 썰고, 통후추는 칼등으로 으깬다. 파슬리는 다진 후 수분을 제거한다.

❸ 달걀 노른자와 휘핑크림을 섞어 파마산치즈 1/2을 넣어 리에종을 만든다.

❹ 팬에 버터를 넣고 ❷의 베이컨과 후추를 넣고 볶다가 ❶의 스파게티 면을 넣고 같이 볶아준다.

❺ ❹에 휘핑크림을 넣고 끓으면 리에종을 넣고 소스 농도를 조절하여 소금으로 간을 맞춘 후 파르마산 치즈가루와 다진 파슬리를 넣고 가볍게 섞어 완성한다.

❻ 완성 그릇에 ❺를 담아낸 후 팬에 남아있는 소스를 부어준다. 그 위에 파마산 치즈가루, 으깬 통후추, 파슬리찹을 뿌려낸다.

요리달인의 합격비법

◈ 리에종(Liaison)
달걀 노른자 1개 + 휘핑크림 60ml = 1:3 비율로 섞는다.

◈ 알단테(al dante)
스파게티 면을 삶았을 때 안쪽에서 살짝 단단함이 느껴질 정도를 말한다.

토마토 소스 해산물 스파게티
(Seafood Spaghetti Tomato Sauce)

시험시간 35분

▣ 재료 준비

스파게티 면(건조 면) 70g, 토마토(캔)(홀필드, 국물 포함) 300g, 마늘 3쪽, 양파 중(150g 정도) 1/2개, 바질(신선한 것) 4잎, 파슬리(잎, 줄기 포함) 1줄기, 방울토마토(붉은색) 2개, 올리브오일 40ml, 새우(껍질 있는 것) 3마리, 모시조개(지름 3cm 정도) 3개(바지락 대체 가능), 오징어(몸통) 50g, 관자살(50g 정도) 1개(작은 관자 3개 정도), 화이트 와인 20ml, 소금 5g, 흰후춧가루 5g, 식용유 20ml

▣ 요구사항

주어진 재료를 사용하여 다음과 같이 토마토 소스 해산물 스파게티를 만드시오.

❶ 스파게티 면은 al dante(알 단테)로 삶아서 사용하시오.
❷ 조개는 껍질째, 새우는 껍질을 벗겨 내장을 제거하고, 관자살은 편으로 썰고, 오징어는 0.8cm x 5cm 정도 크기로 썰어 사용하시오.
❸ 해산물은 화이트와인을 사용하여 조리하고, 마늘과 양파는 해산물 조리와 토마토 소스 조리에 나누어 사용하시오.
❹ 바질을 넣은 토마토 소스를 만들어 사용하시오.
❺ 스파게티는 토마토 소스에 버무리고 다진 파슬리와 슬라이스한 바질을 넣어 완성하시오.

만 드 는 법

❶ 물과 소금 약간을 넣고 끓으면 스파게티 면을 넣어 알 단테의 형태로 7분간 삶아 올리브 오일에 버무린다.

❷ 바질은 슬라이스하고, 방울토마토는 4~6등분으로 썰고, 양파, 마늘, 파슬리는 다지고, 토마토 홀은 으깬다.

❸ 조개는 해감하고, 새우는 내장과 껍질을 제거하고, 오징어는 껍질을 제거하여 0.8cm × 5cm폭으로 썰고, 관자는 막을 벗기고 편으로 썬다.

❹ 팬에 올리브유를 두르고 팬에 마늘, 양파를 볶다가 해산물을 넣고 화이트와인을 넣는다.

❺ ❹에 캔토마토, 국물을 넣어 끓으면 바질을 넣는다.

❻ 해산물, 스파게티 면, 방울토마토를 넣고 끓으면 소금, 후추로 간을 하고 다진 파슬리, 바질 슬라이스를 넣어 완성 그릇에 담는다.

푸드스토리(Food Story)

토마토 소스와 해산물을 각각의 재료의 맛을 잘 살려주는 대표적인 파스타 요리 중 하나이다.

요리달인의 합격비법

◈ 해산물을 넣고 볶다가 소금, 후추 간을 하고 화이트와인으로 플람베(flambé)를 하면 해산물의 비린맛을 제거할 수 있다.
◈ 면에 소스가 잘 어우러져 섞일 수 있도록 한다.

브라운 그래비 소스
(Brown Gravy Sauce)

시험시간 30분

▣ 재료 준비

밀가루(중력분) 20g, 브라운 스톡 300ml(물로 대체 가능), 소금(정제염) 2g, 검은후춧가루 1g, 버터(무염) 30g, 양파 중(150g 정도) 1/6개, 셀러리 20g, 당근 40g(둥근 모양이 유지되게 등분), 토마토 페이스트 30g, 월계수잎 1잎, 정향 1개

▣ 요구사항

주어진 재료를 사용하여 다음과 같이 브라운 그래비 소스를 만드시오.

❶ 브라운 루(Brown Roux)를 만들어 사용하시오.
❷ 소스의 양은 200ml 정도를 만드시오.

만드는 법

❶ 양파, 셀러리, 당근은 채 썰어 팬에 버터를 두른 후 갈색이 되도록 충분히 볶는다.

❷ 냄비에 버터를 넣고 가열하여 동량의 밀가루를 넣고 볶아서 브라운 루를 만든다.

❸ ❷에 토마토 페이스트를 넣고 볶다가 물을 조금씩 넣으면서 풀어준다.

❹ ❸에 ❶과 월계수, 정향을 넣고 충분히 끓여준다.

❺ 농도가 걸죽해지면 소금, 후추로 간을 맞춘다.

❻ 체에 거른 후 완성 그릇에 200ml를 담아낸다.

요리달인의 합격비법

◈ 버터를 녹이고 동량의 밀가루를 넣어 서서히 볶아야 브라운 루를 태우지 않고 볶을 수 있다.
◈ 소스량이 200ml(1C) 이상 되도록 하여야 한다.

사우전 아일랜드 드레싱 (Thousand Island Dressing)

▣ 재료 준비

마요네즈 70g, 오이피클(개당 25~30g짜리) 1/2개, 양파 중(150g 정도) 1/6개, 토마토케첩 20g, 소금(정제염) 2g, 흰후춧가루 1g, 레몬 1/4개{길이(장축)로 등분}, 달걀 1개, 청피망 중(75g 정도) 1/4개, 식초 10ml

▣ 요구사항

주어진 재료를 사용하여 다음과 같이 사우전 아일랜드 드레싱을 만드시오.

❶ 드레싱은 핑크빛이 되도록 하시오.

❷ 다지는 재료는 0.2cm 정도의 크기로 하시오.

❸ 드레싱은 농도를 잘 맞추어 100ml 정도 제출하시오.

만드는 법

❶ 냄비에 물을 넉넉히 넣고 소금, 식초를 넣고 달걀을 15분 정도 삶는다.
삶은 달걀은 노른자는 체에 내리고 흰자는 칼로 다진다.

❷ 양파는 곱게 다져서 준비한다.(소금에 절여 물기를 제거한다.)

❸ 피클과 청피망을 곱게 다진다.
물기를 제거한다.

❹ 볼에 준비한 모든 재료를 넣고, 마요네즈, 토마토케첩, 식초, 소금, 흰후추를 넣고 버무린다.

❺ 완성 그릇에 담아낸다.

요리달인의 합격비법

◈ 마요네즈와 케찹의 비율을 3:1로 맞춰서 분홍빛이 되도록 한다.
◈ 채소에 물기가 없도록 수분을 제거한다.
◈ 달걀은 반드시 완숙이 되도록 삶아낸다.

이탈리안 미트 소스
(Italian Meat Sauce)

▣ 재료 준비

양파 중(150g 정도) 1/2개, 소고기(살코기) 60g (갈은 것), 마늘 중(깐 것) 1쪽, 캔 토마토(고형물) 30g, 버터(무염) 10g, 토마토 페이스트 30g, 월계수 잎 1잎, 파슬리(잎, 줄기 포함) 1줄기, 소금(정제염) 2g, 검은후춧가루 2g, 셀러리 30g

▣ 요구사항

주어진 재료를 사용하여 다음과 같이 이탈리안 미트 소스를 만드시오.

❶ 모든 재료는 다져서 사용하시오.
❷ 그릇에 담고 파슬리 다진 것을 뿌려내시오.
❸ 소스는 150ml 정도 제출하시오.

만드는 법

❶ 양파, 마늘, 샐러리, 토마토를 다진다.

❷ 파슬리는 줄기를 제거한 후 다져서 면보에 넣고 짜서 보슬하게 준비한다.

❸ 소고기는 핏물을 제거한 후 다진다.

❹ 냄비에 버터를 넣고 가열하여 소고기, 마늘, 양파, 셀러리 다진 것을 넣고 볶다가 토마토 페이스트를 넣고 좀 더 볶아 준 후 캔토마토를 넣고 더 볶는다.

❺ ❹에 물, 월계수잎을 넣고 끓인다. 끓이면서 거품을 제거하고 농도가 나면 월계수잎은 건져내고 소금, 후추로 간한다.

❻ 완성 그릇에 담고 다진 파슬리를 뿌려준다.

푸드스토리(Food Story)

이탈리안 미트소스는 이탈리아의 대표적인 소스 중 하나로 파스타 요리에 주로 사용되는 고기소스이다.

요리달인의 합격비법

◈ 마늘을 넣고 볶을 때는 중약불에 타지 않도록 볶는다.
◈ 소스가 너무 묽거나 너무 되직하지 않도록 주의한다.

타르타르 소스
(Tartar Sauce)

▣ 재료 준비

마요네즈 70g, 오이피클(개당 25~30g짜리) 1/2개, 양파 중(150g 정도) 1/10개, 파슬리(잎, 줄기 포함) 1줄기, 달걀 1개, 소금(정제염) 2g, 흰후춧가루 2g, 레몬(길이(장축)로 등분) 1/4개, 식초 2ml

▣ 요구사항

주어진 재료를 사용하여 다음과 같이 타르타르 소스를 만드시오.

❶ 다지는 재료는 0.2cm 정도의 크기로 하고 파슬리는 줄기를 제거하여 사용하시오.

❷ 소스는 농도를 잘 맞추어 100ml 정도 제출하시오.

만드는 법

❶ 냄비에 물을 넣고 소금, 식초를 넣고 달걀을 15분 정도 삶는다. 오이피클, 양파, 파슬리를 각각 곱게 다진다.

❷ 양파는 소금물에 살짝 절인 후 면보로 물기를 제거하고 피클도 물기를 제거한다.

❸ 삶은 달걀은 흰자, 노른자를 각각 곱게 다진다.

❹ 볼에 ❷와 ❸을 넣고 마요네즈, 레몬즙, 소금, 흰후추를 넣고 버무린다.

❺ 완성 그릇에 담아낸 후 위에 파슬리찹을 뿌려낸다.

요리달인의 합격비법

◈ 파슬리를 곱게 다져 행주에 싼 다음 찬 냉수에 강한 맛을 우려내고 꼭 짜서 보슬보슬한 가루가 되게 한다.
◈ 소스가 묽지 않도록 양파 다진 것은 소금 약간을 넣어 절인 후 면보에 싸서 물기를 제거한다.
◈ 달걀은 반드시 완숙이 되도록 삶아낸다.

홀랜다이즈 소스
(Hollandaise Sauce)

시험시간 25분

▣ 재료 준비

달걀 2개, 양파 중(150g 정도) 1/8개, 식초 20ml, 검은통후추 3개, 버터(무염) 200g, 레몬 1/4개(길이(장축)로 등분), 월계수잎 1잎, 파슬리(잎, 줄기 포함) 1줄기, 소금(정제염) 2g, 흰후춧가루 1g

▣ 요구사항

주어진 재료를 사용하여 다음과 같이 홀랜다이즈 소스를 만드시오.

❶ 양파, 식초를 이용하여 허브 에센스(herb essence)를 만들어 사용하시오.
❷ 정제 버터를 만들어 사용하시오.
❸ 소스는 중탕으로 만들어 굳지 않게 그릇에 담아 내시오.
❹ 소스는 100ml 정도 제출하시오.

만 드 는 법

❶ 통후추는 으깨고 양파는 채 썬다.

❷ 냄비에 양파, 레몬, 통후추 으깬 것, 월계수잎, 파슬리줄기, 물 1컵을 넣고 중불에 끓여 1/2 정도가 되면 소창에 걸러 향신즙을 만든다.

❸ 버터를 용기에 담아 중탕으로 녹여 정제버터를 만든다.

❹ 달걀 노른자만 따로 분리한 후 볼에 담아 따뜻한 온도로 중탕하면서 ❷의 향신즙을 넣고 거품기로 저어 뭉치지 않도록 한다. 정제버터와 향신즙을 번갈아 조금씩 넣어 농도를 맞춘다.

❺ 소금, 흰후추로 간한다.

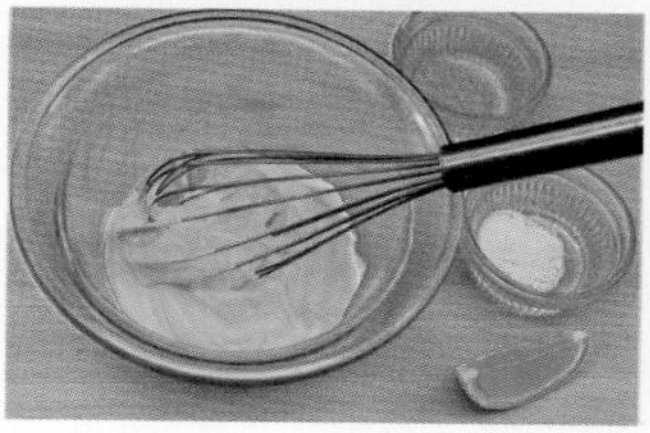

푸드스토리(Food Story)

홀랜다이즈 소스는 버터 소스 중 가장 대표적인 소스이다. 네덜란드가 프랑스 식민지일 때 제공했던 버터가 소스 이름이 되었다.

요리달인의 합격비법

소스가 분리가 되지 않도록 향신즙과 정제버터는 조금씩 넣어 휘핑기로 저어준다.

양식 조리기능사 필기+실기

부록

초스피드 합격노트

요리달인의 실기합격 Tip

1. 조리시험장에 들어가면 출제문제와 재료를 확인합니다.
2. 확인이 완료되고 시험시작 시간을 알리면 재료를 먼저 손질하면서 세척합니다.
   (껍질 제거나 기본재료 손질 완료 : 이물질이 없게 깨끗한 상태)
3. 세척하고 물기를 제거한 재료는 메뉴별로 각각 접시에 담아놓습니다.(2가지 메뉴)
4. 행주는 항상 깨끗하게 사용합니다.
5. 조리대 주변에 지저분한 것들이 늘어있지 않도록 정리하면서 작업합니다.(정리 점수 포함)
6. 식재료 위생, 세척에 유의하면서 작업합니다.(지저분하면 위생 감점)
7. 작업 중 다쳤을 경우는 감독위원에게 손을 들어 확인시킨 후 응급 처치하도록 합니다.(감점 없음)
8. 조리작업 후 완성품을 제출할 때는 재료목록을 꼭! 확인한 후 제출합니다.
   메뉴에 들어가지 않는 재료가 들어갔을 경우(오작)
   예 월도프 샐러드에 재료에 없는 파슬리를 사용했을 경우(오작)
9. 수량을 꼭 지켜야 합니다.
   예 수프 200ml일 경우 반드시 200ml 이상 제출
   200ml 이하는 수량 부족(미완성)으로 채점대상에서 제외됩니다.
   예 4개 완성일 경우 3개만 제출하면 수량 부족(미완성)으로 채점대상 제외됩니다.
10. 음식이 제대로 익지 않았을 경우, 음식이 탔을 경우는 실격 처리됩니다.
11. 시험작품을 제출한 후 뒷정리를 깔끔하게 하고, 물기가 없도록, 개수대 음식물 처리는 청결하게 합니다.(이행하지 않았을 경우 감점됩니다.)

요리달인의 초스피트 합격노트!

시험 시간 30분

브라운 스톡(Brown Stock)

▣ 재료 준비

소뼈 150g(2~3cm 정도, 자른 것), 양파 중(150g 정도) 1/2개, 당근 40g(둥근 모양이 유지되게 등분), 셀러리 30g, 검은통후추 4개, 토마토 중(150g 정도) 1개, 파슬리(잎, 줄기 포함) 1줄기, 월계수잎 1잎, 정향 1개, 버터(무염) 5g, 식용유 50ml, 면실 30cm, 다임(dry) 2g(fresh), 다시백 1개(10×12cm)

▣ 만드는 법

❶ 소뼈 찬물에 담그기

❷ 채소, 토마토, 사세데피스 만들기

❸ 채소볶기, 소뼈 굽기

❹ 냄비에 물 넣고 토마토, 볶은채소, 소뼈를 넣고 끓이기

❺ 면보에 걸러 완성 그릇에 담기

요리달인의 초스피트 합격노트!

시험 시간 30분

샐러드 부케를 곁들인 참치타르타르 (Tuna Tartar with Salad Bouquet)

▣ 재료 준비

붉은색 참치살 80g(냉동지급), 양파 중(150g 정도) 1/8개, 그린 올리브 2개, 케이퍼 5개, 올리브오일 25ml, 레몬 1/4개{길이(장축)로 등분}, 핫소스 5ml, 처빌 2줄기(fresh), 소금(꽃소금) 5g, 흰후춧가루 3g, 차이브 5줄기{fresh(실파로 대체 가능)}, 롤라로사(lollo rossa) 2잎(잎상추로 대체 가능), 그린치커리 2줄기(fresh), 붉은색 파프리카(5~6cm 정도 길이, 150g 정도) 1/4개, 노란색 파프리카(5~6cm 정도 길이, 150g 정도) 1/8개, 오이(가늘고 곧은 것, 20cm 정도, 길이로 반을 갈라 10등분) 1/10개, 파슬리(잎, 줄기 포함) 1줄기, 딜 3줄기(fresh), 식초 10ml

▣ 만드는 법

❶ 참치 소금물에 담갔다 건져 썰기(다이스)

❷ 타르타르용 채소 썰기

❸ ❶과 ❷를 섞어 분량의 소스 넣어 버무린 후 퀜넬형태 만들기

❹ 차이브 살짝 데치기

❺ 샐러드부케 만들기

❻ 비네그레트 만들기

❼ 완성 그릇에 샐러드부케, 참치퀜넬 담기

❽ ❼에 비네그레트 뿌리기

요리달인의 초스피트 합격노트!

쉬림프 카나페(Shrimp Canape)

시험 시간 30분

▣ 재료 준비

새우 4마리(30~40g/마리당), 식빵(샌드위치용) 1조각(제조일로부터 하루 경과한 것), 달걀 1개, 파슬리(잎, 줄기 포함) 1줄기, 버터(무염) 30g, 토마토 케첩 10g, 소금(정제염) 5g, 흰후춧가루 2g, 레몬 1/8개(길이(장축)로 등분), 이쑤시개 1개, 당근 15g(둥근 모양이 유지되게 등분), 셀러리 15g, 양파 중(150g 정도) 1/8개

▣ 만드는 법

❶ 파슬리 찬물에 담그기 (장식용 4개 뜯기)

❷ 소금을 넣은 물에 달걀 굴려 삶기(약 12~15분 정도)

❸ 새우 내장 제거해서 미르포아에 삶아 식히기

❹ 식빵 자른 후 팬에 굽기

❺ 달걀 썰기

❻ 새우껍질 벗겨 등쪽에 칼집 내어서 벌리기

❼ 식빵 → 버터 → 삶은달걀 → 새우 → 토마토케찹 → 파슬리

요리달인의 초스피트 합격노트!

프렌치 프라이드 쉬림프 (French Fried Shrimp)

시험 시간 25분

▣ 재료 준비

새우 4마리(50~60g), 밀가루(중력분) 80g, 백설탕 2g, 달걀 1개, 소금(정제염) 2g, 흰후춧가루 2g, 식용유 500ml, 레몬{길이(장축)로 등분} 1/6개, 파슬리(잎, 줄기 포함) 1줄기, 냅킨(흰색, 기름제거용) 2장, 이쑤시개 1개

▣ 만드는 법

❶ 새우 손질 : 꼬지로 내장 제거 후 머리 자르기 → 끝마디만 남기고 껍질 제거 → 꼬리 물주머니 제거 → 배쪽 칼집낸 후 일자로 누르기 → 밑간하기

❷ 레몬웨지로 자르기. 파슬리(찬물)

❸ 달걀 흰자 거품내기(머랭)

❹ 반죽 만들기(흰자 거품, 노른자, 설탕, 밀가루)

❺ 새우에 밀가루 입혀 반죽옷 입힌 후 튀겨내기 → 기름 제거

❻ 완성 그릇에 새우튀김 담고 레몬과 파슬리 장식

요리달인의 초스피트 합격노트!

시험시간 30분

BLT 샌드위치(BLT Sandwich)

▣ 재료 준비

식빵(샌드위치용) 3조각, 양상추 20g(2잎 정도, 잎상추로 대체 가능), 토마토 중(150g 정도) 1/2개(둥근 모양이 되도록 잘라서 지급), 베이컨(길이 25~30cm) 2조각, 마요네즈 30g, 소금(정제염) 3g, 검은 후춧가루 1g

▣ 만드는 법

❶ 식빵 토스트하기

❷ 토마토 썰어 소금 뿌리기

❸ 베이컨 구워 기름 제거 후 후추 뿌리기

❹ 양상추 → 뜯기

❺ 빵(마요네즈) → 양상추 베이컨 → 마요네즈 빵 → 토마토 → 마요네즈 빵

❻ 가장자리 제거 후 4등분하기

요리달인의 초스피트 합격노트!

시험시간 30분

햄버거 샌드위치(Hamburger Sandwich)

▣ 재료 준비

소고기(살코기, 방심) 100g, 양파 중(150g 정도) 1개, 빵가루(마른 것) 30g, 셀러리 30g, 소금(정제염) 3g, 검은후춧가루 1g, 양상추 20g, 토마토 중(150g 정도) 1/2개(둥근 모양이 되도록 잘라서 지급), 버터(무염) 15g, 햄버거 빵 1개, 식용유 20ml, 달걀 1개

▣ 만드는 법

❶ 빵 안쪽에 토스트 한 후 버터 바르기

❷ 토마토, 양파 0.5cm 정도로 썰기(소금 뿌리기, 후추 뿌리기)

❸ 양파, 샐러리 다져서 팬에 볶기

❹ 다진 고기에 소금, 후추, 달걀1T, 볶은 양파, 샐러리, 빵가루 2T을 넣어 치댄 후 고기 볶기(빵 크기보다 1cm 크게 만들어 주는 것이 좋다. 익으면 고기가 줄어드므로)

❺ 양상추 뜯기

❻ ❶의 빵 위에 양상추 → 고기 → 양파 → 토마토 → 나머지 빵 올리기

❼ 2등분하기

요리달인의 초스피트 합격노트!

시저 샐러드(Caesar Salad)

▣ 재료 준비

달걀 60g 2개(상온에 보관한 것), 디존 머스터드 10g, 레몬 1개, 로메인 상추 50g, 마늘 1쪽, 베이컨 15g, 안초비 3개, 올리브오일(extra virgin) 20ml, 카놀라오일 300ml, 슬라이스 식빵 1개, 검은후춧가루 5g, 파미지아노 레기아노 20g(덩어리), 화이트와인식초 20ml, 소금 10g

시험시간 35분

▣ 만드는 법

❶ 로메인 상추 썰기

❷ 마늘 다지기, 엔초비 다지기

❸ 식빵 썰기. 올리브오일에 볶기

❹ 베이컨 썰기, 볶기

❺ 파미지아노 레기아노 갈기

❻ 마요네즈 만들기

❼ 시저샐러드 만들기

❽ 로메인상추 시저드레싱에 버무리기

❾ 베이컨, 크루통, 파미지아노 레기아노, 검은통후추 뿌리기

요리달인의 초스피트 합격노트!

월도프 샐러드(Waldorf Salad)

▣ 재료 준비

사과(200~250g 정도) 1개, 셀러리 30g, 호두 중(겉껍질 제거한 것) 2개, 레몬 1/4개{길이(장축)로 등분}, 소금(정제염) 2g, 흰후춧가루 1g, 마요네즈 60g, 양상추 20g(2잎 정도, 잎상추로 대체 가능), 이쑤시개 1개

시험시간 20분

▣ 만드는 법

❶ 호두 불리는 물 끓이기 → 호두 넣어 불리기 → 껍질 제거

❷ 상추는 찬물에 담그기

❸ 샐러리 썰기, 호두 썰기(약간은 다지기),사과 썰기(레몬즙 물에 담그기)(사방 1cm 크기)

❹ 사과, 샐러리, 호두, 마요네즈, 레몬즙, 소금, 흰후추 넣어 버무리기

❺ 양상추 물기 제거 후 접시에 깔고 ❹를 담은 후 다진 호두 올리기

요리달인의 초스피트 합격노트!

시험시간 30분

포테이토 샐러드(Potato Salad)

▣ 재료 준비

감자(150g 정도) 1개, 양파 중(150g 정도) 1/6개, 파슬리(잎, 줄기 포함) 1줄기, 소금(정제염) 5g, 흰후춧가루 1g, 마요네즈 50g

▣ 만드는 법

❶ 감자 삶을 물 올리기
❷ 감자 썰어 찬물 담그기
❸ 끓는 물에 소금 넣고 ❷를 삶기
❹ 양파 다져서 소금물에 담갔다 물기 제거
❺ 파슬리찹 준비
❻ 삶아진 감자 건져 식히기
❼ 감자, 양파, 파슬리, 마요네즈, 소금, 흰후추 넣어 버무리기
❽ 완성 그릇에 담고 파슬리찹 뿌리기

요리달인의 초스피트 합격노트!

시험시간 30분

해산물 샐러드(Seafood Salad)

▣ 재료 준비

새우 3마리(30~40g), 관자살(개당 50~60g 정도) 1개(해동지급), 피홍합(길이 7cm 이상) 3개, 중합(지름 3cm 정도) 3개, 양파 중(150g 정도) 1/4개, 마늘 중(깐 것) 1쪽, 실파 1뿌리(20g), 그린치커리 2줄기, 양상추 10g, 롤라로사(lollo Rossa) 2잎(잎상추로 대체 가능), 올리브오일 20ml, 레몬 1/4개(길이(장축)로 등분), 식초 10ml, 딜 2줄기(fresh), 월계수잎 1잎, 셀러리 10g, 흰통후추 3개(검은통후추 대체 가능), 소금(정제염) 5g, 흰후춧가루 5g, 당근 15g(둥근 모양이 유지되게 등분)

▣ 만드는 법

❶ 채소 찬물에 담그기
❷ 쿠르부용 만들기
❸ 해산물 손질(새우, 홍합, 중합, 관자)
❹ ❷에 ❸을 데친 후 해산물 손질
❺ 레몬비네그레트 만들기
❻ ❶의 채소 물기 제거 후 그릇에 담기
❼ ❸의 해산물을 ❺의 소스 1/2에 가볍게 버무리기
❽ 완성 그릇에 ❻의 채소와 ❼의 해산물을 담기
❾ 레몬비네그레트 뿌리기

요리달인의 초스피트 합격노트!

시험시간 30분

스페니시 오믈렛 (Spanish Omelet)

▣ 재료 준비

토마토 중(150g 정도) 1/4개, 양파 중(150g 정도) 1/6개, 청피망 중(75g 정도) 1/6개, 양송이(10g) 1개, 베이컨(길이 25~30cm) 1/2조각, 토마토케첩 20g, 검은후춧가루 2g, 소금(정제염) 5g, 달걀 3개, 식용유 20ml, 버터(무염) 20g, 생크림(조리용) 20ml

▣ 만드는 법

❶ 달걀을 풀어 소금, 생크림과 섞어 체에 내리기

❷ 속재료 다지기(양파, 청피망, 양송이, 베이컨)

❸ 재료 볶기(썰어 둔 재료에 케찹, 소금, 후추 넣기)

❹ 오믈렛팬에 식용유를 먼저 넣은 후 버터 녹이기

❺ ❹에 달걀 부어 스크램블한 후 펴기

❻ ❺에 ❸의 재료 넣어 젓가락으로 모양내 말기

❼ 버터 발라 완성하기

요리달인의 초스피트 합격노트!

시험시간 20분

치즈 오믈렛(Cheese Omelet)

▣ 재료 준비

달걀 3개, 치즈(가로, 세로 8cm 정도) 1장, 버터(무염) 30g, 식용유 20ml, 생크림(조리용) 20ml, 소금(정제염) 2g

▣ 만드는 법

❶ 달걀 풀어 소금, 생크림과 섞기

❷ 체에 내리기

❸ 치즈 다지기

❹ 오믈렛 팬에 식용유 두른 후 버터 녹이기

❺ ❹에 달걀 부어 스크램블한 후 펴기

❻ ❺에 ❸의 치즈 넣어 젓가락으로 모양 잡아 말기

❼ 버터를 발라 완성하기

요리달인의 초스피트 합격노트!

미네스트로니 수프 (Minestrone Soup)

시험 시간 30분

▣ 재료 준비

양파 중(150g 정도) 1/4개, 셀러리 30g, 당근 40g(둥근 모양이 유지되게 등분), 무 10g, 양배추 40g, 버터(무염) 5g, 스트링빈스 2줄기(냉동, 채두 대체 가능), 완두콩 5알, 토마토 중(150g 정도) 1/8개, 스파게티 2가닥, 토마토 페이스트 15g, 파슬리(잎, 줄기 포함) 1줄기, 베이컨(길이 25~30cm) 1/2조각, 마늘 중(깐 것) 1쪽, 소금(정제염) 2g, 검은후춧가루 2g, 치킨스톡 200ml(물로 대체 가능), 월계수잎 1잎, 정향 1개

▣ 만드는 법

❶ 물을 끓여 스파게티 면 삶기

❷ 베이컨, 채소 썰기(사방 1.2cm × 0.2cm), 마늘 다지기

※ 파슬리 다진 후 물기 제거

❸ 팬에 베이컨, 채소, 마늘 넣고 볶다 페이스트 넣고 토마토 넣고 볶기

❹ ❸에 물 붓고 부케가르니를 넣고 끓이기

❺ 거의 완성되어 끓으면 ❶의 스파게티 면 넣기

❻ 완성 그릇에 담은 후 파슬리찹 뿌리기

요리달인의 초스피트 합격노트!

비프 콘소메(Beef Consomme)

시험 시간 40분

▣ 재료 준비

소고기(살코기) 70g(갈은 것), 양파 중(150g 정도) 1개, 당근 40g(둥근 모양이 유지되게 등분), 셀러리 30g, 달걀 1개, 소금(정제염) 2g, 검은후춧가루 2g, 검은통후추 1개, 파슬리(잎, 줄기 포함) 1줄기, 월계수잎 1잎, 토마토 중(150g 정도) 1/4개, 비프 스톡(육수) 500ml(물로 대체 가능), 정향 1개

▣ 만드는 법

❶ 양파는 1cm로 링으로 썰어 갈색으로 굽기(어니언브루리)

❷ 당근, 양파, 샐러리 채 썰기. 토마토는 콩카세 다지기

❸ 달걀 흰자 거품내기(머랭)

❹ ❷의 채소와 토마토 고기를 ❸에 섞기

❺ 냄비에 물을 넣고 ❶과 ❹를 넣고 부케가르니 넣고 끓이기

❻ 면보에 걸러서 소금, 후추 간하기

요리달인의 초스피트 합격노트!

시험 시간 30분

포테이토 크림 수프 (Potato Cream Soup)

▣ 재료 준비

감자(200g 정도) 1개, 대파 1토막(흰부분 10cm), 양파 중(150g 정도) 1/4개, 버터(무염) 15g, 치킨스톡 270ml(물로 대체 가능), 생크림(조리용) 20ml, 식빵(샌드위치용) 1조각, 소금(정제염) 2g, 흰후춧가루 1g, 월계수잎 1잎

▣ 만드는 법

❶ 감자 껍질 제거, 얇게 썰기(찬물)

❷ 양파, 대파 채 썰기

❸ 냄비에 버터 두른 후 감자, 양파, 대파 볶기

❹ ❸에 물과 월계수잎 넣고 끓이기(푹 무르게)

❺ 식빵 1cm 잘라 팬에 버터 두른 후 볶아 크루통 만들기

❻ ❹의 끓인 재료 체에 내리기

❼ 생크림 넣어 다시 끓이기

❽ 소금, 흰후추 간하기

❾ 완성 그릇에 수프 담은 후 제출 직전 크루통 띄우기

요리달인의 초스피트 합격노트!

시험 시간 30분

프렌치 어니언 수프 (French Onion Soup)

▣ 재료 준비

양파 중(150g 정도) 1개, 바게트빵 1조각, 버터(무염) 20g, 소금(정제염) 2g, 검은후춧가루 1g, 파르마산 치즈가루 10g, 백포도주 15ml, 마늘 중(깐 것) 1쪽, 파슬리(잎, 줄기 포함) 1줄기, 맑은 스톡(비프스톡 또는 콘소메) 270ml(물로 대체 가능)

▣ 만드는 법

❶ 양파 가늘게 채 썰기

❷ 냄비에 버터 둘러 양파 볶기(갈색이 나도록), 백포도주 넣기

❸ ❷에 물 붓고 끓이기, 거품 제거하기, 소금, 후추 간하기

❹ 마늘 다지기, 파슬리 다지기, 버터에 섞기

❺ 바게트에 마늘버터 바르기, 굽기

❻ 완성 그릇에 ❸담아내기

❼ 마늘바게트 따로 담아 곁들이기

요리달인의 초스피트 합격노트!

시험시간 30분

휘시 차우더 수프 (Fish Chowder Soup)

▣ 재료 준비

대구살 50g(해동지급), 감자(150g 정도) 1/5개, 베이컨(길이 25~30cm) 1/2조각, 양파 중(150g 정도) 1/6개, 셀러리 30g, 버터(무염) 20g, 밀가루(중력분) 15g, 우유 200ml, 소금(정제염) 2g, 흰후춧가루 2g, 정향 1개, 월계수잎 1잎

▣ 만드는 법

❶ 생선살 썰기 → 데치기(피시스톡 만들기)

❷ 베이컨, 감자(찬물), 양파, 샐러리 썰기

❸ 팬에 베이컨을 볶아낸 후 채소 볶기

❹ 화이트루 → 피시스톡 넣고, 부케가르니 넣고 끓이기

❺ ❸의 볶은 채소, 베이컨 우유 넣고 끓이기

❻ 월계수 정향 건져내고 생선살 넣기

❼ 소금, 흰후추 간하고 완성 그릇에 담기

요리달인의 초스피트 합격노트!

시험시간 40분

바베큐 폭찹 (Barbecued Pork Chop)

▣ 재료 준비

돼지갈비(살두께 5cm 이상, 뼈를 포함한 길이 10cm) 200g, 토마토케첩 30g, 우스터 소스 5ml, 황설탕 10g, 양파 중(150g 정도) 1/4개, 소금(정제염) 2g, 검은후춧가루 2g, 셀러리 30g, 핫소스 5ml, 버터(무염) 10g, 식초 10ml, 월계수잎 1잎, 밀가루(중력분) 10g, 레몬 1/6개(길이(장축)로 등분), 마늘 중(깐 것) 1쪽, 비프스톡(육수) 200ml (물로 대체 가능), 식용유 30ml

▣ 만드는 법

❶ 돼지갈비 찬물 담그기

❷ 마늘, 양파, 샐러리 다지기

❸ 갈비 기름 제거 후 포뜨기 → 칼집 내기 → 소금, 후추

❹ ❸갈비에 밀가루 입혀 지져내기(80~90% 익히기)

❺ 팬에 ❷를 볶아 소스 만들어 끓이기

❻ 소스에 ❹의 갈비 넣어 조리기. 소금. 후추간

❼ 완성 그릇에 담은 후 소스 자작하게 끼얹기

요리달인의 초스피트 합격노트!

비프 스튜(Beef Stew)

시험시간 40분

▣ 재료 준비

소고기(살코기) 100g(덩어리), 당근 70g(둥근 모양이 유지되게 등분), 양파 중(150g 정도) 1/4개, 셀러리 30g, 감자(150g 정도) 1/3개, 마늘 중(깐 것) 1쪽, 토마토 페이스트 20g, 밀가루(중력분) 25g, 버터(무염) 30g, 소금(정제염) 2g, 검은후춧가루 2g, 파슬리(잎, 줄기 포함) 1줄기, 월계수잎 1잎, 정향 1개

▣ 만드는 법

❶ 소고기 핏물 제거
❷ 마늘 다지기, 양파, 당근, 감자(찬물), 샐러리 썰기 – 모서리 다듬기
❸ 소고기 썰기(소금, 후추), 밀가루 입히기
❹ 팬에 버터 두른 후 채소 볶기
❺ 팬에 소고기 볶기(다진 마늘)
❻ 브라운루 → 토마토페이스트 → 물 넣고 풀어주기
❼ ❻에 채소, 소고기, 월계수, 정향 넣고 끓이기
❽ 파슬리찹 만들기
❾ ❼이 끓고 농도 나면 월계수, 정향 건진 후 소금, 후추 간하기
❿ 파슬리찹 뿌리기

요리달인의 초스피트 합격노트!

살리스버리 스테이크 (Salisbury Steak)

시험시간 40분

▣ 재료 준비

소고기(살코기) 130g(갈은 것), 양파 중(150g 정도) 1/6개, 달걀 1개, 우유 10ml, 빵가루(마른 것) 20g, 소금(정제염) 2g, 검은후춧가루 2g, 식용유 150ml, 감자(150g 정도) 1/2개, 당근 70g(둥근 모양이 유지되게 등분), 시금치 70g, 백설탕 25g, 버터(무염) 50g

▣ 만드는 법

❶ 물 끓이기
❷ 감자 스틱으로 썰기(찬물), 당근 비취모양, 시금치 다듬기, 양파 다지기
❸ 끓는 물에 감자, 당근, 시금치를 순서대로 데치기
❹ 팬에 다진 양파 1/2볶기, 감자 튀기기, 시금치 다진 양파 넣고 볶기, 당근 조리기
❺ 다진 소고기, 볶은 양파, 빵가루, 달걀, 소금, 후추 넣어 치대기
❻ 팬에 소고기 굽기
❼ 완성 접시에 고기, 감자, 당근, 시금치 담기

요리달인의 초스피트 합격노트!

시험시간 30분

서로인 스테이크(Sirloin Steak)

▣ 재료 준비

소고기(등심) 200g(덩어리), 감자(150g 정도) 1/2개, 당근 70g(둥근 모양이 유지되게 등분), 시금치 70g, 소금(정제염) 2g, 검은후춧가루 1g, 식용유 150ml, 버터(무염) 50g, 백설탕 25g, 양파 중(150g 정도) 1/6개

▣ 만드는 법

❶ 고기 핏물 제거

❷ 물 끓이기

❸ 감자 스틱으로 썰기(찬물), 당근 비취모양, 시금치 다듬기, 양파 다지기

❹ 끓는 물에 감자, 당근, 시금치를 순서대로 데치기

❺ 감자 튀기기, 시금치 다진 양파 넣고 볶기, 당근 조리기

❻ 소고기 손질, 소금, 후추 – 굽기(미디엄)

❻ 완성 접시에 소고기, 감자, 당근, 시금치 담기

요리달인의 초스피트 합격노트!

시험시간 30분

치킨 알라킹(Chicken a'la King)

▣ 재료 준비

닭다리(한 마리 1.2kg 정도(허벅지살 포함)) 1개, 청피망 중(75g 정도) 1/4개, 홍피망 중(75g 정도) 1/6개, 양파 중(150g 정도) 1/6개, 양송이 20g(2개), 버터(무염) 20g, 밀가루(중력분) 15g, 우유 150ml, 정향 1개, 생크림(조리용) 20ml, 소금(정제염) 2g, 흰후춧가루 2g, 월계수잎 1잎

▣ 만드는 법

❶ 양파, 양송이, 피망 1.8cm 썰기

❷ 닭뼈와 살 분리하기. 껍질 제거 2cm 썰기

❸ 닭뼈로 치킨육수 만들기

❹ 팬에 버터 두른 후 ❶ 볶기. ❷의 닭살 볶기

❺ 화이트루 만들기. 치킨육수 넣어 풀어주기. 우유, 생크림 넣기

❻ ❺에 ❷를 넣고, ❶을 넣은 후 소금, 흰후추 간하기

❼ 완성 그릇에 담기

요리달인의 초스피트 합격노트!

시험시간 30분

치킨 커틀릿(Chicken Cutlet)

▣ 재료 준비

닭다리(한 마리 1.2kg 정도(허벅지살 포함)) 1개, 달걀 1개, 밀가루(중력분) 30g, 빵가루(마른 것) 50g, 소금(정제염) 2g, 검은후춧가루 2g, 식용유 500ml, 냅킨(흰색, 기름제거용) 2장

▣ 만드는 법

❶ 닭뼈와 살 분리하기. 포뜨기. 칼집 넣어 두들기기. 소금, 후추 간하기

❷ 밀가루 → 달걀물 → 빵가루 입히기

❸ 기름 예열 후 노릇하게 튀기기

❹ 키친타올에 기름 제거 후 완성 그릇에 담기

요리달인의 초스피트 합격노트!

시험시간 30분

스파게티 카르보나라 (Spaghetti Carbonara)

▣ 재료 준비

스파게티 면(건조 면) 80g, 올리브오일 20ml, 버터(무염) 20g, 생크림 180ml, 베이컨(길이 15~20cm) 2개, 달걀 1개, 파르마산 치즈가루 10g, 파슬리(잎, 줄기 포함) 1줄기, 소금(정제염) 5g, 검은통후추 5개, 식용유 20ml

▣ 만드는 법

❶ 스파게티 면 알단테로 삶기

❷ 베이컨 썰기, 통후추 으깨기, 파슬리찹 만들기

❸ 리에종 만들기(노른자, 휘핑크림)

❹ 팬에 베이컨 넣고 볶다가 후추 넣고 면을 넣어 볶기

❺ 휘핑크림 넣고 끓이다가 리에종 넣고 소금, 후추 넣기

❻ 완성 그릇에 담은 후 파마산, 으깬 통후추, 파슬리찹 뿌리기

요리달인의 초스피트 합격노트!

시험 시간 35분

토마토 소스 해산물 스파게티
(Seafood Spaghetti Tomato Sauce)

▣ 재료 준비

스파게티 면(건조 면) 70g, 토마토(캔)(홀필드, 국물 포함) 300g, 마늘 3쪽, 양파 중(150g 정도) 1/2개, 바질(신선한 것) 4잎, 파슬리(잎, 줄기 포함) 1줄기, 방울토마토(붉은색) 2개, 올리브오일 40ml, 새우(껍질 있는 것) 3마리, 모시조개(지름 3cm 정도) 3개(바지락 대체 가능), 오징어(몸통) 50g, 관자살(50g 정도) 1개(작은 관자 3개 정도), 화이트와인 20ml, 소금 5g, 흰후춧가루 5g, 식용유 20ml

▣ 만드는 법

❶ 스파게티 면 삶기

❷ 재료 순서대로 썰기(양파, 마늘 다지기, 토마토 으깨기)

❸ 팬에 오일 넣고 마늘, 양파찹, 해산물을 넣고 볶다가 소금, 후추간 하고 화이트와인, 토마토소스, 스파게티 면 볶기

❹ ❸에 파슬리찹, 바질찹 넣어 섞기(소금, 후추간)

❺ 완성 그릇에 담고 바질찹 얹기

요리달인의 초스피트 합격노트!

시험 시간 30분

브라운 그래비 소스
(Brown Gravy Sauce)

▣ 재료 준비

밀가루(중력분) 20g, 브라운 스톡 300ml(물로 대체 가능), 소금(정제염) 2g, 검은후춧가루 1g, 버터(무염) 30g, 양파 중(150g 정도) 1/6개, 셀러리 20g, 당근 40g(둥근 모양이 유지되게 등분), 토마토 페이스트 30g, 월계수잎 1잎, 정향 1개

▣ 만드는 법

❶ 채소(당근, 양파, 셀러리) 채 썰어 볶기

❷ 브라운 루 만들기

❸ ❷에 페이스트 넣고 볶다 물 넣기

❹ 볶은 채소, 월계수, 정향 넣고 끓이기

❺ 농도가 나면 소금, 검은후추 간하기

❻ 체에 내리기

요리달인의 초스피트 합격노트!

시험 시간 20분

사우전 아일랜드 드레싱 (Thousand Island Dressing)

▣ 재료 준비

마요네즈 70g, 오이피클(개당 25~30g짜리) 1/2개, 양파 중(150g 정도) 1/6개, 토마토케첩 20g, 소금(정제염) 2g, 흰후춧가루 1g, 레몬 1/4개{길이(장축)로 등분}, 달걀 1개, 청피망 중(75g 정도) 1/4개, 식초 10ml

▣ 만드는 법

❶ 냄비에 물, 소금 넣고 달걀 삶기

❷ 양파 다져서 소금물에 절인 후 물기 제거

❸ 피클, 청피망 다져서 물기 제거, 달걀 다지기

❹ 볼에 ❷,❸ 넣어 소스 넣고 섞어주기

요리달인의 초스피트 합격노트!

시험 시간 30분

이탈리안 미트 소스 (Italian Meat Sauce)

▣ 재료 준비

양파 중(150g 정도) 1/2개, 소고기(살코기) 60g(갈은 것), 마늘 중(깐 것) 1쪽, 캔 토마토(고형물) 30g, 버터(무염) 10g, 토마토 페이스트 30g, 월계수잎 1잎, 파슬리(잎, 줄기 포함) 1줄기, 소금(정제염) 2g, 검은후춧가루 2g, 셀러리 30g

▣ 만드는 법

❶ 마늘, 양파, 샐러리, 토마토 다지기

❷ 고기 핏물 제거 후 다지기

❸ 냄비에 버터 두른 후 마늘, 고기, 양파, 샐러리 볶기

❹ ❸에 페이스트 넣고 토마토 넣고 볶기

❺ ❹에 물 넣고 월계수 넣고 끓이기

❻ 파슬리찹 만들기

❼ 농도가 나면 소금, 후추로 간한 후 완성 그릇에 담기

❽ 파슬리찹 뿌리기

요리달인의 초스피트 합격노트!

시험시간 20분

타르타르 소스(Tartar Sauce)

■ 재료 준비

마요네즈 70g, 오이피클(개당 25~30g짜리) 1/2개, 양파 중(150g 정도) 1/10개, 파슬리(잎, 줄기 포함) 1줄기, 달걀 1개, 소금(정제염) 2g, 흰후춧가루 2g, 레몬(길이(장축)로 등분) 1/4개, 식초 2ml

■ 만드는 법

❶ 냄비에 물, 소금 넣고 달걀 삶기

❷ 양파 다져 소금물에 절인 후 물기 제거

❸ 피클, 파슬리, 달걀 다지기

❹ 볼에 ❷,❸을 넣고 소스 넣어 버무리기

❺ 완성 그릇에 담은 후 파슬리찹 뿌리기

요리달인의 초스피트 합격노트!

시험시간 25분

홀랜다이즈 소스 (Hollandaise Sauce)

■ 재료 준비

달걀 2개, 양파 중(150g 정도) 1/8개, 식초 20ml, 검은통후추 3개, 버터(무염) 200g, 레몬 1/4개 {길이(장축)로 등분}, 월계수잎 1잎, 파슬리(잎, 줄기 포함) 1줄기, 소금(정제염) 2g, 흰후춧가루 1g

■ 만드는 법

❶ 양파 채 썰기, 통후추 으깨기

❷ 향신즙 만들기

❸ 버터 정제하기(중탕)

❹ 달걀 노른자 풀기. 향신즙과 정제버터를 조금씩 넣어 농도를 맞추기

❺ 소금, 흰후추 간한 후 완성 그릇에 담기

2021 요리달인의 양식 마스터!

양식 조리기능사 필기+실기

발 행 일 2020년 7월 24일 초판 1쇄 발행

저 자 박지영, 이세희, 강경윤

저자협의 인지생략

발 행 처 크라운출판사 http://www.crownbook.com

발 행 인 이상원

신고번호 제 300-2007-143호

주 소 서울시 종로구 율곡로13길 21

대표전화 1566-5937, 080-850-5937

팩 스 02) 743-2688

홈페이지 www.crownbook.com

I S B N 978-89-406-4277-1 / 13590

특별판매정가 23,000원